W0262508

DIE GRUNDLEHREN DER MATHEMATISCHEN WISSENSCHAFTEN

IN EINZELDARSTELLUNGEN MIT BESONDERER BERÜCKSICHTIGUNG DER ANWENDUNGSGEBIETE

HERAUSGEGEBEN VON

R. GRAMMEL · E. HEINZ · F. HIRZEBRUCH · E. HOPF
H. HOPF · W. MAAK · W. MAGNUS · F. K. SCHMIDT
K. STEIN · B. L. VAN DER WAERDEN

BAND 108

DIE GRUNDLAGEN DER THEORIE DER MARKOFFSCHEN PROZESSE

VON

E. B. DYNKIN

SPRINGER-VERLAG
BERLIN · GÖTTINGEN · HEIDELBERG
1961

DIE GRUNDLAGEN DER THEORIE DER MARKOFFSCHEN PROZESSE

VON

E. B. DYNKIN

PROFESSOR DER FAKULTÄT FÜR MATHEMATIK UND MECHANIK
DER UNIVERSITÄT MOSKAU

INS DEUTSCHE ÜBERTRAGEN VON

DR. JOSEF WLOKA

HEIDELBERG

SPRINGER-VERLAG

BERLIN · GÖTTINGEN · HEIDELBERG

1961

Titel der Originalausgabe:

Теория Вероятностей и Математическая Статистика

Е. Б. Дынкин

ОСНОВАНИЯ ТЕОРИИ МАРКОВСКИХ ПРОЦЕССОВ

Государственное Издательство
Физико-Математической Литературы
Москва 1959

© BY SPRINGER-VERLAG OHG.
Softcover reprint of the hardcover 1st edition 1961
BERLIN · GÖTTINGEN · HEIDELBERG 1961
ISBN-13: 978-3-642-94817-6   e-ISBN-13: 978-3-642-94816-9
DOI: 10.1007/ 978-3-642-94816-9

BRÜHLSCHE UNIVERSITÄTSDRUCKEREI GIESSEN

DEM ANDENKEN MEINER MUTTER

WIDME ICH DIESES BUCH

Vorwort

Ziel dieses Buches ist die Untersuchung der logischen Grundlagen der Theorie der Markoffschen Zufallsprozesse.

Die Theorie der Markoffschen Prozesse hat sich in den letzten Jahren schnell entwickelt. Man hat die Eigenschaften der Trajektorien dieser Prozesse und ihre infinitesimalen Operatoren untersucht und tiefe Zusammenhänge zwischen dem Verhalten der Trajektorien und den Eigenschaften der Differentialgleichungen, die dem Prozeß entsprechen, aufgedeckt. Diese Zusammenhänge erwiesen sich als nützlich nicht nur für die Untersuchung der Markoffschen Prozesse, sondern auch für die Untersuchung von Differentialgleichungen. Das sich häufende Material erforderte eine kritische Sichtung der Grundlagen. So wurden unter anderem die Unzulänglichkeit der Formulierung des Markoffschen Prinzips für das „Fehlen von Nachwirkungen" aufgedeckt, von mehreren Autoren wurden verschiedene Formen eines viel stärkeren Prinzips „der strengen Markoffzität" vorgeschlagen. Es wurde selbstverständlich, als natürliches Untersuchungsobjekt diejenigen Markoffschen Prozesse zu betrachten, die in einem vom Zufall abhängigen Zeitmoment abbrechen. Alle diese und andere Begriffe wurden von verschiedenen Verfassern in verschiedenartiger Form eingeführt, welche meist den konkreten Bedürfnissen jeder speziellen Arbeit angepaßt waren. Dabei hat man fast ausschließlich nur homogene (der Zeit nach) Markoffsche Prozesse betrachtet.

In diesem Buch wird eine allgemeine Theorie aufgebaut, die auch inhomogene Prozesse umfaßt. Die homogenen Prozesse werden als wichtiger Spezialfall behandelt. Es ist bekannt, daß man mit Hilfe eines geschickten Verfahrens, das den Übergang zu einem komplizierteren Phasenraum erfordert, die inhomogenen Markoffschen Prozesse auf homogene zurückführen kann*.

Jedoch sind die dabei erhaltenen homogenen Prozesse in einem gewissen Sinne ausgeartet, weswegen eine derartige Zurückführung nicht immer zweckmäßig ist. Der allgemeine Begriff eines Markoffschen Prozesses erscheint daher, seinem Wesen nach, weit ursprünglicher als der Begriff eines homogenen Markoffschen Prozesses. Für homogene Markoffsche Prozesse hat man eine kanonische Zeitskala. Für allgemeine

---

* Siehe § 3, Kap. 4.

Prozesse existiert eine derartige Zeitskala nicht, und alle Definitionen müssen daher invariant bezüglich stetigen, monotonen Zeittransformationen sein.

Die weitverbreitete Auffassung eines Markoffschen Prozesses als einer Zufallsfunktion spezieller Form erweist sich für den Ausbau der Theorie als unzulänglich. Tatsächlich hat man es beim Studium Markoffscher Prozesse nicht nur mit einem Wahrscheinlichkeitsmaß zu tun, sondern mit einem ganzen System derartiger Maße; diese Maße entsprechen allen möglichen Anfangszeitmomenten, sowie allen möglichen Anfangszuständen; anders ausgedrückt: Man hat es nicht nur mit einer einzigen Zufallsfunktion zu tun, sondern mit einem ganzen System derartiger Funktionen, die in bestimmter Weise miteinander zusammenhängen. Dies ist einer der Gründe für die bekannte Autonomie der Markoffprozesse innerhalb der allgemeinen Theorie der Wahrscheinlichkeitsprozesse. Im vorliegenden Buch wird die Theorie der Markoffschen Prozesse ohne Hinweis auf die allgemeine Theorie der Wahrscheinlichkeitsprozesse aufgebaut.

Das Buch ist kein Lehrbuch der Theorie der Markoffschen Prozesse für Anfänger. Obwohl es formell keine Anfangskenntnisse der Wahrscheinlichkeitstheorie voraussetzt, kann es nur einem Leser von Nutzen sein, der schon mit elementaren Darlegungen der Markoffschen Prozesse vertraut ist, z. B. im Umfange des Lehrbuches von W. FELLER, "An introduction to probability theory and its applications" oder des Lehrbuches von B. W. GNEDENKO, „Lehrbuch der Wahrscheinlichkeitstheorie".

Das erste einführende Kapitel enthält eine kurze Zusammenfassung der notwendigen Begriffe und Sätze aus der Maßtheorie. Beweise, die man in Lehrbüchern finden kann, sind dabei ausgelassen. Das zweite Kapitel bringt eine allgemeine Definition des Markoffschen Prozesses und untersucht Operationen, die es erlauben, die Klasse derjenigen Markoffschen Prozesse zu übersehen, die einer gegebenen Übergangsfunktion entsprechen. Die kompliziertere Operation zur Unterprozeßbildung wird in Kap. 3 untersucht. Es wird der Zusammenhang zwischen den Unterprozessen eines Markoffschen Prozesses und den multiplikativen Funktionalen seiner Trajektorien aufgedeckt. Die wichtigeren Klassen von multiplikativen Funktionalen und Unterprozessen werden behandelt. Das 4. Kap. ist der Konstruktion Markoffscher Prozesse aus Übergangsfunktionen gewidmet. In Kap. 5 wird der Begriff eines strengen Markoffschen Prozesses untersucht. Schließlich werden in Kap. 6 Bedingungen für die Übergangsfunktion untersucht, die es erlauben, unter den Markoffschen Prozessen, die dieser Übergangsfunktion entsprechen, einen Prozeß zu finden, dessen Trajektorien sämtlich gewisse vorgeschriebene Stetigkeits- oder Beschränktheitseigenschaften haben. In einem Anhang sind die Resultate von Choquet über die allgemeine Kapazitätstheorie dargelegt, und auf Grund dieser Ergebnisse werden die Meßbarkeitseigenschaften von einigen wichtigen, mit den Markoffschen Prozessen zusammenhängenden Mengen und Funktionen untersucht (die ersten Austrittsaugenblicke *aus* und *aus innerhalb* der Menge Γ).

Geschichtliche und bibliographische Anmerkungen sind in einem gesonderten Abschnitt zusammengefaßt, der sich am Ende des Buches befindet.

An vorliegendes Buch schließt sich eng die zum Druck vorbereitete Monographie „Die infinitesimalen Operatoren der Markoffschen Prozesse" an, die der Klassifizierung der Markoffschen Prozesse gewidmet ist. Beide Bücher stellen zwei Teile einer einzigen Monographie über die Theorie der Markoffschen Prozesse dar.

Das Material, das den Inhalt des Buches bildet, wurde vom Verfasser in einer Reihe von Vorträgen und Sonderkursen an der Moskauer und Pekinger Universität dargelegt. Der Verfasser möchte seinen Zuhörern für ihre Bemerkungen danken, sie wurden bei der endgültigen Redaktion des Manuskriptes berücksichtigt.

Das Manuskript wurde von A. A. Juschkewitsch gründlich durchgelesen. Seine Kritik erlaubte es, eine Reihe von Unzulänglichkeiten und Unklarheiten zu beseitigen. Ich sehe es als meine angenehme Pflicht an, ihm für diese große Arbeit zu danken.

4. Juli 1958   E. B. Dynkin

Inhaltsverzeichnis

Sechstes Kapitel

Beschränktheits- und Stetigkeitsbedingungen eines Markoffschen Prozesses

Anhang

Ein Satz über die Kapazitätserweiterung und die Meßbarkeitseigenschaften des ersten Austrittsaugenblicks

Berichtigungen

In den Formulierungen der Sätze 1.2, 4.1 und 4.2 hat man unter (E, C) einen metrisierbaren, unter σ- einen kompakten topologischen Raum zu verstehen, und $B = \sigma(C)$ zu setzen.

Seite 78, Zeile 8: . . . durch die Bedingungen 3.22.A − 3.22.D. Wir setzen $\omega \in \tilde{\Omega}$
wenn $\alpha_s \, \theta_s \, \alpha_t = \alpha_{s+t}$ für alle rationalen $s, t \geqq 0$ gilt und ordnen jedem
$\omega \in \tilde{\Omega}$ das durch die Forderung . . .
statt: . . . 3.22.A−3.22.D und ordnen jedem $\omega \in \Omega$ . . .

Seite 78, Zeile 15: . . . und jedes $\omega \in \tilde{\Omega}$ setzen wir . . .
statt: . . . und jedes $\omega \in \Omega$ setzen wir . . .

Kapitel 1

Einführung

§ 1. Maßräume und meßbare Abbildungen

1.1. Es sei $\mathcal{M}$ ein Untermengensystem einer Menge Ω, das die Bedingungen erfüllt:

1.1. A_1. Wenn $A \in \mathcal{M}$, dann $\overline{A} \in \mathcal{M}$*.

1.1. A_2. Wenn $A_i \in \mathcal{M}$ $(i = 1, 2, \ldots)$, dann ist $\overset{\infty}{\underset{1}{\cup}} A_i \in \mathcal{M}$ und $\overset{\infty}{\underset{1}{\cap}} A_i \in \mathcal{M}$.

Wir sagen dann, daß das Untermengensystem $\mathcal{M}$ eine *σ-Algebra im Raume* Ω darstellt. Es sei $\mathcal{C}$ irgendein Untermengensystem von Ω. Der Durchschnitt aller σ-Algebren im Raume Ω, die $\mathcal{C}$ enthalten, stellt gleichfalls eine σ-Algebra dar. Wir nennen sie die durch $\mathcal{C}$ *erzeugte σ-Algebra* und bezeichnen sie mit $\sigma\,(\mathcal{C})$.

Falls $\mathcal{M}$ eine σ-Algebra im Raume Ω ist und falls $\tilde{\Omega} \in \mathcal{M}$, dann bildet die Gesamtheit aller Mengen $A \in \mathcal{M}$, die in $\tilde{\Omega}$ enthalten sind, eine σ-Algebra im Raume $\tilde{\Omega}$. Wir wollen diese σ-Algebra mit $\mathcal{M}\,[\tilde{\Omega}]$ bezeichnen.

Ein Untermengensystem $\mathcal{C}$ des Raumes Ω wollen wir als *π-System* bezeichnen, wenn:

1.1. B_1. Aus $A_1, A_2 \in \mathcal{C}$ folgt, daß $A_1 A_2 \in \mathcal{C}$**.

Ein System $\mathcal{F}$ wollen wir *λ-System* nennen, wenn es den folgenden Bedingungen genügt:

1.1. C_1. $\Omega \in \mathcal{F}$.

1.1. C_2. Wenn $A_1, A_2 \in \mathcal{F}$ und $A_1 A_2 = \theta$***, dann folgt $A_1 \cup A_2 \in \mathcal{F}$.

1.1. C_3. Wenn $A_1, A_2 \in \mathcal{F}$ und $A_1 \supseteq A_2$, dann gilt $A_1 \setminus A_2 \in \mathcal{F}$.

1.1. C_4. Wenn $A_1, \ldots, A_n, \ldots \in \mathcal{F}$ und $A_n \uparrow A$†, dann folgt $A \in \mathcal{F}$.

Wir bemerken, daß ein Untermengensystem $\mathcal{M}$, falls es gleichzeitig ein π-System und ein λ-System darstellt, auch eine σ-Algebra ist. Aus 1.1. C_1 und 1.1. C_3 folgt nämlich 1.1. A_1. Weiter folgt aus der Beziehung

---

* $\overline{A}$ bezeichnet das Komplement von A in Ω, d. h. $\Omega \setminus A$.

** Den Durchschnitt der Mengen A und B wollen wir i. a. mit $A\,B$ bezeichnen. An einigen Stellen wollen wir auch die Bezeichnungen $A \cap B$ und $\{A, B\}$ benutzen.

*** Das Symbol θ bezeichnet die leere Menge.

† Das Symbol $A_n \uparrow A$ bedeutet, daß $A_1 \subseteq A_2 \subseteq \cdots \subseteq A_n \subseteq \cdots$ und $A = \overset{\infty}{\underset{n=1}{\cup}} A_n$ ist. Analog bedeutet $A_n \downarrow A$, daß $A_1 \supseteq A_2 \supseteq \cdots \supseteq A_n \supseteq \cdots$ und $A = \overset{\infty}{\underset{1}{\cap}} A_n$.

$A \cup B = A \cup (B \setminus A B)$ und den Eigenschaften 1.1. B_1, 1.1. C_3 und 1.1. C_2, daß aus $A, B \in \mathcal{M}$ folgt $A \cup B \in \mathcal{M}$; und infolgedessen: wenn $A_1, A_2, \ldots$, $A_n \in \mathcal{M}$, dann $\overset{n}{\underset{1}{\bigcup}} A_i \in \mathcal{M}$.

Es sei nun $A_n \in \mathcal{M}$ $(n = 1, 2, \ldots)$.

Dann ist $A'_n = \overset{n}{\underset{1}{\bigcup}} A_k \in \mathcal{M}$, und da $A'_n \uparrow \overset{\infty}{\underset{1}{\bigcup}} A_n$, haben wir laut 1.1. C_4 $\overset{\infty}{\underset{1}{\bigcup}} A_n \in \mathcal{M}$.

Aus der Beziehung

$$\overset{\infty}{\underset{1}{\bigcap}} A_n = \overline{\overset{\infty}{\underset{1}{\bigcup}} \overline{A_n}}$$

folgt, daß $\overset{\infty}{\underset{1}{\bigcap}} A_n \in \mathcal{M}$. Damit ist auch Bedingung 1.1. A_2 erfüllt.

Lemma 1.1. *Falls das λ-System $\mathcal{F}$ das π-System $\mathcal{C}$ enthält, dann enthält $\mathcal{F}$ auch $\sigma(\mathcal{C})$.*

Beweis. Der Durchschnitt $\mathcal{F}'$ aller λ-Systeme, die das π-System $\mathcal{C}$ enthalten, ist augenscheinlich wieder ein λ-System. Wir zeigen, daß dieser Durchschnitt gleichzeitig auch ein π-System ist, woraus die Behauptung des Lemmas folgt.

Die Gesamtheit $\mathcal{F}_1$ aller Mengen A mit der Eigenschaft, daß $A B \in \mathcal{F}'$ für alle $B \in \mathcal{C}$, stellt, wie man leicht einsieht, ein λ-System dar. Da $\mathcal{F}_1 \supseteq \mathcal{C}$, ist $\mathcal{F}_1 \supseteq \mathcal{F}'$. Dies bedeutet, daß, falls $A \in \mathcal{F}'$, $B \in \mathcal{C}$, dann $A B \in \mathcal{F}'$.

Wir setzen nun $B \in \mathcal{F}_2$, wenn $B A \in \mathcal{F}'$ für alle $A \in \mathcal{F}'$ ist. Es ist leicht zu sehen, daß $\mathcal{F}_2$ ein λ-System ist. Nach den vorangehenden Beweisen ist $\mathcal{F}_2 \supseteq \mathcal{C}$. Folglich ist $\mathcal{F}_2 \supseteq \mathcal{F}'$. Dies bedeutet, daß, falls $A, B \in \mathcal{F}'$, dann auch $A B \in \mathcal{F}'$. Also ist $\mathcal{F}'$ ein π-System.

1.2. Das Paar $(\Omega, \mathcal{A})$, das aus einer Menge Ω und einer σ-Algebra $\mathcal{A}$ von Untermengen dieser Menge besteht, nennt man *Maßraum.*

Ein wichtiges Beispiel für einen Maßraum stellt der Raum $(I_t^s, \mathcal{B}_t^s)$ dar, wobei $I_t^s = [s, t]$ das Intervall der Zahlengeraden bedeutet und $\mathcal{B}_t^s$ die σ-Algebra dieses Intervalls, welche durch alle in I_t^s enthaltenen Intervalle erzeugt wird. Für s und t sind auch unendliche Werte zugelassen, dabei setzt man $I_{+\infty}^{-\infty} = (-\infty, +\infty)$, $I_t^{-\infty} = (-\infty, t]$, $I_{+\infty}^s = [s, +\infty)$.

Es seien $(\Omega_1, \mathcal{A}_1)$ und $(\Omega_2, \mathcal{A}_2)$ zwei Maßräume. Die Abbildung α des Raumes Ω_1 in Ω_2 nennt man *meßbar*, wenn das Urbild einer beliebigen Menge aus $\mathcal{A}_2$ zu $\mathcal{A}_1$ gehört. Diese Definition ist auch auf den Fall anwendbar, wo die Abbildung nur auf einer Untermenge $\tilde{\Omega}_1$ des Raumes Ω_1 erklärt ist.

Wie man bemerkt, ist, falls $\sigma(\mathcal{C}) = \mathcal{A}_2$, für die Meßbarkeit der Abbildung α hinreichend, daß das Urbild jeder Menge aus $\mathcal{C}$ zu $\mathcal{A}_1$ gehört (für den Beweis genügt es zu bemerken, daß diejenigen Mengen, deren Urbilder zu $\mathcal{A}_1$ gehören, eine σ-Algebra in Ω_2 bilden).

Wenn α eine meßbare Abbildung von $(\Omega_1, \mathscr{A}_1)$ in $(\Omega_2, \mathscr{A}_2)$ ist und β eine meßbare Abbildung von $(\Omega_2, \mathscr{A}_2)$ in $(\Omega_3, \mathscr{A}_3)$, dann stellt offensichtlich $\beta\alpha$ eine meßbare Abbildung von $(\Omega_1, \mathscr{A}_1)$ in $(\Omega_3, \mathscr{A}_3)$ dar (dazu muß nur der Definitionsbereich von β, $\alpha(\Omega_1)$ enthalten).

Wichtige Sonderfälle von Abbildungen sind die Zahlenfunktionen, d. h. die Abbildungen in die Zahlengerade $I_{+\infty}^{-\infty}$.

Es sei $\mathscr{A}$ eine σ-Algebra von Untermengen aus Ω. Wir sagen, daß die Zahlenfunktion $\xi(\omega)$ $(\omega \in \Omega)$ *bezüglich $\mathscr{A}$ meßbar* oder kurz *$\mathscr{A}$-meßbar* ist, wenn die durch sie erklärte Abbildung von $(\Omega, \mathscr{A})$ in $(I_{+\infty}^{-\infty}, \mathscr{B}_{+\infty}^{-\infty})$ meßbar ist, d. h., wenn für ein beliebiges $\Gamma \in \mathscr{B}_{+\infty}^{-\infty}$ gilt

$$\{\omega : \xi(\omega) \in \Gamma\} \in \mathscr{A}\,.$$

Da die σ-Algebra $\mathscr{B}_{+\infty}^{-\infty}$ durch die Intervalle $(t, +\infty)$ erzeugt wird, genügt für die $\mathscr{A}$-Meßbarkeit der Funktion $\xi(\omega)$, daß für beliebige t gilt:

$$\{\omega : \xi(\omega) > t\} \in \mathscr{A}\,.$$

Der Begriff einer $\mathscr{A}$-meßbaren Funktion läßt sich automatisch auf den Fall übertragen, wo das Mengensystem $\mathscr{A}$ eine σ-Algebra nicht im ganzen Raume Ω darstellt, sondern nur in einer Untermenge $\tilde{\Omega}$ dieses Raumes. Wie man leicht einsieht, fällt in diesem Fall der Definitionsbereich einer beliebigen $\mathscr{A}$-meßbaren Funktion ξ mit $\tilde{\Omega}$ zusammen.

Es sei $\mathscr{L}$ ein System von Zahlenfunktionen auf Ω, das der Bedingung genügt:

1.2. A. Wenn $\xi \in \mathscr{L}$ und

$$\eta(\omega) = \begin{cases} \xi(\omega) & \text{für} \quad \xi(\omega) \geqq 0\,, \\ 0 & \text{für} \quad \xi(\omega) < 0\,, \end{cases}$$

so gehören η und $\xi - \eta$ auch zu $\mathscr{L}$.

Wir nennen ein Zahlenfunktionssystem $\mathscr{H}$ ein *$\mathscr{L}$-System*, wenn es die Bedingungen erfüllt:

1.2. B_1. $1 \in \mathscr{H}$.

1.2. B_2. Die Linearkombination zweier beliebiger Funktionen aus $\mathscr{H}$ gehört wieder zu $\mathscr{H}$.

1.2. B_3. Falls $\xi_n \in \mathscr{H}$, $0 \leqq \xi_n(\omega) \uparrow \xi(\omega)$* und $\xi(\omega)$ beschränkt ist oder zu $\mathscr{L}$ gehört, dann ist $\xi \in \mathscr{H}$.

Lemma. 1.2. *Wenn das $\mathscr{L}$-System $\mathscr{H}$ die charakteristischen Funktionen** aller zu einem π-System $\mathscr{C}$ gehörigen Mengen enthält, dann enthält $\mathscr{H}$ alle Funktionen aus $\mathscr{L}$, die meßbar bezüglich $\sigma(\mathscr{C})$ sind.*

---

* Wir schreiben $a_n \uparrow a$, wenn $a_n \to a$ und $a_1 \leqq a_2 \leqq \cdots \leqq a_n \leqq \cdots$ Analog bedeutet $a_n \downarrow a$, daß $a_n \to a$ und $a_1 \geqq a_2 \geqq \cdots \geqq a_n \geqq \cdots$

** Als charakteristische Funktion der Menge A bezeichnen wir die Funktion

$$\chi_A(\omega) = \begin{cases} 1, & \text{wenn} \quad \omega \in A, \\ 0, & \text{wenn} \quad \omega \bar{\in} A. \end{cases}$$

Beweis. Die Gesamtheit aller Mengen, deren charakteristische Funktionen zu $\mathscr{H}$ gehören, bildet ein λ-System $\mathscr{F}$. Da $\mathscr{F} \supseteq \mathscr{C}$, ist nach Lemma 1.1 $\mathscr{F} \supseteq \sigma\,(\mathscr{C})$.

Es sei ξ eine nicht negative Funktion aus $\mathscr{L}$, die meßbar bezüglich $\sigma\,(\mathscr{C})$ ist.

Wir setzen

$$\Gamma_{kn} = \left\{ \frac{k}{2^n} \leqq \xi\,(\omega) < \frac{k+1}{2^n} \right\},$$

$$\xi_n = \sum_{k=0}^{2^{2n}} \frac{k}{2^n}\, \chi_{\Gamma_{kn}}\,.$$

Offensichtlich ist $0 \leqq \xi_n \uparrow \xi$ und laut 1.2. $\mathrm{B_3}$ gehört $\xi \in \mathscr{H}$. Wegen 1.2. A kann eine beliebige $\sigma\,(\mathscr{C})$-meßbare Funktion $\eta \in \mathscr{L}$ als Differenz zweier nicht negativer, $\sigma\,(\mathscr{C})$-meßbarer Funktionen aus $\mathscr{L}$ dargestellt werden. Da letztere, wie schon gezeigt wurde, zu $\mathscr{H}$ gehören, gilt also auch $\eta \in \mathscr{H}$.

1.3. Es sei $\mathscr{A}_i$ eine σ-Algebra von Untermengen der Menge Ω_i $(i = 1, 2, \ldots, n)$.

Wir wollen mit $\Omega_1 \times \cdots \times \Omega_n$ die Gesamtheit aller n-Tupel $(\omega_1, \ldots, \omega_n)$ bezeichnen, wobei $\omega_i \in \Omega_i$, und mit $\mathscr{A}_1 \times \cdots \times \mathscr{A}_n$ die σ-Algebra, die durch die Untermengen der Gestalt $A_1 \times \cdots \times A_n$ erzeugt wird, dabei ist $A_i \in \mathscr{A}_i$ (wir bemerken, daß die Mengen $A_1 \times \cdots \times A_n$ ein π-System bilden). Für den Fall, daß $\Omega_1 = \cdots = \Omega_n = \Omega$ ist, wollen wir Ω^n statt $\Omega_1 \times \cdots \times \Omega_n$ schreiben, ebenso wollen wir $\mathscr{A}^n$ statt $\mathscr{A}_1 \times \cdots \times \mathscr{A}_n$ setzen, falls $\mathscr{A}_1 = \ldots = \mathscr{A}_n = \mathscr{A}$ ist.

Wir nehmen nun an, es sei eine unendliche Folge von Räumen Ω_i gegeben, und in jedem Raum Ω_i die σ-Algebra $\mathscr{A}_i$ von Untermengen. Wir bezeichnen mit $\Omega_1 \times \ldots \times \Omega_n \times \ldots$ den Raum aller Folgen $(\omega_1, \omega_2, \ldots, \omega_n, \ldots)$, wobei $\omega_i \in \Omega_i$, und mit $\mathscr{A}_1 \times \ldots \times \mathscr{A}_n \times \ldots$ die σ-Algebra in diesem Raum, die durch die Untermengen

$$A_1 \times A_2 \times \cdots \times A_n \times \Omega_{n+1} \times \Omega_{n+2} \times \cdots$$
$$(n = 1, 2, \ldots;\ A_i \in \mathscr{A}_i)\,. \tag{1.1}$$

erzeugt wird. Falls alle Faktoren gleich sind, schreiben wir kurz Ω^∞ und $\mathscr{A}^\infty$. Wir bemerken, daß die Gesamtheit aller Untermengen der Form (1.1) ein π-System darstellt.

Lemma 1.3. *Es sei α_i eine meßbare Abbildung von $(\Omega, \mathscr{A})$ in $(\Omega_i, \mathscr{A}_i)$ (dabei durchläuft i entweder die Zahlen $1, 2, \ldots, n$ oder alle natürlichen Zahlen).*

Dann ist die Abbildung α des Raumes $(\Omega, \mathscr{A})$ in $(\Omega_1 \times \Omega_2 \times \cdots, \mathscr{A}_1 \times \mathscr{A}_2 \times \cdots)$, definiert durch die Formel

$$\alpha\,(\omega) = \{\alpha_1\,(\omega), \alpha_2\,(\omega), \ldots\}\,,$$

ebenfalls meßbar.

Beweis. i durchlaufe alle natürlichen Zahlen. Die Gesamtheit aller Mengen aus $\mathscr{A}_1 \times \mathscr{A}_2 \times \cdots$, deren Urbilder bei der Abbildung α zu $\mathscr{A}$ gehören, stellt selbstverständlich eine σ-Algebra dar. Diese σ-Algebra enthält alle Mengen der Form (1.1). Folglich enthält sie auch $\mathscr{A}_1 \times \mathscr{A}_2 \times \cdots$

Lemma 1.4. *Es sei $\mathscr{A}_i$ eine σ-Algebra von Untermengen des Raumes Ω_i $(i = 1, 2)$ und es sei $f(\omega_1, \omega_2)$ $(\omega_1 \in \Omega_1, \omega_2 \in \Omega_2)$ eine $\mathscr{A}_1 \times \mathscr{A}_2$-meßbare Funktion. Dann ist für ein beliebiges aber festes $\omega_2 \in \Omega_2$, $f(\omega_1, \omega_2)$ eine $\mathscr{A}_1$-meßbare Funktion von ω_1.*

Beweis. Wir bezeichnen mit $\mathscr{L}$ die Gesamtheit aller Funktionen auf dem Raum $\Omega_1 \times \Omega_2$.

Das System $\mathscr{H}$ aller derjenigen Funktionen $f(\omega_1, \omega_2)$, für die unser Lemma gilt, ist natürlich ein $\mathscr{L}$-System. Dieses System enthält die charakteristische Funktion jeder beliebigen Menge aus $\mathscr{A}_1 \times \mathscr{A}_2$. Nach Lemma 1.2 enthält es dann alle bezüglich der σ-Algebra $\mathscr{A}_1 \times \mathscr{A}_2$ meßbaren Funktionen.

Lemma 1.5. *Jedem t aus einer Menge T sei eine Funktion $x_t(\omega)$ $(\omega \in \Omega)$ mit Werten aus dem Maßraum $(E, \mathscr{B})$ zugeordnet. Dafür, daß die Funktion $\xi(\omega)$ $(\omega \in \Omega)$ bezüglich der σ-Algebra $\mathscr{N}_T$, die durch die Mengen $\{\omega : x_t(\omega) \in \Gamma\}$ $(t \in T, \Gamma \in \mathscr{B})$ erzeugt wird, meßbar ist, ist notwendig und hinreichend, daß*

$$\xi(\omega) = f[x_{t_1}(\omega), x_{t_2}(\omega), \ldots, x_{t_n}(\omega), \ldots], \tag{1.2}$$

wobei $t_1, t_2, \ldots, t_n, \ldots \in T$ und $f(x_1, x_2, \ldots, x_n, \ldots)$ eine $\mathscr{B}^\infty$-meßbare Funktion im Raume E^∞ ist.

Beweis. Die durch die Formel (1.2) gegebene Abbildung von Ω in die Zahlengerade $I_{+\infty}^{-\infty} = (-\infty, +\infty)$ kann man als Produkt $f\alpha$ darstellen, wobei

$$\alpha(\omega) = \{x_{t_1}(\omega), x_{t_2}(\omega), \ldots, x_{t_n}(\omega), \ldots\}.$$

Für ein beliebiges $t \in T$ definiert $x_t(\omega)$ eine meßbare Abbildung von $(\Omega, \mathscr{N}_T)$ in $(E, \mathscr{B})$. Laut Lemma 1.3 ist α eine meßbare Abbildung von $(\Omega, \mathscr{N}_T)$ in $(E^\infty, \mathscr{B}^\infty)$. Gemäß unserer Bedingung bestimmt f eine meßbare Abbildung von $(E^\infty, \mathscr{B}^\infty)$ in $(I_{+\infty}^{-\infty}, \mathscr{B}_{+\infty}^{-\infty})$. Folglich ist $\xi = f\alpha$ eine meßbare Abbildung von $(\Omega, \mathscr{N}_T)$ in $(I_{+\infty}^{-\infty}, \mathscr{B}_{+\infty}^{-\infty})$. Also sind alle durch (1.2) dargestellten Funktionen $\mathscr{N}_T$-meßbar.

Nun bezeichnen wir durch $\mathscr{L}$ die Gesamtheit aller Funktionen $\xi(\omega)$ $(\omega \in \Omega)$, durch $\mathscr{H}$ die Menge aller in der Form (1.2) darstellbaren Funktionen ξ und durch $\mathscr{C}$ das System aller ω-Mengen der Gestalt

$$\{x_{t_1} \in \Gamma_1, \ldots, x_{t_n} \in \Gamma_n\}$$
$$(n = 1, 2, \ldots; t_1, \ldots, t_n \in T; \Gamma_1, \ldots, \Gamma_n \in \mathscr{B}). \tag{1.3}$$

Die charakteristische Funktion der Menge (1.3) ist gleich

$$\chi_{\Gamma_1}[x_{t_1}(\omega)] \ldots \chi_{\Gamma_n}[x_{t_n}(\omega)].$$

Folglich läßt sie sich in der Form (1.2.) darstellen und gehört zu $\mathscr{H}$. Da offensichtlich $\mathscr{H}$ ein $\mathscr{L}$-System ist und $\mathscr{C}$ ein π-System, enthält $\mathscr{H}$ nach Lemma 1.2. alle bezüglich $\sigma(\mathscr{C}) = \mathscr{N}_T$ meßbaren Funktionen $\xi(\omega)$.

§ 2. Maße und Integrale

1.4. Es sei $(\Omega, \mathscr{M})$ ein Maßraum. Die nicht negative Zahlenfunktion $\varphi(A)$ $(A \in \mathscr{M})$ wird *Maß** genannt, wenn für jedes endliche oder abzählbare, paarweise disjunkte Mengensystem $A_1, A_2, \ldots$ aus $\mathscr{M}$ gilt $\varphi(\cup A_k) = \Sigma \varphi(A_k)$. Ein Maß, das die Bedingung $\varphi(\Omega) = 1$ erfüllt, nennt man *Wahrscheinlichkeitsmaß*.

Es sei φ ein auf der σ-Algebra $\mathscr{M}$ gegebenes Maß. Es sei f eine $\mathscr{M}$-meßbare Zahlenfunktion, die auf einer Untermenge Ω_f des Raumes Ω gegeben sei, und A sei in $\mathscr{M}[\Omega_f]$ enthalten. Wir sagen, daß die Funktion f *φ-summierbar* auf der Menge A ist, wenn die endlichen Grenzwerte

$$\lim_{n \to \infty} \sum_{0}^{+\infty} \frac{k}{n} \, \varphi \left\{ \omega : \omega \in A , \quad \frac{k}{n} < f(\omega) \leqq \frac{k+1}{n} \right\}$$

und

$$\lim_{n \to \infty} \sum_{-1}^{-\infty} \frac{k+1}{n} \, \varphi \left\{ \omega : \omega \in A , \quad \frac{k}{n} < f(\omega) \leqq \frac{k+1}{n} \right\}^{**}.$$

existieren.

Die Summe dieser Grenzwerte bezeichnet man als (Lebesguesches) *Integral* der Funktion f nach dem Maß φ auf der Menge A, in Zeichen

$$\int_A f(\omega) \, \varphi(d\omega) .$$

Wenn einer dieser Grenzwerte unendlich ist und der andere endlich, so schreibt man dem Integral den Wert $\pm \infty$ zu ($+ \infty$, falls der erste Grenzwert unendlich ist, und $- \infty$, falls der zweite unendlich ist).

Wir setzen voraus, daß der Leser mit den Grundeigenschaften des Lebesgueschen Integrals vertraut ist.

Insbesondere werden folgende Eigenschaften eine wichtige Rolle spielen:

---

* Alle in P. 1.4. enthaltenen Begriffe und Sätze kann man ohne Schwierigkeiten auf den Fall übertragen, daß für die Funktion $\varphi(A)$ außer endlichen Werten noch der Wert $+ \infty$ zugelassen ist. (Eine derartige Funktion ist z. B. das gewöhnliche Lebesguesche Maß auf der unendlichen Zahlengeraden). Wir werden es aber mit ähnlichen Funktionen nur in einigen Beispielen zu tun haben, und deshalb wollen wir überall dort, wo keine besondere Abmachung getroffen wurde, unter einem Maß φ immer eine Funktion verstehen, die nur endliche Werte annimmt.

** In den Fällen, wo man über φ-summierbare Funktionen ohne Angabe einer Menge A spricht, meint man Funktionen, die über ihrem ganzen Definitionsbereich φ-summierbar sind.

1.4. A. Falls $0 \leq f_n(\omega) \uparrow f(\omega)$ für alle $\omega \in A$ und f auf A φ-summierbar ist, so gilt

$$\lim \int_A f_n(\omega)\, \varphi(d\omega) = \int_A f(\omega)\, \varphi(d\omega) . \tag{1.4}$$

1.4. B. Falls für alle $\omega \in A$ $f_n \in (\omega) \to f(\omega)$, $|f_n(\omega)| < g(\omega)$ und g auf A φ-summierbar ist, so gilt

$$\lim \int_A f_n(\omega)\, \varphi(d\omega) = \int_A f(\omega)\, \varphi(d\omega) . \tag{1.5}$$

1.4. C. (Satz von FUBINI). Es sei $\mathscr{M}_i$ eine σ-Algebra in Ω_i und es sei φ_i ein Maß auf $\mathscr{M}_i$ $(i = 1, 2)$. Es sei $f(\omega_1, \omega_2)$ eine auf $\Omega_1 \times \Omega_2$ $\mathscr{M}_1 \times \mathscr{M}_2$-meßbare Funktion derart, daß

$$\int_{\Omega_1} \left[\int_{\Omega_2} |f(\omega_1, \omega_2)|\, \varphi_2(d\omega_2) \right] \varphi_1(d\omega_1) < \infty .$$

Dann ist

$$\begin{aligned} &\int_{\Omega_1} \left[\int_{\Omega_2} f(\omega_1, \omega_2)\, \varphi_2(d\omega_2) \right] \varphi_1(d\omega_1) \\ &= \int_{\Omega_2} \left[\int_{\Omega_1} f(\omega_1, \omega_2)\, \varphi_1(d\omega_1) \right] \varphi_2(d\omega_2) * . \end{aligned} \tag{1.6}$$

Ein Sonderfall von 1.4. A ist folgende Eigenschaft:

1.4. A_1. Wenn $A_n \uparrow A$, dann $\varphi(A_n) \uparrow \varphi(A)$.

1.5. Wir beweisen die beiden nützlichen Lemmata.

Lemma 1.6. *Es sei α eine meßbare Abbildung von $(\Omega_1, \mathscr{A}_1)$ in $(\Omega_2, \mathscr{A}_2)$ und φ ein Maß auf $\mathscr{A}_1$. Dann definiert die Formel*

$$\psi(\Gamma) = \varphi\{\alpha(\omega) \in \Gamma\} \qquad (\Gamma \in \mathscr{A}_2) \tag{1.7}$$

ein Maß auf $\mathscr{A}_2$. Für eine beliebige $\mathscr{A}_2$-meßbare Funktion f gilt

$$\int_{\Omega_2} f(\omega_2)\, \psi(d\omega_2) = \int_{\Omega_1} f[\alpha(\omega_1)]\, \varphi(d\omega_1) \tag{1.8}$$

(genauer, falls auch nur eines dieser beiden Integrale existiert, dann existiert auch das zweite, wobei beide Integrale gleich sind).

Beweis. Die erste Behauptung des Lemmas ist klar.

Wir bezeichnen mit $\mathscr{L}$ die Gesamtheit aller ψ-summierbaren Funktionen. Es ist offensichtlich, daß die Gesamtheit aller Funktionen, für welche (1.8) erfüllt ist, ein $\mathscr{L}$-System darstellt. Dieses System enthält die charakteristische Funktion jeder beliebigen Menge aus $\mathscr{A}_2$. Nach Lemma 1.2 enthält es alle $\mathscr{A}_2$-meßbaren Funktionen aus $\mathscr{L}$. Folglich erfüllt f (1.8), falls für f das linke Integral von (1.8) existiert. Analog

---

* Falls f nicht negativ ist, ist die Forderung nach der absoluten Konvergenz des Integrals, das auf der linken Seite von Gleichung (1.4) steht, überflüssig.

prüft man nach, daß (1.8) für beliebige Funktionen f erfüllt ist, für welche das rechte Integral von (1.8) existiert.

Lemma 1.7. *Es seien* U, V, Z, *drei Räume;* $\mathscr{A}_U$, $\mathscr{A}_V$, $\mathscr{A}_Z$ σ-*Algebren von Untermengen dieser Räume,* $F(u, z)$ $(u \in U, z \in Z)$ *eine Zahlenfunktion, meßbar bezüglich* $\mathscr{A}_U \times \mathscr{A}_Z$, *und* $\mathbf{P}_v$ $(v \in V)$ *Maße auf der* σ-*Algebra* $\mathscr{A}_Z$, *wobei für ein beliebiges* $\Gamma \in \mathscr{A}_Z$ *die Zahlenfunktion* $\mathbf{P}_v(\Gamma)$ $\mathscr{A}_V$-*meßbar sei.*

Falls nun das Integral

$$G(u, v) = \int_Z F(u, z)\, \mathbf{P}_v\,(dz) \tag{1.9}$$

für alle $u \in U, v \in V$ *konvergiert, so bestimmt es eine* $\mathscr{A}_U \times \mathscr{A}_V$-*meßbare Funktion**.

Beweis. Wir bezeichnen mit $\mathscr{L}$ das System aller $\mathscr{A}_U \times \mathscr{A}_Z$-meßbaren Funktionen $F(u, z)$, für die das Integral

$$\int_Z F(u, z)\, \mathbf{P}_v\,(dz)$$

für alle $u \in U, v \in V$ konvergiert. Das System $\mathscr{H}$ aller derjenigen Funktionen $F(u, z)$, für die $G(u, v)$ $\mathscr{A}_U \times \mathscr{A}_V$-meßbar ist, ist natürlich ein $\mathscr{L}$-System. Es enthält die charakteristische Funktion einer beliebigen Menge $A_U \times A_Z$ $(A_U \in \mathscr{A}_U, A_Z \in \mathscr{A}_Z)$. Da nun diese Mengen ein π-System bilden, enthält $\mathscr{H}$ nach Lemma 1.2 alle $\mathscr{A}_U \times \mathscr{A}_Z$-meßbaren Funktionen aus $\mathscr{L}$.

§ 3. Bedingte Wahrscheinlichkeiten und mathematische Erwartungen

1.6. Das Tripel $(\Omega, \mathscr{M}, \mathbf{P})$, wobei Ω eine Menge ist, $\mathscr{M}$ eine σ-Algebra ihrer Untermengen, $\mathbf{P}$ ein Wahrscheinlichkeitsmaß auf $\mathscr{M}$, bezeichnet man als *Wahrscheinlichkeitsraum.*

Die Punkte von Ω nennt man *Elementarereignisse,* die Elemente A von $\mathscr{M}$ *Ereignisse* und die Werte $\mathbf{P}(A)$ ihre *Wahrscheinlichkeiten.* Jede $\mathscr{M}$-meßbare Funktion $\xi(\omega)$ $(\omega \in \Omega)$ heißt *Zufallsgröße.* Das Integral

$$\int_\Omega \xi(\omega)\, \mathbf{P}\,(d\omega)$$

(falls es einen Sinn hat) heißt *mathematische Erwartung* von ξ und wird durch $\mathbf{M}\xi$ bezeichnet. Eine $\mathscr{M}$-meßbare Funktion ξ wollen wir auch dann Zufallsgröße nennen, wenn sie nicht auf dem ganzen Raume Ω erklärt ist, sondern nur auf einer Untermenge Ω_ξ desselben (aus der $\mathscr{M}$-Meßbarkeit von ξ folgt, daß $\Omega_\xi \in \mathscr{M}$).

---

* Falls die Funktion F nicht-negativ ist, ist die Forderung nach der Konvergenz des Integrals überflüssig.

Die mathematische Erwartung einer derartigen Zufallsgröße wird durch die Formel

$$\mathbf{M}\,\xi = \int\limits_{\Omega_\xi} \xi\,(\omega)\,\mathbf{P}\,(d\,\omega)$$

definiert.

Es sei $\tilde{\Omega} \subseteq \Omega$, und $\varphi\,(\omega)$ sowie $\psi\,(\omega)$ seien zwei Funktionen, deren Definitionsbereiche in Ω enthalten sind. Wir sagen, die Gleichheit $\varphi = \psi$ besteht fast sicher auf $\tilde{\Omega}$ (im Sinne des Maßes $\mathbf{P}$), und schreiben

$$\varphi = \psi \quad (\text{f. s. } \tilde{\Omega}, \mathbf{P})\,,$$

wenn $\mathbf{P}\,(\tilde{\Omega}, \varphi \neq \psi) = 0$. Einen ähnlichen Sinn haben die Ausdrücke

$$\varphi < \psi \quad (\text{f. s. } \tilde{\Omega}, \mathbf{P}), \quad \varphi_n \to \varphi \quad (\text{f. s. } \tilde{\Omega}, \mathbf{P})$$

usw.

Es sei $\mathscr{A}$ eine σ-Algebra in $\tilde{\Omega} \subseteq \Omega$, wobei $\mathscr{A} \subseteq \mathscr{M}$. Die Funktion $\xi\,(\omega)$ sei $\mathbf{P}$-summierbar auf der Menge $\tilde{\Omega}$. Wir bezeichnen als *bedingte mathematische Erwartung von ξ bezüglich $\mathscr{A}$* (wir schreiben $\mathbf{M}\,(\xi \mid \mathscr{A})$) jede $\mathscr{A}$-meßbare Funktion, die für beliebiges $A \in \mathscr{A}$ die Beziehung erfüllt:

$$\int\limits_{A} \xi\,(\omega)\,\mathbf{P}\,(d\,\omega) = \int\limits_{A} \mathbf{M}\,(\xi \mid \mathscr{A})\,\mathbf{P}\,(d\,\omega)\,. \tag{1.10}$$

Man kann zeigen, daß eine derartige Funktion immer existiert. Es ist leicht einzusehen, daß sie nur bis auf die Genauigkeit einer beliebigen Menge aus der σ-Algebra $\mathscr{A}$ mit dem $\mathbf{P}$-Maß Null erklärt ist.

Da man aus den Gleichheiten $\mathbf{M}\,(\xi \mid \mathscr{A}) = \varphi$, $\mathbf{M}\,(\xi \mid \mathscr{A}) = \psi$ nicht schließen kann, daß $\varphi\,(\omega) = \psi\,(\omega)$ für alle ω gilt, sondern nur, daß $\varphi = \psi$ (f. s. $\tilde{\Omega}$, $\mathbf{P}$), wollen wir, um Widersprüche zu vermeiden, statt $\mathbf{M}\,(\xi \mid A) = \varphi$ in Zukunft immer $\mathbf{M}\,(\xi \mid \mathscr{A}) = \varphi$ (f. s. $\tilde{\Omega}$, $\mathbf{P}$) schreiben.

Wir bemerken, daß die Werte der Funktion ξ außerhalb von $\tilde{\Omega}$ keinen Einfluß auf die Funktion $\mathbf{M}\,(\xi \mid \mathscr{A})$ haben.

Falls $B \in \mathscr{M}$, so ist die charakteristische Funktion $\chi_B\,(\omega)$ eine $\mathscr{M}$-meßbare Funktion. Die Funktion $\mathbf{M}\,(\chi_B \mid \mathscr{A})$ nennt man *bedingte Wahrscheinlichkeit* des Ereignisses B bezüglich der σ-Algebra $\mathscr{A}$ und bezeichnet sie mit $\mathbf{P}\,(B \mid \mathscr{A})$. Diese Funktion kann man auch als $\mathscr{A}$-meßbare Funktion charakterisieren, die für beliebiges $A \in \mathscr{A}$ die Beziehung erfüllt

$$\mathbf{P}\,(A\,B) = \int\limits_{A} \mathbf{P}\,(B \mid \mathscr{A})\,\mathbf{P}\,(d\,\omega)\,. \tag{1.11}$$

(Sie ist nur bis auf die Genauigkeit einer ω-Menge aus $\mathscr{A}$ mit dem $\mathbf{P}$-Maß Null erklärt.)

Wir bringen einige Beispiele*.

---

* In den Beispielen 1.6. 1 und 1.6. 2 enthält die σ-Algebra $\mathscr{A}$ keine nichtleeren Mengen vom Maße Null, deswegen ist die Funktion $\mathbf{M}\,(\xi \mid \mathscr{A})$ für ein beliebiges ξ eindeutig definiert.

1.6. 1. Es sei $\mathscr{A}_0$ die Algebra, die aus zwei Elementen besteht: aus der leeren Menge θ und dem ganzen Raum Ω. Die einzigen $\mathscr{A}_0$-meßbaren Funktionen sind hier Konstanten, und aus der Beziehung (1.10) erhalten wir für $A = \Omega$

$$\mathbf{M}\,(\xi \mid \mathscr{A}_0) = \mathbf{M}\,\xi\,.$$

1.6. 2. Es sei $A \in \mathscr{M}$ und $0 < \mathbf{P}\,(A) < 1$. Die vier Mengen $\{0,\,A,\,\overline{A},\,\Omega\}$ bilden eine σ-Algebra $\mathscr{A}$. Wir haben

$$\mathbf{M}\,(\xi \mid \mathscr{A}) = \begin{cases} \dfrac{1}{\mathbf{P}\,(A)} \displaystyle\int\limits_{A} \xi\,(\omega)\,\mathbf{P}\,(d\,\omega) & \text{für } \omega \in A\,, \\[2ex] \dfrac{1}{\mathbf{P}\,(\overline{A})} \displaystyle\int\limits_{\overline{A}} \xi\,(\omega)\,\mathbf{P}\,(d\,\omega) & \text{für } \omega \in \overline{A}\,, \end{cases}$$

$$\mathbf{P}\,(B \mid \mathscr{A}) = \begin{cases} \dfrac{\mathbf{P}\,(BA)}{\mathbf{P}\,(A)} & \text{für } \omega \in A\,, \\[2ex] \dfrac{\mathbf{P}\,(B\overline{A})}{\mathbf{P}\,(\overline{A})} & \text{für } \omega \in \overline{A}\,. \end{cases}$$

Obige Formeln stellen die Verbindung her einerseits zwischen den allgemeinen Begriffen der bedingten Wahrscheinlichkeit und der bedingten mathematischen Erwartung bezüglich einer σ-Algebra und zum anderen zwischen den allbekannten elementaren Begriffen der Wahrscheinlichkeit und mathematischen Erwartung, unter der Bedingung, daß ein Ereignis A eingetreten ist.

Wir leiten die Grundeigenschaften der bedingten mathematischen Erwartung und der bedingten Wahrscheinlichkeit her. In der Formulierung dieser Eigenschaften bedeutet $\mathscr{A}$ eine σ-Algebra in $\tilde{\Omega} \subseteq \Omega$, wobei vorausgesetzt wird, daß $\mathscr{A} \subseteq \mathscr{M}$.

1.6. A. Falls ξ auf $\tilde{\Omega}$ $\mathscr{A}$-meßbar und $\mathbf{P}$-summierbar ist, gilt

$$\mathbf{M}\,(\xi \mid \mathscr{A}) = \xi \quad (\text{f. s. } \tilde{\Omega},\,\mathbf{P})\,.$$

1.6. A_1. Für eine beliebige Konstante c gilt:

$$\mathbf{M}\,(c \mid \mathscr{A}) = c \quad (\text{f. s. } \tilde{\Omega},\,\mathbf{P})\,.$$

1.6. B. Falls ξ und η auf $\tilde{\Omega}$ $\mathbf{P}$-summierbar sind und

$$\xi \geqq \eta \quad (\text{f. s. } \tilde{\Omega},\,\mathbf{P})\,, \tag{1.12}$$

so ist

$$\mathbf{M}\,(\xi \mid \mathscr{A}) \geqq \mathbf{M}\,(\eta \mid \mathscr{A}) \quad (\text{f. s. } \tilde{\Omega},\,\mathbf{P})\,. \tag{1.13}$$

1.6. B_1. Für jedes $A \in \mathscr{M}$ gilt

$$0 \leqq \mathbf{P}\,(A \mid \mathscr{A}) \leqq 1 \quad (\text{f. s. } \tilde{\Omega},\,\mathbf{P})\,. \tag{1.14}$$

Falls $\mathbf{P}\,(\tilde{\Omega} \setminus A\tilde{\Omega}) = 0$, so gilt

$$\mathbf{P}\,(A \mid \mathscr{A}) = 1 \quad (\text{f. s. } \tilde{\Omega},\,\mathbf{P})\,. \tag{1.15}$$

1.6. C. Falls ξ_1 und ξ_2 auf $\tilde{\Omega}$ **P**-summierbar sind und c_1 und c_2 beliebige Konstanten darstellen, gilt

$$\mathbf{M}\,(c_1\xi_1 + c_2\xi_2 \mid \mathscr{A}) = c_1\,\mathbf{M}\,(\xi_1 \mid \mathscr{A}) + c_2\,\mathbf{M}\,(\xi_2 \mid \mathscr{A}) \quad (\text{f. s. } \tilde{\Omega}, \mathbf{P})\,.$$

1.6. D. Falls ξ auf $\tilde{\Omega}$ **P**-summierbar ist und

$$0 \leqq \xi_n \uparrow \xi \quad (\text{f. s. } \tilde{\Omega}, \mathbf{P})\,,$$

so gilt

$$\mathbf{M}\,(\xi_n \mid \mathscr{A}) \uparrow \mathbf{M}\,(\xi \mid \mathscr{A}) \quad (\text{f. s. } \tilde{\Omega}, \mathbf{P})\,.$$

1.6. D_1. Falls $A_n \uparrow A$, dann hat man

$$\mathbf{P}\,(A_n \mid \mathscr{A}) \uparrow \mathbf{P}\,(A \mid \mathscr{A}) \quad (\text{f. s. } \tilde{\Omega}, \mathbf{P})\,.$$

1.6. E. Falls η auf $\tilde{\Omega}$ **P**-summierbar ist und

$$|\xi_1| < \eta, \ldots, |\xi_n| < \eta, \ldots; \xi_n \to \xi \quad (\text{f. s. } \tilde{\Omega}, \mathbf{P})\,,$$

so ist

$$\mathbf{M}\,(\xi_n \mid \mathscr{A}) \to \mathbf{M}\,(\xi \mid \mathscr{A}) \quad (\text{f. s. } \tilde{\Omega}, \mathbf{P})\,.$$

1.6. F. Falls $\xi\eta$ und η auf $\tilde{\Omega}$ **P**-summierbar sind und ξ $\mathscr{A}$-meßbar ist, dann gilt

$$\mathbf{M}\,(\xi\eta \mid \mathscr{A}) = \xi\,\mathbf{M}\,(\eta \mid \mathscr{A}) \quad (\text{f. s. } \tilde{\Omega}, \mathbf{P})\,.$$

1.6. G. Es sei, $\Omega \supseteqq \tilde{\Omega}_1 \supseteqq \tilde{\Omega}_2$, $\mathscr{A}_1$ eine σ-Algebra auf $\tilde{\Omega}_1$ und $\mathscr{A}_2$ eine σ-Algebra auf $\tilde{\Omega}_2$; dabei sei $\mathscr{A}_1 \subseteqq \mathscr{M}$, $\mathscr{A}_2 \subseteqq \mathscr{M}$ und $A_1\,\tilde{\Omega}_2 \in \mathscr{A}_2$ für alle $A_1 \in \mathscr{A}_1$*.

Falls die Funktionen $\xi\eta$ und η auf $\tilde{\Omega}_2$ **P**-summierbar sind und die Funktion ξ auf $\tilde{\Omega}_1 \setminus \tilde{\Omega}_2$ verschwindet und eine $\mathscr{A}_2$-meßbare Funktion auf Ω_2 induziert, so gilt

$$\mathbf{M}\,(\xi\eta \mid \mathscr{A}_1) = \mathbf{M}\,[\xi\,\mathbf{M}\,(\eta \mid \mathscr{A}_2) \mid \mathscr{A}_1] \quad (\text{f. s. } \tilde{\Omega}, \mathbf{P})^{**}. \tag{1.16}$$

Falls $A \in \mathscr{A}_2$, $B \in \mathscr{M}$, dann gilt

$$\mathbf{P}\,(A\,B \mid \mathscr{A}_1) = \mathbf{M}\,\{\chi_A\,\mathbf{P}\,(B \mid \mathscr{A}_2) \mid \mathscr{A}_1\} \quad (\text{f. s. } \tilde{\Omega}_1, \mathbf{P})\,. \tag{1.17}$$

1.6. H. Falls die Funktionen $\xi\eta$ und η auf $\tilde{\Omega}$ **P**-meßbar sind und die Funktion ξ $\mathscr{A}$-meßbar und gleich Null (oder undefiniert) außerhalb von $\tilde{\Omega}$ ist, so gilt

$$M\xi\eta = M\,[\xi\,M(\eta \mid \mathscr{A})]\,.$$

1.6. I. Es sei $\mathscr{A}$ eine σ-Algebra im Raume Ω. Falls η auf Ω **P**-summierbar ist, so gilt

$$\mathbf{M}\,\eta = \mathbf{M}\,[\mathbf{M}\,(\eta \mid \mathscr{A})]\,. \tag{1.18}$$

Falls $A \in \mathscr{M}$, dann gilt

$$\mathbf{P}\,(A) = \mathbf{M}\,[\mathbf{P}\,(A \mid \mathscr{A})]\,. \tag{1.19}$$

---

* D. h. $\mathscr{A}_1\,[\tilde{\Omega}_2] \subseteqq \mathscr{A}_2$; für den Fall $\tilde{\Omega}_1 = \tilde{\Omega}_2$ erhält diese Forderung die einfachere Form $\mathscr{A}_1 \subseteqq \mathscr{A}_2$.

** Im Produkt $\xi\,\mathbf{M}\,(\eta \mid \mathscr{A}_2)$ ist der erste Faktor gleich Null und der zweite auf $\tilde{\Omega}_1 \setminus \tilde{\Omega}_2$ nicht definiert. Wir sagen hier, daß das Produkt definiert und gleich Null auf $\tilde{\Omega}_1 \setminus \tilde{\Omega}_2$ ist.

Wir gehen nun zum Beweis der Eigenschaften 1.6. A.—1.6. I. über.

Die Eigenschaft 1.6. A ist eine selbstverständliche Folgerung aus der Definition der mathematischen Erwartung. Falls wir in 1.6. A $\xi = c$ setzen, erhalten wir 1.6. A_1.

Der Beweis von 1.6. B und 1.6. B_1.

Wegen (1.10) und (1.12) haben wir für ein beliebiges $A \in \mathscr{A}$

$$\int_A \mathbf{M} (\xi \mid \mathscr{A}) \, \mathbf{P} (d\omega) = \int_A \xi \mathbf{P} (d\omega) \geqq \int_A \eta \, \mathbf{P} (d\omega)$$
$$= \int_A \mathbf{M} (\eta \mid \mathscr{A}) \, \mathbf{P} (d\omega) \,. \tag{1.20}$$

Wir setzen

$$A_n = \left\{ \omega : \mathbf{M} (\xi \mid \mathscr{A}) < \mathbf{M} (\eta \mid \mathscr{A}) - \frac{1}{n} \right\} .$$

Offensichtlich gehört A_n zu $\mathscr{A}$ und

$$\int_{A_n} \mathbf{M} (\xi \mid \mathscr{A}) \, \mathbf{P} (d\omega) \leqq \int_{A_n} \mathbf{M} (\eta \mid \mathscr{A}) \, \mathbf{P} (d\omega) - \frac{1}{n} \mathbf{P} (A_n) \,. \tag{1.21}$$

Aus der Gegenüberstellung von (1.20) und (1.21) folgt, daß $\mathbf{P} (A_n) = 0$ ist. Nun gilt

$$\{ \mathbf{M} (\xi \mid \mathscr{A}) < \mathbf{M} (\eta \mid \mathscr{A}) \} \subset \bigcup A_n \,,$$

woraus (1.13) folgt.

Um (1.14) herzuleiten, genügt es zu bemerken, daß $0 \leqq \chi_A \leqq 1$ ist und die schon bewiesenen Eigenschaften 1.6. B und 1.6. A_1 zu benützen. Für den Fall $\mathbf{P} (\tilde{\Omega} \setminus A\tilde{\Omega}) = 0$ ist schließlich $\chi_A \geqq 1$ (f. s. $\tilde{\Omega}$, $\mathbf{P}$), und nach (1.13) und 1.6. A haben wir

$$\mathbf{P} (A \mid \mathscr{A}) = \mathbf{M} (\chi_A \mid \mathscr{A}) \geqq 1 \quad (\text{f. s. } \tilde{\Omega}, \mathbf{P}) \,.$$

Zusammen mit (1.14) ergibt dies die Beziehung (1.15).

Beweis von 1.6. C. Nach (1.10) haben wir für ein beliebiges $A \in \mathscr{A}$

$$\int_A \xi_1 \mathbf{P} (d\omega) = \int_A \mathbf{M} (\xi_1 \mid \mathscr{A}) \, \mathbf{P} (d\omega),$$
$$\int_A \xi_2 \mathbf{P} (d\omega) = \int_A \mathbf{M} (\xi_2 \mid \mathscr{A}) \, \mathbf{P} (d\omega),$$

folglich,

$$\int_A (c_1 \xi_1 + c_2 \xi_2) \, \mathbf{P} (d\omega) = \int_A [c_1 \mathbf{M} (\xi_1 \mid \mathscr{A}) + c_2 \mathbf{M} (\xi_2 \mid \mathscr{A})] \, \mathbf{P} (d\omega) \,,$$

was mit der Behauptung 1.6. C gleichbedeutend ist.

Beweis von 1.6. D—1.6. D_1. Aus der Beziehung

$$0 \leqq \xi_1 \leqq \ldots \leqq \xi_n \leqq \ldots \quad (\text{f. s. } \tilde{\Omega}, \mathbf{P}) \,, \tag{1.22}$$

folgt in Übereinstimmung mit 1.6. B, daß

$$0 \leq \mathbf{M}\,(\xi_1 \mid \mathscr{A}) \leq \ldots \leq \mathbf{M}\,(\xi_n \mid \mathscr{A}) \leq \ldots \quad (\text{f. s. } \tilde{\Omega},\, \mathbf{P})\,. \quad (1.23)$$

Nach (1.10) gilt für ein beliebiges $A \in \mathscr{A}$

$$\int_A \mathbf{M}\,(\xi_n \mid \mathscr{A})\,\mathbf{P}\,(d\omega) = \int_A \xi_n\,\mathbf{P}\,(d\omega)\,. \quad (1.24)$$

Wegen 1.4. A folgt aus (1.22), (1.23) und (1.24), daß gilt

$$\int_A \lim \mathbf{M}\,(\xi_n \mid \mathscr{A})\,\mathbf{P}\,(d\omega) = \int_A \lim \xi_n\,\mathbf{P}\,(d\omega)\,,$$

damit ist

$$\lim \mathbf{M}(\xi_n \mid \mathscr{A}) = \mathbf{M}(\xi \mid \mathscr{A}) \quad (\text{f. s. } \tilde{\Omega},\, \mathbf{P})\,.$$

Um 1.6. D_1 zu beweisen, genügt es, 1.6. D auf die Größen χ_{A_n} anzuwenden.

Beweis von 1.6. E. Wir setzen

$$\zeta_n^+ = \sup_{k \geq 0} \xi_{n+k}, \quad \zeta_n^- = \inf_{k \geq 0} \xi_{n+k}\,.$$

Offensichtlich ist

$$0 \leq \eta - \zeta_n^+ \uparrow \eta - \xi \quad \text{und} \quad 0 \leq \eta + \zeta_n^- \uparrow \eta + \xi \quad (\text{f. s. } \tilde{\Omega},\, \mathbf{P})\,.$$

Deshalb haben wir wegen 1.6. D

$$\mathbf{M}(\eta - \zeta_n^+ \mid \mathscr{A}) \uparrow \mathbf{M}(\eta - \xi \mid \mathscr{A}) \quad \text{und} \quad \mathbf{M}(\eta + \zeta_n^- \mid \mathscr{A}) \uparrow \mathbf{M}(\eta + \xi \mid \mathscr{A})$$
$$(\text{f. s. } \tilde{\Omega},\, \mathbf{P})\,.$$

Folglich ist

$$\mathbf{M}(\zeta_n^+ \mid \mathscr{A}) \downarrow \mathbf{M}(\xi \mid \mathscr{A}) \quad \text{und} \quad \mathbf{M}(\zeta^- \mid \mathscr{A}) \uparrow \mathbf{M}(\xi \mid \mathscr{A}) \quad (\text{f. s. } \tilde{\Omega},\, \mathbf{P})\,.$$

Es bleibt noch zu bemerken, daß laut 1.6. B

$$\mathbf{M}(\zeta_n^- \mid \mathscr{A}) \leq \mathbf{M}(\xi_n \mid \mathscr{A}) \leq \mathbf{M}(\zeta_n^+ \mid \mathscr{A})$$

gilt.

Beweis von 1.6. F. Wir betrachten irgendeine auf $\tilde{\Omega}$ $\mathbf{P}$-summierbare Funktion η und setzen $\xi \in \mathscr{L}$, falls $\xi\eta$ auf $\tilde{\Omega}$ $\mathbf{P}$-summierbar ist. Wegen 1.6. C und 1.6. D ist die Gesamtheit $\mathscr{H}$ aller ξ, für die 1.6. F erfüllt ist, ein $\mathscr{L}$-System in $\tilde{\Omega}$. Aus (1.10) folgt leicht, daß $\mathscr{H}$ die charakteristischen Funktionen aller Mengen aus $\mathscr{A}$ enthält. Nach Lemma 1.2 enthält $\mathscr{H}$ alle $\mathscr{A}$-summierbaren Funktionen aus $\mathscr{L}$.

Beweis von 1.6. G. Wegen (1.10) und 1.6. F gilt für jedes $A \in \mathscr{A}_1$

$$\int_A \mathbf{M}\,\{\xi \mathbf{M}\,(\eta \mid \mathscr{A}_2) \mid \mathscr{A}_1\}\,\mathbf{P}\,(d\omega) = \int_A \xi \mathbf{M}\,(\eta \mid \mathscr{A}_2)\,\mathbf{P}\,(d\omega) = \int_{A\tilde{\Omega}_2} \xi \mathbf{M}\,(\eta \mid \mathscr{A}_2)\,\mathbf{P}\,(d\omega)$$

$$= \int_{A\tilde{\Omega}_2} \mathbf{M}\,(\xi\eta \mid \mathscr{A}_2)\,\mathbf{P}\,(d\omega) \quad (1.25)$$

$$= \int_{A\tilde{\Omega}_2} \xi\eta\,\mathbf{P}\,(d\omega) = \int_A \xi\eta\,\mathbf{P}\,(d\omega)\,.$$

Da die Funktion $\mathbf{M}\{\xi\,\mathbf{M}(\eta\mid\mathscr{A}_2)\mid\mathscr{A}_1\}\;\mathscr{A}_1$-meßbar ist, folgt aus (1.25) die Relation (1.16).

Falls wir $\xi = \chi_A$, $\eta = \chi_B$ setzen, erhalten wir (1.17).

Um die Eigenschaft 1.6. H herzuleiten, genügt es, 1.6. G auf den Fall $\tilde{\Omega}_1 = \Omega$, $\mathscr{A}_1 = \mathscr{M}$, $\tilde{\Omega}_2 = \tilde{\Omega}$, $\tilde{\mathscr{A}}_2 = \mathscr{A}$ anzuwenden. Falls wir in 1.6. H $\tilde{\Omega} = \Omega$, $\xi = 1$ setzen, erhalten wir (1.18), und setzen wir in (1.18) $\eta = \chi_A$, so ergibt sich (1.19).

§ 4. Topologische Maßräume

1.7. Als *topologischen Raum* bezeichnen wir das Paar $(E, \mathscr{C})$, wobei E eine Menge ist und $\mathscr{C}$ ein System von Untermengen aus E, das die Bedingungen erfüllt:

1.7. A$_1$. Die leere Menge und der ganze Raum E gehören zu $\mathscr{C}$.

1.7. A$_2$. Der Durchschnitt einer endlichen Anzahl und die Vereinigung einer beliebigen Anzahl von Untermengen aus $\mathscr{C}$ gehört wieder zu $\mathscr{C}$.

Die Elemente des Systems $\mathscr{C}$ bezeichnen wir als *offene Mengen* des Raumes E. Jede offene Menge, die den Punkt x enthält, nennen wir *Umgebung* von x.

Wir sagen, daß die Menge $A \subseteq E$ *abgeschlossen* ist, wenn $\bar{A} \in \mathscr{C}$. Den Durchschnitt aller abgeschlossenen Mengen, die eine Menge B enthalten, bezeichnen wir als abgeschlossene Hülle von B. Die abgeschlossene Hülle von B ist die kleinste abgeschlossene Menge, die B enthält.

Es sei x_n eine Punktfolge aus dem Raum $(E, \mathscr{C})$. Falls jede Umgebung des Punktes x alle Elemente — abgesehen von einer endlichen Anzahl — der Folge x_n enthält, dann sagen wir, daß x_n *gegen x konvergiert* und schreiben $x_n \to x$.

Den topologischen Raum $(E, \mathscr{C})$ nennt man *kompakt*, falls jede Folge eine konvergente Unterfolge enthält. Es ist nicht schwer zu zeigen, daß man aus jeder abzählbaren Überdeckung des kompakten Raumes E mit offenen Mengen eine endliche Überdeckung* auswählen kann.

Falls diese Bedingung für eine beliebige (nicht nur abzählbare) Überdeckung von E mit offenen Mengen erfüllt ist, dann sagen wir, daß $(E, \mathscr{C})$ ein *bikompakter*, topologischer Raum ist.

Der topologische Raum $(E, \mathscr{C})$ heißt *Hausdorffsch*, falls man für je zwei beliebige verschiedene Punkte $x, y \in E$ disjunkte Mengen $U, V \in \mathscr{C}$ finden kann derart, daß $x \in U$, $y \in V$. Einen bikompakten, Hausdorffschen Raum bezeichnet man kurz als *Bikompaktum*.

Eine Untermenge A aus dem topologischen Raume $(E, \mathscr{C})$ heißt *überall dicht* in E, falls für jedes nicht leere $C \in \mathscr{C}$ der Durchschnitt

---

* Wir sagen, daß das Mengensystem $\tilde{\mathscr{C}}$ eine Überdeckung von E darstellt, falls jeder Punkt $x \in E$ wenigstens einer Menge aus $\tilde{\mathscr{C}}$ angehört.

$A \cap C$ nicht leer ist. Falls in E eine abzählbare, überall dichte Menge existiert, so nennen wir den Raum $(E, \mathscr{C})$ *separabel*.

Es sei E' eine beliebige Untermenge von E, und es sei $\mathscr{C}'$ die Gesamtheit aller Untermengen von E', die sich als Durchschnitt $E' \cap C$ darstellen lassen, wobei $C \in \mathscr{C}$. Selbstverständlich genügt $\mathscr{C}'$ den Bedingungen 1.7. A_1 und 1.7. A_2, $(E', \mathscr{C}')$ stellt also einen topologischen Raum dar. Damit können wir jede Untermenge eines topologischen Raumes wieder als topologischen Raum betrachten. Insbesondere hat es einen Sinn, über die Kompaktheit oder Bikompaktheit einer Untermenge E' zu sprechen.

Falls man E als Vereinigung einer abzählbaren Anzahl von kompakten (bikompakten) Untermengen darstellen kann, so heißt der Raum $(E, \mathscr{C})$ *σ-kompakt* (entsprechend *σ-bikompakt*).

Falls man zu jedem Punkt x eine offene Menge U und eine kompakte (bikompakte) Menge K finden kann derart, daß $x \in U \subseteq K$, dann sagen wir, daß E *lokal-kompakt (lokal-bikompakt)* ist.

Es seien $(E_1, \mathscr{C}_1)$ und $(E_2, \mathscr{C}_2)$ zwei topologische Räume. Es sei $\mathscr{C}_1 \times \mathscr{C}_2$ die Gesamtheit derjenigen Untermengen von $E_1 \times E_2$, die sich als Vereinigung von „Rechtecken" $C_1 \times C_2$ $(C_1 \in \mathscr{C}_1, C_2 \in \mathscr{C}_2)$ darstellen lassen. Den topologischen Raum $(E_1 \times E_2, \mathscr{C}_1 \times \mathscr{C}_2)$ nennt man *topologisches Produkt* der Räume $(E_1, \mathscr{C}_1)$ und $(E_2, \mathscr{C}_2)$.

Wir bemerken, daß $(x_n, y_n) \to (x, y)$ dann und nur dann in $(E_1 \times E_2, \mathscr{C}_1 \times \mathscr{C}_2)$ konvergiert, wenn $x_n \to x$ in $(E_1, \mathscr{C}_1)$ und $y_n \to y$ in $(E_2, \mathscr{C}_2)$.

Das Paar (E, ϱ) heißt *metrischer Raum* (E sei eine irgendeine Menge und ϱ eine nicht negative Funktion auf $E \times E$), wenn es die Bedingungen erfüllt

1.7. B_1. $\varrho(x, y) = \varrho(y, x)$,
1.7. B_2. $\varrho(x, y) + \varrho(y, z) \geqq \varrho(x, z)$,
1.7. B_3. $\varrho(x, y) = 0$

dann und nur dann, wenn $x = y$.

Die Gesamtheit aller Punkte y, die die Bedingung $\varrho(x, y) < \varepsilon$ erfüllen, heißt ε-Umgebung des Punktes x und wird mit $U_\varepsilon(x)$ bezeichnet. Die Menge U heißt offen, wenn man für jeden Punkt $x \in U$ ein $\varepsilon > 0$ derart finden kann, daß $U_\varepsilon(x) \subseteq U$. Die Gesamtheit $\mathscr{C}$ aller offenen Mengen U genügt den Bedingungen 1.7. A_1–1.7. A_2. Deshalb kann man jeden metrischen Raum als topologischen Raum auffassen und auf ihn alle Begriffe anwenden, die für topologische Räume eingeführt wurden.

Die topologischen Räume, die durch die oben beschriebene Konstruktion aus metrischen Räumen erhalten werden können, nennt man *metrisierbar*.

Eine Punktfolge x_n des metrischen Raumes (E, ϱ) konvergiert gegen den Punkt x dann und nur dann, wenn $\varrho(x_n, x) \to 0$.

Ein metrischer Raum heißt *vollständig*, falls jede Folge x_n, die der Bedingung $\lim_{m,n\to\infty} \varrho\,(x_m,\,x_n) = 0$ genügt, auch konvergiert.

Ein einfaches Beispiel für einen metrischen Raum ist die Menge aller reellen Zahlen R mit dem Abstand $\varrho\,(x,\,y) = |y - x|$. Dieser Raum ist vollständig, separabel, σ-bikompakt und lokal-bikompakt.

1.8. Es seien $(E_1,\,\mathscr{C}_1)$ und $(E_2,\,\mathscr{C}_2)$ zwei topologische Räume. Die Abbildung α von E_1 in E_2 heißt *stetig*, falls das Urbild einer beliebigen Menge $C \in \mathscr{C}_2$ zu $\mathscr{C}_1$ gehört. Ist α eine stetige Abbildung von $(E_1,\,\mathscr{C}_1)$ in $(E_2,\,\mathscr{C}_2)$ und β eine stetige Abbildung von $(E_2,\,\mathscr{C}_2)$ in $(E_3,\,\mathscr{C}_3)$, dann ist $\beta\alpha$ eine stetige Abbildung von $(E_1,\,\mathscr{C}_1)$ in $(E_3,\,\mathscr{C}_3)$.

Falls α eine stetige Abbildung von $(E_1,\,\mathscr{C}_1)$ in $(E_2,\,\mathscr{C}_2)$ ist, folgt aus $x_n \to x$, daß $\alpha\,(x_n) \to \alpha\,(x)$. Folgt aber die Stetigkeit der Abbildung α daraus, daß $\alpha\,(x_n) \to \alpha\,(x)$, wenn nur $x_n \to x$? Allgemein ist dies nicht der Fall. Für metrisierbare Räume ist aber die Antwort positiv.

Aus 1.7. B_2 folgt, daß $x_n \to x$, $y_n \to y$ die Beziehung $\varrho\,(x_n,\,y_n) \to \varrho\,(x,\,y)$ nach sich zieht.

$\varrho\,(x,\,y)$ ist deshalb eine stetige Funktion auf dem topologischen Produkt $(E \times E,\,\mathscr{C} \times \mathscr{C})$. (Dabei ist $\mathscr{C}$ das System aller offenen Mengen von $(E,\,\varrho)$.)*

Es sei Γ eine Untermenge des metrischen Raumes $(E,\,\varrho)$. Unter $\varrho\,(x,\,\Gamma)$ verstehen wir die untere Grenze von $\varrho\,(x,\,y)$ bezüglich aller $y \in \Gamma$. Aus 1.7. B_1—1.7. B_2 folgt, daß

$$|\varrho\,(x,\,\Gamma) - \varrho\,(y,\,\Gamma)| \leqq \varrho\,(x,\,y)\,,$$

also ist $\varrho\,(x,\,\Gamma)$ eine stetige Funktion von x.

1.9. *Topologischer Maßraum* heißt das Tripel $(E,\,\mathscr{C},\,\mathscr{B})$, wenn das Paar $(E,\,\mathscr{C})$ ein topologischer Raum und das Paar $(E,\,\mathscr{B})$ ein Maßraum ist.

Einen einfachen und wichtigen Sonderfall eines topologischen Maßraumes stellt der Raum von der Form $(E,\,\mathscr{C},\,\sigma\,(\mathscr{C}))$ dar. Wir werden ihn manchmal kurz mit $(E,\,\mathscr{C})$ bezeichnen. Die Elemente der σ-Algebra $\sigma\,(\mathscr{C})$ bezeichnen wir als *Borelsche Mengen* des topologischen Raumes $(E,\,\mathscr{C})$.

Es seien $(E_1,\,\mathscr{C}_1,\,\mathscr{B}_1)$ und $(E_2,\,\mathscr{C}_2,\,\mathscr{B}_2)$ zwei topologische Maßräume und α eine Abbildung von E_1 in E_2. Es ist sinnvoll über Meßbarkeit und Stetigkeit von α zu sprechen. Wir zeigen, daß im Falle $\mathscr{B}_1 = \sigma\,(\mathscr{C}_1)$, $\mathscr{B}_2 = \sigma\,(\mathscr{C}_2)$ aus der Stetigkeit von α ihre Meßbarkeit folgt. In der Tat, wir bezeichnen mit $\mathscr{F}$ die Gesamtheit aller Untermengen aus E_2, deren Urbilder zu $\sigma\,(\mathscr{C}_1)$ gehören. Es ist klar, daß $\mathscr{F}$ ein λ-System ist und das π-System $\mathscr{C}_2$ enthält. Nach Lemma 1.1. ist $\mathscr{F} \supseteq \sigma\,(\mathscr{C}_2)$.

Es ist nicht sinnvoll, sich auf die Betrachtung von topologischen Maßräumen zu beschränken, für welche $\mathscr{B} = \sigma\,(\mathscr{C})$ ist, da dies die Anwendungsmöglichkeiten der Theorie wesentlich einengen würde. Den

---

* Der Raum $(E \times E,\,\mathscr{C} \times \mathscr{C})$ ist natürlich metrisierbar.

Erfordernissen entsprechend macht man deshalb über den Zusammenhang zwischen $\mathscr{B}$ und $\mathscr{C}$ geeignete Voraussetzungen. Wir wollen die wichtigsten dieser Voraussetzungen formulieren.

1.9. A. $\mathscr{B}$ sei eine σ-Algebra, erzeugt durch ein Untersystem von $\mathscr{C}$, oder, was gleichwertig ist, $\mathscr{B} = \sigma\,(\mathscr{B} \cap \mathscr{C})$.

1.9. B. Für jedes $U \in \mathscr{B} \cap \mathscr{C}$ findet man eine $\mathscr{B}$-meßbare, stetige Funktion $f\,(x)$, so daß $f\,(x) \neq 0$ dann und nur dann, wenn $x \in U$.

Lemma 1.8. *Der topologische Maßraum $(E, \mathscr{C}, \mathscr{B})$ erfülle die Bedingungen* 1.9. A—1.9. B. *Falls das $\mathscr{L}$-System $\mathscr{H}$ alle beschränkten, stetigen, meßbaren Funktionen auf E enthält, so enthält es auch alle zu $\mathscr{L}$ gehörigen meßbaren Funktionen.*

Beweis. Das Mengensystem $\mathscr{B} \cap \mathscr{C}$ ist ein π-System, dabei haben wir wegen 1.9. A $\sigma\,(\mathscr{B} \cap \mathscr{C}) = \mathscr{B}$. Laut Lemma 1.2 genügt es zu zeigen, daß die charakteristische Funktion einer beliebigen Menge $U \in \mathscr{B} \cap \mathscr{C}$ zu $\mathscr{H}$ gehört. Wir betrachten die durch Bedingung 1.9. B definierte Funktion $f\,(x)$ und setzen

$$q_n\,(u) = \begin{cases} 1, & \text{wenn } |u| \geqq \dfrac{1}{n}, \\[2mm] n\,|u|, & \text{wenn } |u| < \dfrac{1}{n}. \end{cases}$$

$$f_n\,(x) = q_n\,[f\,(x)]\,.$$

Die Funktionen f_n sind stetig, beschränkt und meßbar; sie gehören also zu $\mathscr{H}$. Da $0 \leqq f_n \uparrow \chi_U$, gilt somit $\chi_U \in \mathscr{H}$.

Lemma 1.9. *Es seien $\alpha_n \ldots, \alpha_n, \ldots$ meßbare Abbildungen des Maßraumes $(\Omega, \mathscr{M})$ in den topologischen Maßraum $(E, \mathscr{C}, \mathscr{B})$, der den Bedingungen* 1.9. A—1.9. B *genügt. Falls $\alpha_n\,(\omega) \to \alpha\,(\omega)$ für jedes $\omega \in \Omega$ gilt, ist die Abbildung α ebenfalls meßbar.*

Beweis. Es sei $U \in \mathscr{C} \cap \mathscr{B}$ und f die durch Bedingung 1.9. B erklärte Funktion. Wir haben

$$\{\alpha\,(\omega) \in U\} = \bigcup_{m=1}^{\infty} \bigcup_{k=1}^{\infty} \bigcap_{n=m}^{\infty} \left\{ |f\,[\alpha_n\,(\omega)]| > \frac{1}{k} \right\}.$$

Aus der Meßbarkeit der Funktion $f\,[\alpha_n\,(\omega)]$ folgt

$$\left\{ |f\,[\alpha_n\,(\omega)]| > \frac{1}{k} \right\} \in \mathscr{M}\,.$$

Folglich gilt $\{\alpha\,(\omega) \in U\} \in \mathscr{M}$. Wegen Bedingung 1.9. A leitet man daraus leicht her, daß $\{\alpha\,(\omega) \in \Gamma\} \in \mathscr{M}$ für jedes $\Gamma \in \mathscr{B}$ gilt.

Wir führen einen Begriff ein, der im weiteren mehrmals gebraucht wird.

Wir sagen, daß die Punkte t_k^n eine *kanonische Unterteilungsfolge* $\{\varDelta_k^n\}$ des Intervalls $\varDelta$ bestimmen, falls gilt:

1. Für jedes n ist $\varDelta = \bigcup_k \varDelta_k^n$, wobei für $i \neq k$ die Intervalle $\varDelta_i^n$ und $\varDelta_j^n$ disjunkt sind.

2. Das rechte Ende des Intervalls Δ_k^n ist der Punkt t_k^n; alle Punkte t_k^n gehören zu Δ.

3. $\limsup\limits_{n \to \infty} |\Delta_k^n| = 0$, wobei $|\Delta_k^n|$ die Länge des Intervalls Δ_k^n ist.

Lemma 1.10. *Es seien* Δ *ein Zahlenintervall,* $(\Omega, \mathcal{M})$ *ein Maßraum und* $(E, \mathcal{C}, \mathcal{B})$ *ein topologischer Maßraum, der die Bedingungen* 1.9. A *und* 1.9. B *erfüllt. Die Abbildung* F *des Produktes* $\Delta \times \Omega$ *in den Raum* E *unterliege den folgenden Bedingungen:*

a) *für ein beliebiges* $t \in \Delta$ *ist* F *eine meßbare Abbildung von* $(\Omega, \mathcal{M})$ *in* $(E, \mathcal{B})$;

b) *für ein beliebiges* $\omega \in \Omega$ *ist* F *eine rechtsseitig stetige Abbildung von* Δ *in* $(E, \mathcal{C})$*.*

Dann ist F *eine meßbare Abbildung von* $(\Delta \times \Omega, \mathcal{B}_\Delta \times \mathcal{M})$ *in* $(E, \mathcal{B})$.

Beweis. Die Punkte t_k^n mögen eine kanonische Unterteilungsfolge $\{\Delta_k^n\}$ des Intervalls Δ bilden. Wegen a) sind die Abbildungen F_n des Raumes $\Delta \times \Omega$ in E, die durch die Formel

$$F_n\,(t,\,\omega) = F\,(t_k^n,\,\omega), \quad \text{wobei } t \in \Delta_k^n\,,$$

erklärt sind, meßbar. Nach b) gilt

$$F_n\,(t,\,\omega) \to F\,(t,\,\omega)$$

für $n \to \infty$, gemäß Lemma 1.9 ist also F meßbar.

Als *metrischen Maßraum* bezeichnen wir das Tripel $(E, \varrho, \mathcal{B})$, wobei das Paar (E, ϱ) ein metrischer Raum und das Paar $(E, \mathcal{B})$ ein Maßraum ist. Für den Fall, daß die σ-Algebra $\mathcal{B}$ durch das System aller offenen Mengen des Raumes (E, ϱ) erzeugt wird, wollen wir kurz (E, ϱ) an Stelle von $(E, \varrho, \mathcal{B})$ schreiben. Wir bemerken, daß in diesem Falle die Bedingungen 1.9. A und 1.9. B erfüllt sind; als Funktion $f(x)$ kann man $\varrho\,(x, \overline{U})$ wählen.

§ 5. Konstruktion von Wahrscheinlichkeitsmaßen

1.10. Zur Konstruktion von Wahrscheinlichkeitsmaßen benutzen wir folgenden allgemeinen Satz:

Satz 1.1. *Es sei* $\mathcal{C}$ *ein Untermengensystem der Menge* E, *das den Bedingungen genügt:*

1.10. A_1. $E \in \mathcal{C}$.

1.10. A_2. *Falls* $A \in \mathcal{C}$, *so kann man* $\overline{A}$ *als Vereinigung endlich vieler, paarweise disjunkter Elemente aus* $\mathcal{C}$ *darstellen.*

1.10. A_3. *Aus* $A, B \in \mathcal{C}$ *folgt* $A\,B \in \mathcal{C}$.

Es sei $\Phi\,(A)$ *eine auf dem System* $\mathcal{C}$ *definierte Funktion mit der Eigenschaft, daß gilt:*

1.10. B_1. $\Phi\,(A) \geq 0$ *für jedes* $A \in \mathcal{C}$.

---

* D. h. für beliebige $\omega \in \Omega$ und $t_0 \in \Delta$ gilt $F\,(t,\,\omega) \to F\,(t_0,\,\omega)$, falls $t \downarrow t_0$.

1.10. B_2. *Falls* $A = \bigcup\limits_{1}^{\infty} A_n$ *mit* $A, A_1, A_2, \ldots \in \mathscr{C}$ *und* $A_i A_j = \Theta$ *für* $i \neq j$, *so gilt*

$$\Phi(A) = \sum_{n=1}^{\infty} \Phi(A_n) \, .$$

1.10. B_3. $\Phi(E) = 1$.

Dann existiert auf der σ-Algebra $\sigma(\mathscr{C})$ ein einziges Wahrscheinlichkeitsmaß $\mathbf{P}(A)$, *für welches gilt:*

$$\mathbf{P}(A) = \Phi(A) \quad (A \in \mathscr{C}) \, . \tag{1.26}$$

Die Eindeutigkeit des Maßes $\mathbf{P}$ folgt sofort aus Lemma 1.1. In der Tat, es sei $\overset{\circ}{\mathbf{P}}$ ein Maß auf $\sigma(\mathscr{C})$, das ebenso wie $\mathbf{P}$ die Bedingung (1.26) erfüllt. Wir setzen $B \in \mathscr{F}$, falls $\overset{\circ}{\mathbf{P}}(B) = \mathbf{P}(B)$. Offensichtlich ist $\mathscr{F}$ ein λ-System und $\mathscr{F} \supseteq \mathscr{C}$. Da nun $\mathscr{C}$ ein π-System darstellt, haben wir nach Lemma 1.1 $\mathscr{F} \supseteq \sigma(\mathscr{C})$.

Um wenigstens ein Maß $\mathbf{P}$ zu konstruieren, das der Bedingung (1.26) genügt, setzen wir für jedes $B \subseteq E$

$$\mathbf{P}(B) = \inf \sum_{n=1}^{\infty} \mathbf{P}(A_n) \, ,$$

mit $A_1, \ldots, A_n, \ldots \in \mathscr{C}$, wobei die untere Grenze über alle Systeme $\{A_n\}$ genommen wird, für welche $\bigcup\limits_{n=1}^{\infty} A_n \supseteq B$. Wir betrachten das System $\mathscr{B}$ aller Mengen B, für welche $P(B) + P(\overline{B}) = 1$. Man zeigt, daß $\mathscr{B}$ das System $\mathscr{C}$ enthält und eine σ-Algebra ist, außerdem, daß die Funktion $\mathbf{P}(B)$, sofern man sie nur auf der σ-Algebra $\mathscr{B}$ betrachtet, ein Maß ist, welches der Bedingung (1.26) genügt. Dies gilt erst recht, wenn man $\mathbf{P}$ nur auf der σ-Algebra $\sigma(\mathscr{C})$ betrachtet, welche in $\mathscr{B}$ enthalten ist.

1.11. Wir betrachten ein wichtiges Beispiel. Es sei $E = [a, b]^*$, und die Funktion $F(u)$ $(u \in [a, b])$ erfülle folgende Bedingungen:

1.11. A. $F(u)$ ist nicht fallend ,

1.11. B. $F(u)$ ist rechtsseitig stetig,

1.11. C. $F(b) = 1$.

Wir bezeichnen mit $\mathscr{C}$ die Gesamtheit aller Intervalle $(s, t]$ $(a \leqq s < t \leqq b)$ und $[a, t]$ $(a \leqq t \leqq b)$ und setzen

$$\Phi(s, t] = F(t) - F(s), \ \Phi[a, t] = F(t) \, .$$

Man sieht leicht ein, daß $\mathscr{C}$ die Bedingungen 1.10. A_1—1.10. A_3 erfüllt und Φ die Bedingungen 1.10. B_1—1.10. B_3. Das Wahrscheinlichkeitsmaß $\mathbf{P}(A)$, dessen Existenz durch Satz 1.1 gesichert ist, erfüllt selbstverständlich die Bedingung

$$\mathbf{P}[a, t] = F(t) \, . \tag{1.27}$$

1.12. Satz 1.2. *Es sei T eine beliebige Menge, $\hat{T}$ eine Untermenge von T, $(E, \mathscr{C}, \mathscr{B})$ ein σ-kompakter topologischer Maßraum, der die Bedingung*

---

* a und b können endliche, wie auch unendliche Werte annehmen.

1.9. A *erfüllt. Wir bezeichnen mit E^T die Gesamtheit aller Funktionen $\varphi(t)$ auf der Menge T mit Werten aus E und mit $\mathcal{N}_{\tilde{T}}$ die σ-Algebra im Raume E^T, die durch die Mengen $\{\varphi : \varphi(t) \in \Gamma\}$ ($t \in \tilde{T}$, $\Gamma \in \mathscr{B}$) erzeugt wird. Es sei für jedes $n = 1, 2, \ldots$ und beliebige $t_1, \ldots, t_n \in \tilde{T}$ die Funktion*

$$\Phi_{t_1, \ldots, t_n}(\Gamma_1, \ldots, \Gamma_n) \quad (\Gamma_1, \ldots, \Gamma_n \in \mathscr{B})$$

gegeben, und diese Funktion erfülle die Bedingungen:

1.12. A. $\Phi_{t_{i_1}, \ldots, t_{i_n}}(\Gamma_{i_1}, \ldots, \Gamma_{i_n}) = \Phi_{t_1, \ldots, t_n}(\Gamma_1, \ldots, \Gamma_n)$ *gilt für eine beliebige Permutation $(i_1, \ldots, i_n)$ der Zahlen $(1, 2, \ldots, n)$.*

1.12. B. *Wenn man mit einer Ausnahme alle Argumente der Funktion $\Phi_{t_1, \ldots, t_n}(\Gamma_1, \ldots, \Gamma_n)$ festhält, so ist diese Funktion bezüglich des verbliebenen Argumentes ein Maß.*

1.12. C. $\Phi_t(E) = 1$ *und*

$$\Phi_{t_1, \ldots, t_{n-1}, t_n}(\Gamma_1, \ldots, \Gamma_{n-1}, E) = \Phi_{t_1, \ldots, t_{n-1}}(\Gamma_1, \ldots, \Gamma_{n-1}) \quad (n > 1).$$

Es existiert dann auf der σ-Algebra $\mathcal{N}_{\tilde{T}}$ genau ein Wahrscheinlichkeitsmaß $\mathbf{P}$ derart, daß für beliebige

$$t_1, \ldots, t_n \in \tilde{T}, \Gamma_1, \ldots, \Gamma_n \in \mathscr{B}$$
$$\mathbf{P}\{\varphi(t_1) \in \Gamma_1, \ldots, \varphi(t_n) \in \Gamma_n\} = \Phi_{t_1, \ldots, t_n}(\Gamma_1, \ldots, \Gamma_n). \tag{1.28}$$

Um diesen Satz zu beweisen, bemerken wir, daß die Untermengen des Raumes E^T, die die Form

$$A = \{\varphi : \varphi(t_1) \in \Gamma_1, \ldots, \varphi(t_n) \in \Gamma_n\}$$
$$(n = 1, 2, \ldots, t_1, \ldots, t_n \in \tilde{T}; \Gamma_1, \ldots, \Gamma_n \in \mathscr{B}),$$

haben, ein System $\mathscr{C}$ bilden, das den Bedingungen 1.10. A_1—1.10. A_3 genügt. Weiter verifiziert man, daß die Funktion Φ, die auf dem System $\mathscr{C}$ durch die Formel

$$\Phi\{\varphi(t_1) \in \Gamma_1, \ldots, \varphi(t_n) \in \Gamma_n\} = \Phi_{t_1, \ldots, t_n}(\Gamma_1, \ldots, \Gamma_n),$$

definiert ist, den Bedingungen 1.10. B_1—1.10. B_3 genügt (die Voraussetzungen über die Topologie des Raumes $(E, \mathscr{C}, \mathscr{B})$, die im Satz formuliert sind, benutzt man beim Verifizieren der Eigenschaft 1.10. B_2). Nun folgt Satz 1.2 aus Satz 1.1.

Kapitel 2

Markoffsche Prozesse

§ 1. Definition eines Markoffschen Prozesses

2.1. Anschaulich kann man einen Markoffschen Prozeß folgendermaßen beschreiben:

Während des Zeitintervalls $[0, \zeta)$ bewege sich in einem Raum E ein vom Zufall abhängiges Teilchen. Wenn die Lage des Teilchens im Augenblick t bekannt ist, sollen die zusätzlichen Informationen über Erscheinungen, die bis zum Augenblick t beobachtet wurden (insbesondere die, die den Charakter der Bewegung bis zum Zeitpunkt t betreffen), keinen Einfluß auf die Bewegungsprognose nach dem Augenblick t haben (bei bekannter „Gegenwart" sind „Vergangenheit" und „Zukunft" voneinander unabhängig). Der Augenblick ζ, in dem die Bewegung abbricht, soll auch vom Zufall abhängen können.

Die genaue Definition formuliert man folgendermaßen:

Es seien gegeben:

a) eine Funktion $\zeta(\omega)$ auf einem Raum Ω, die nicht negative Werte (darunter kann auch der Wert $+\infty$ sein) annimmt;

b) die Funktion $x(t, \omega) = x_t(\omega)$, die für $\omega \in \Omega$, $t \in [0, \zeta(\omega))$ definiert ist und Werte aus einem Maßraum $(E, \mathscr{B})$ annimmt (man setzt voraus, daß die σ-Algebra $\mathscr{B}$ alle einpunktigen Mengen enthält);

c) für alle $0 \leq s \leq t$ die σ-Algebra $\mathscr{M}_t^s$ im Raume $\Omega_t = \{\omega : \zeta(\omega) > t\}$;

d) für alle $s \geq 0$, $x \in E$ die Funktion $\mathbf{P}_{s,x}(A)$ auf einer σ-Algebra $\mathscr{M}^s$ im Raume Ω, die $\mathscr{M}_t^s$ für alle $t \geq s$ enthält.

Wir sagen, daß diese Elemente den *Markoffschen Prozeß*

$$X = (x_t, \zeta, \mathscr{M}_t^s, \mathbf{P}_{s,x})$$

definieren, wenn folgende Bedingungen erfüllt sind:

2.1. A. Wenn $s \leq t \leq u$ und $A \in \mathscr{M}_t^s$, dann ist $\{A, \zeta > u\} \in \mathscr{M}_u^s$.

2.1. B. $\{x_t \in \Gamma\} \in \mathscr{M}_t^s$ gilt für beliebige $0 \leq s \leq t$, $\Gamma \in \mathscr{B}$*.

2.1. C. $\mathbf{P}_{s,x}$ ist ein Wahrscheinlichkeitsmaß auf der σ-Algebra $\mathscr{M}^s$.

2.1. D. Für beliebige $0 \leq s \leq t$, $\Gamma \in \mathscr{B}$ ist

$$P(s, x; t, \Gamma) = \mathbf{P}_{s,x}\{x_t \in \Gamma\} \tag{2.1}$$

eine $\mathscr{B}$-meßbare Funktion von x.

2.1. E. $P(s, x; s, E \setminus x) = 0$.

2.1. F. Wenn $0 \leq s \leq t \leq u$, $x \in E$, $\Gamma \in \mathscr{B}$, dann gilt

$$\mathbf{P}_{s,x}\{x_u \in \Gamma \mid \mathscr{M}_t^s\} = P(t, x_t; u, \Gamma) \quad \text{(f. s. } \Omega_t, \mathbf{P}_{s,x}). \tag{2.2}$$

Die Menge Ω nennt man *Elementarereignisraum*. Den Maßraum $(E, \mathscr{B})$ nennt man *Phasenraum*, die Größe ζ *Abbruchsaugenblick* (oder *Lebenszeit*) und die Funktion $P(s, x; t, \Gamma)$ *Übergangsfunktion* des Prozesses X. Für ein festes ω beschreibt die Funktion $x_t(\omega)$ $(t \in [0, \zeta(\omega))$ im Raume E die *Trajektorie* des Prozesses, die dem Elementarereignis ω entspricht.

Die σ-Algebra $\mathscr{M}_t^s$ kann man sich anschaulich als die Gesamtheit aller Ereignisse vorstellen, die man während des Zeitabschnittes $[s, t]$

---

* Setzt man $\Gamma = E$, so erhält man insbesondere $\{\zeta > t\} \in \mathscr{M}_t^s$ für beliebige $0 \leq s \leq t$.

beobachtet. Den Wert $\mathbf{P}_{s,x}(A)$ $(A \in \mathcal{M}^s)$ deutet man als Wahrscheinlichkeit des Ereignisses A unter der Bedingung, daß sich das Teilchen im Augenblick s im Punkte x befand.

Die Bedingung 2.1. F kann man in folgende Bedingung umwandeln:
2.1. F'. Wenn $0 \leqq s \leqq t \leqq u$, $x \in E$, $A \in \mathcal{M}_t^s$, dann ist

$$\mathbf{P}_{s,x}(A, x_u \in \Gamma) = \int\limits_A P(t, x_t; u, \Gamma)\, \mathbf{P}_{s,x}(d\omega)\,. \tag{2.3}$$

In der Tat sind gemäß der Definition der bedingten Wahrscheinlichkeit (siehe P. 1.6) 2.1. F und die Bedingung 2.1. F' zusammen mit der Forderung der $\mathcal{M}_t^s$-Meßbarkeit der ω-Funktion $P(t, x_t; u, \Gamma)$ gleichwertig. Die letzte Forderung folgt aber aus Bedingung 2.1. D. Die durch die Funktion $P(t, x_t; u, \Gamma)$ erklärte Abbildung von Ω_t in das Intervall $I_1^0 = [0, 1]$ ist nämlich das Produkt der durch die Funktion $x_t(\omega)$ erklärten meßbaren Abbildung von $(\Omega_t, \mathcal{M}_t^s)$ in $(E, \mathcal{B})$ und der durch die Funktion $P(t, x; u, \Gamma)$ definierten meßbaren Abbildung von $(E, \mathcal{B})$ in $(I_1^0, \mathcal{B}_1^0)$.

Eine wichtige Klasse von Markoffschen Prozessen stellen diejenigen Prozesse dar, für welche $\zeta(\omega) = +\infty$ für alle $\omega \in \Omega$ ist. Wir wollen sie *nicht abbrechende* Prozesse nennen und mit $(x_t, \mathcal{M}_t^s, \mathbf{P}_{s,x})$ bezeichnen.

Bemerkung. Die hier angegebene Definition eines Markoffschen Prozesses kann man etwas erweitern. Wir betrachten eine feste Menge T reeller Zahlen und fordern:

a) $\zeta(\omega)$ soll nur Werte aus T und den uneigentlichen Wert $+\infty$ annehmen;

b) die Funktion $x_t(\omega)$ sei für Werte $t \in T$, die kleiner als $\zeta(\omega)$ sind, erklärt;

c) die σ-Algebren $\mathcal{M}_t^s$ und $\mathcal{M}^s$ und die Funktionen $\mathbf{P}_{s,x}$ seien nur für $s, t \in T$ erklärt.

Falls ein derartiges System den Bedingungen 2.1. A—2.1. F genügt, sagen wir, daß es einen Markoffschen Prozeß auf der Zeitmenge T definiert.*

Falls wir $T = [0, +\infty)$ setzen, erhalten wir den Ausgangsfall, den wir am Anfang von P. 2.1 betrachtet haben. Wenn T mit der Menge aller nichtnegativen ganzen Zahlen (oder den natürlichen Zahlen) zusammenfällt, dann sagen wir, daß ein *Markoffscher Prozeß mit diskreter Zeit*, oder eine *Markoffsche Kette* gegeben ist. Da sich der Fall einer beliebigen Menge T im Prinzip nicht vom Ausgangsfall $T = [0, +\infty)$ unterscheidet, wollen wir, um die Darlegung nicht zu erschweren, nur diesen Ausgangsfall betrachten.

---

* Dieser Begriff ist natürlich auch dann sinnvoll, wenn T eine beliebige geordnete oder auch nur teilweise geordnete Menge darstellt.

Es ist nützlich, noch einige andere Begriffe einzuführen, die eng mit dem Markoffschen Prozeß zusammenhängen.

Als *Markoffsche Zufallsfunktion* im Phasenraum $(E, \mathscr{B})$ und auf dem Zeitintervall $I = [a, b]$ bezeichnet man die Gesamtheit folgender Objekte:

a) die Funktion $\zeta(\omega)$ auf der Menge Ω mit Werten aus dem Intervall $[a, b]$;

b) die Funktion $x_t(\omega) = x(t, \omega)$, die für $\omega \in \Omega$, $t \in [a, \zeta(\omega))$ erklärt ist und Werte aus E annimmt;

c) für jedes $t \in I$ die σ-Algebra $\mathscr{M}_t$ im Raume $\Omega_t = \{\zeta > t\}$;

d) das Wahrscheinlichkeitsmaß $\mathbf{P}$ auf der σ-Algebra $\mathscr{M}$ im Raume Ω, die $\mathscr{M}_t$ für alle $t \in I$ enthält.

Dabei fordert man:

2.1. α_1. $\{x_t \in \Gamma\} \in \mathscr{M}_t$ für beliebige $\Gamma \in \mathscr{B}$, $t \in I$.

2.1. α_2. $\mathscr{M}_t[\Omega_u] \subseteq \mathscr{M}_u$ für beliebige $t \leq u \in I$.

2.1. α_3. $\mathbf{P}\{x_u \in \Gamma \mid \mathscr{M}_t\} = \mathbf{P}\{x_u \in \Gamma \mid x_t\}$ (f. s. Ω_t, $\mathbf{P}$)* für beliebige $t \leq u \in I$ und $\Gamma \in \mathscr{B}$.

Wir sagen, daß eine *Markoffsche Zufallsfunktionenfamilie* gegeben ist, wenn jedem Paar $s \geq 0$, $x \in E$ eine Markoffsche Zufallsfunktion

$$X^{s,x} = \{x_t^{s,x}, \zeta^{s,x}, \mathscr{M}_t^{s,x}, \mathbf{P}^{s,x}\}$$

im Phasenraum $(E, \mathscr{B})$ und auf dem Zeitintervall $[s, \infty)$ zugeordnet ist. Dabei müssen die folgenden Bedingungen erfüllt sein:

2.1. β_1. $P(s, x; t, \Gamma) = \mathbf{P}^{s,x}\{x_t^{s,x} \in \Gamma\}$ ist eine $\mathscr{B}$-meßbare Funktion von x.

2.1. β_2. $P(s, x; s, E \setminus x) = 0$.

2.1. β_3. $\mathbf{P}^{s,x}\{x_u^{s,x} \in \Gamma \mid x_t^{s,x}\} = P(t, x_t^{s,x}; u, \Gamma)$ (f. s. $\Omega_t^{s,x}$, $\mathbf{P}^{s,x}$) für beliebige $0 \leq s \leq t \leq u$, $\Gamma \in \mathscr{B}$.

Es sei $X = (x_t, \zeta, \mathscr{M}_t^s, \mathbf{P}_{s,x})$ ein beliebiger Markoffscher Prozeß. Wir fixieren irgendein $s \geq 0$ und ein $x \in E$ und setzen

$$\zeta^{s,x}(\omega) = \max(\zeta(\omega), s),$$
$$x_t^{s,x}(\omega) = x_t(\omega) \quad (t \in [s, \infty), \ \omega \in \Omega_t),$$
$$\mathscr{M}_t^{s,x} = \mathscr{M}_t^s \quad (t \in [s, \infty)),$$
$$\mathbf{P}^{s,x}(A) = \mathbf{P}_{s,x}(A) \quad (A \in \mathscr{M}^s).$$

Man sieht leicht, daß die Elemente $(\zeta^{s,x}, x_t^{s,x}, \mathscr{M}_t^{s,x}, \mathbf{P}^{s,x})$ eine Markoffsche Zufallsfunktion auf dem Zeitintervall $[s, \infty)$ definieren. Die Gesamtheit dieser Funktionen für alle $s \geq 0$, $x \in E$ ist natürlich eine Markoffsche Familie.

Andererseits ist es nicht schwer, jeder Markoffschen Zufallsfunktionenfamilie $X^{s,x} = (x_t^{s,x}, \zeta^{s,x}, \mathscr{M}_t^{s,x}, \mathbf{P}^{s,x})$ einen Markoffschen Prozeß zuzuordnen.

---

* $\mathbf{P}\{- \mid x_t\}$ bezeichnet die bedingte Wahrscheinlichkeit bezüglich der σ-Algebra im Raume Ω_t, die durch die Mengen $\{x_t \in B\}$ $(B \in \mathscr{B})$ erzeugt wird.

In der Tat, wir bezeichnen mit $\tilde{\Omega}$ die Gesamtheit aller Tripel (s, x, ω) mit $s \geq 0$, $x \in E$, $\omega \in \Omega^{s,x}$ und setzen

$$\tilde{\zeta}(s, x, \omega) = \zeta^{s,x}(\omega)\,,$$
$$\tilde{x}_t(s, x, \omega) = x_t^{s,x}(\omega), \quad \text{für } t \in [s, \zeta^{s,x}(\omega))$$

(für $t \in [0, s)$ definieren wir die Funktion $\tilde{x}_t(s, x, \omega)$ in beliebiger Weise). Für jedes $A \subseteq \tilde{\Omega}$ setzen wir

$$A^{s,x} = \{\omega : (s, x, \omega) \in A\}\,.$$

Wir bezeichnen mit $\tilde{\mathcal{M}}^s$ die Gesamtheit aller Mengen $A \subseteq \tilde{\Omega}$, für die $A^{s,x} \in \mathcal{M}^{s,x}$ bei beliebigen $x \in E$ gilt und mit $\tilde{\mathcal{M}}_t^s$ die Gesamtheit aller $A \subseteq \tilde{\Omega}$, für welche $A^{s,x} \in \mathcal{M}_t^{s,x}$ bei beliebigen $x \in E$ ist. Man sieht leicht, daß $\tilde{\mathcal{M}}_t^s$ eine σ-Algebra im Raume $\tilde{\Omega}_t = \{\tilde{\zeta} > t\}$ ist, während $\tilde{\mathcal{M}}^s$ eine σ-Algebra im Raume $\tilde{\Omega}$ darstellt, dabei gilt $\tilde{\mathcal{M}}^s \supseteq \tilde{\mathcal{M}}_t^s$ für alle $t \geq s$. Wir setzen schließlich für jedes $A \in \tilde{\mathcal{M}}^s$

$$\tilde{\mathbf{P}}_{s,x}(A) = \mathbf{P}^{s,x}(A^{s,x})\,.$$

Wir überlassen es dem Leser zu verifizieren, daß das System $(\tilde{x}_t, \tilde{\zeta}, \tilde{\mathcal{M}}_t^s, \tilde{\mathbf{P}}_{s,x})$ den Bedingungen 2.1. A—2.1. F genügt und damit einen Markoffschen Prozeß erklärt.

2.2. Wir wollen mit $\mathcal{N}_t^s$ die σ-Algebra im Raume Ω_t bezeichnen, die durch die Mengen $\{\omega : x_u(\omega) \in \Gamma, \zeta(\omega) > t\}$ $(u \in I_t^s, \Gamma \in \mathscr{B})$ erzeugt wird und mit $\mathcal{N}^s$ die σ-Algebra im Raume Ω, die die Mengen $\{\omega : x_u(\omega) \in \Gamma\}$ $(u \in I^s, \Gamma \in \mathscr{B})$ erzeugen.

Wegen der Bedingungen 2.1. A und 2.1. B ist $\mathcal{N}_t^s \subseteq \mathcal{M}_t^s$, $\mathcal{N}^s \subseteq \mathcal{M}^s$. Es ist klar, daß gemeinsam mit $(x_t, \zeta, \mathcal{M}_t^s, \mathbf{P}_{s,x})$ auch der Prozeß $(x_t, \zeta, \mathcal{N}_t^s, \mathbf{P}_{s,x})$ markoffsch ist.

Ferner wollen wir $A \in \bar{\mathcal{M}}^s$ setzen, wenn man für jedes $x \in E$ Mengen B_1 und B_2 aus $\mathcal{M}^s$ finden kann mit $B_1 \subseteq A \subseteq B_2$ und $\mathbf{P}_{s,x}(B_1) = \mathbf{P}_{s,x}(B_2)$.

Setzen wir $\mathbf{P}_{s,x}(A) = \mathbf{P}_{s,x}(B_1) = \mathbf{P}_{s,x}(B_2)$, so setzen wir die Wahrscheinlichkeitsmaße $\mathbf{P}_{s,x}$ auf die σ-Algebra $\bar{\mathcal{M}}^s$ fort. Der Markoffsche Charakter des Prozesses $(x_t, \zeta, \mathcal{M}_t^s, \mathbf{P}_{s,x})$ wird offensichtlich dabei nicht verletzt. Er wird auch nicht verändert bei Ersetzung der σ-Algebra $\mathcal{M}_t^s$ durch die umfangreichere σ-Algebra $\bar{\mathcal{M}}_t^s$, die folgendermaßen konstruiert wird: Wir setzen $A \in \bar{\mathcal{M}}^s$, wenn $A \in \bar{\mathcal{M}}^s$, $A \subseteq \Omega_t$ und wenn für jedes $x \in E$ eine derartige Menge $B \in \mathcal{M}_t^s$ existiert, daß

$$\mathbf{P}_{s,x}(A \setminus AB) = \mathbf{P}_{s,x}(B \setminus AB) = 0\,.$$

Satz 2.1. *Es sei $(x_t, \zeta, \mathcal{M}_t^s, \mathbf{P}_{s,x})$ ein Markoffscher Prozeß und $0 \leq s \leq t$. Wenn $B \in \mathcal{N}^t$, so gilt*

$$\mathbf{P}_{s,x}(B \mid \mathcal{M}_t^s) = \mathbf{P}_{t,x_t}(B) \quad (\text{f. s. } \Omega_t, \mathbf{P}_{s,x})^*. \tag{2.4}$$

---

* Aus Formel (2.4) ersieht man, daß man für beliebige $B \in \mathcal{N}^t$ die Funktion $\mathbf{P}_{s,y}(B)$ durch $\mathbf{P}_{0,x}$ reproduzieren kann, dies mit einer Genauigkeit bis auf eine y-Menge Γ', für welche $P(0, x; s, \Gamma') = 0$.

Falls $\xi \mathcal{N}^t$-meßbar und $\mathbf{P}_{s,x}$-summierbar ist, dann gilt

$$\mathbf{M}_{s,x}\left(\xi \mid \mathcal{M}_t^s\right) = \mathbf{M}_{t,x_t}\xi \quad \text{(f. s. } \Omega_t, \mathbf{P}_{s,x}). \tag{2.5}$$

Beweis. Die Formeln (2.4) und (2.5) werden gleichzeitig bewiesen. Zuerst zeigen wir, daß die Formel (2.5) für $\xi = f(x_u)$ erfüllt ist, wobei $u \geqq t$ und f eine beschränkte $\mathcal{B}$-meßbare Funktion im Raume E ist. Es sei $\mathcal{L}$ die Gesamtheit aller beschränkten Funktionen $f(x)$ $(x \in E)$, und $\mathcal{H}$ die Gesamtheit aller derartigen $\mathcal{B}$-meßbaren Funktionen f, für die $f(x_u)$ die Bedingung (2.5) erfüllt.

Offensichtlich ist $\mathcal{H}$ ein $\mathcal{L}$-System.

Nach 2.1. F enthält $\mathcal{H}$ die charakteristischen Funktionen aller Mengen $\Gamma \in \mathcal{B}$. Laut Lemma 1.2 enthält $\mathcal{H}$ alle beschränkten $\mathcal{B}$-meßbaren Funktionen.

Wir zeigen nun, daß (2.4) für alle Mengen

$$B = \{x_{u_1} \in \Gamma_1, \ldots, x_{u_n} \in \Gamma_n\} \; (t \leqq u_1, \ldots, u_n; \Gamma_1, \ldots, \Gamma_n \in \mathcal{B}) \tag{2.6}$$

erfüllt ist. Für $n = 1$ ist dies wegen 2.1. F der Fall. Den weiteren Beweis führen wir mittels Induktion nach n. Es sei

$$B_1 = \{x_{u_1} \in \Gamma_1\}; \quad B_2 = \{x_{u_2} \in \Gamma_2, \ldots, x_{u_n} \in \Gamma_n\}.$$

Offensichtlich ist $B = B_1 B_2$ und nach 1.6. G erhalten wir

$$\mathbf{P}_{s,x}\left(B \mid \mathcal{M}_t^s\right) = \mathbf{M}_{s,x}\left\{\chi_{B_1}\mathbf{P}_{s,x}\left[B_2 \mid \mathcal{M}_{u_1}^s\right] \mid \mathcal{M}_t^s\right\} \quad \text{(f. s. } \Omega_t, \mathbf{P}_{s,x}).$$

Laut Induktionsvoraussetzung ist

$$\mathbf{P}_{s,x}\left(B_2 \mid \mathcal{M}_{u_1}^s\right) = \mathbf{P}_{u_1, x_{u_1}}\left(B_2\right) \quad \text{(f. s. } \Omega_{u_1}, \mathbf{P}_{s,x}).$$

Und schließlich

$$\begin{aligned}
\mathbf{P}_{s,x}\left(B \mid \mathcal{M}_t^s\right) &= \mathbf{M}_{s,x}\left\{\chi_{B_1}\mathbf{P}_{u_1, x_{u_1}}\left(B_2\right) \mid \mathcal{M}_t^s\right\} \\
&= \mathbf{M}_{s,x}\left\{f\left(x_{u_1}\right) \mid \mathcal{M}_t^s\right\} \quad \text{(f. s. } \Omega_t, \mathbf{P}_{s,x}),
\end{aligned}$$

wobei

$$f(x) = \chi_\Gamma(x)\,\mathbf{P}_{u_1, x}\left(B_2\right).$$

Falls wir den schon bewiesenen Sonderfall der Formel (2.5) anwenden, erhalten wir

$$\mathbf{M}_{s,x}\left\{f\left(x_{u_1}\right) \mid \mathcal{M}_t^s\right\} = \mathbf{M}_{t,x_t}f\left(x_{u_1}\right) \quad \text{(f. s. } \Omega_t, \mathbf{P}_{s,x}). \tag{2.7}$$

Anderseits ist wegen 1.6. G und der Induktionsvoraussetzung

$$\begin{aligned}
\mathbf{P}_{t,y}\left(B\right) &= \mathbf{M}_{t,y}\left\{\chi_{B_1}\mathbf{P}_{t,y}\left[B_2 \mid \mathcal{M}_{u_1}^t\right]\right\} \\
&= \mathbf{M}_{t,y}\left[\chi_{B_1}\mathbf{P}_{u_1 x_{u_1}}\left(B_2\right)\right] = \mathbf{M}_{t,y}f\left(x_{u_1}\right).
\end{aligned} \tag{2.8}$$

Falls wir (2.7) und (2.8) miteinander vergleichen, kommen wir zu dem Schluß, daß (2.4) für alle Mengen der Gestalt (2.6) erfüllt ist.

Wir bezeichnen mit $\mathcal{L}$ die Gesamtheit aller $\mathbf{P}_{s,x}$-summierbaren Funktionen $\xi(\omega)$ $(\omega \in \Omega)$. Offensichtlich ist die Menge $\mathcal{H}$ aller Funktionen, für welche die Bedingung (2.5) erfüllt ist, ein $\mathscr{L}$-System. Nach dem Bewiesenen enthält $\mathscr{H}$ die charakteristischen Funktionen aller Mengen (2.6). Letztere bilden ein π-System, das die σ-Algebra $\mathscr{N}^t$ erzeugt. Nach Lemma 1.2 enthält $\mathscr{H}$ alle $\mathscr{N}^t$-meßbaren, $\mathbf{P}_{s,x}$-summierbaren Funktionen. Die Beziehung (2.5) ist damit vollständig bewiesen. Falls B eine beliebige Menge aus $\mathscr{N}^t$ ist, erhalten wir (2.4), wenn wir in (2.5) $\xi = \chi_B$ setzen.

Folgerung. *Wenn* $A \in \mathscr{M}_t^s$, $B \in \mathscr{N}^t$, *so gilt*

$$\mathbf{P}_{s,x}(AB) = \int_A \mathbf{P}_{t,x_t}(B)\,\mathbf{P}_{s,x}(d\omega)\,. \tag{2.9}$$

Falls ξ $\mathscr{M}_t^s$-*meßbar,* η $\mathscr{N}^t$-*meßbar und* η *sowie* $\xi\eta$ $\mathbf{P}_{s,x}$-*summierbar sind, dann gilt*

$$\mathbf{M}_{s,x}\,\xi\eta = \mathbf{M}_{s,x}\,[\xi\,\mathbf{M}_{t,x_t}\eta]^*\,. \tag{2.10}$$

Die Formel (2.9) folgt aus dem Vergleich von (2.4) und (1.3), die Formel (2.10) aus der Gegenüberstellung von (2.5) und 1.6. G.

2.3. Wir setzen

$$P(s,x;A;t,\Gamma) = \mathbf{P}_{s,x}\{A,\,x_t \in \Gamma\} \quad (0 \leqq s \leqq t,\ A \in \mathscr{M}_t^s,\ \Gamma \in \mathscr{B})\,.$$

Falls wir uns auf Lemma 1.7 stützen, können wir der Bedingung 2.1. F′ folgende Form geben:

2.1. F″. Falls $0 \leqq s \leqq t \leqq u$, $\Gamma \in \mathscr{B}$, $A \in \mathscr{M}_t^s$, so gilt

$$P(s,x;A;u,\Gamma) = \int_E P(s,x;A;t,dy)\,P(t,y;u,\Gamma)\,. \tag{2.11}$$

Wir bemerken, daß für $A = \Omega_t$, $P(s,x;A;u,\Gamma) = P(s,x;u,\Gamma)$ und die Gleichung (2.11) in die Gleichung

$$P(s,x;u,\Gamma) = \int_E P(s,x;t,dy)\,P(t,y;u,\Gamma) \tag{2.12}$$
$$(0 \leqq s \leqq t \leqq u,\ \Gamma \in \mathscr{B})\,.$$

übergeht. Diese Relation für die Übergangsfunktion des Prozesses nennt man gewöhnlich Chapman-Kolmogoroffsche Gleichung**.

Wir setzen

$$P(s,x;t_1,\Gamma_1,\ldots,t_n,\Gamma_n) = \mathbf{P}_{s,x}(x_{t_1} \in \Gamma_1,\ldots,x_{t_n} \in \Gamma_n)$$
$$(x \in E;\ 0 \leqq s \leqq t_1,\ldots,t_n;\ \Gamma_1,\ldots,\Gamma_n \in \mathscr{B})\,. \tag{2.13}$$

---

* Die Funktionen $\xi\eta$ und $\xi\,\mathbf{M}_{t,x_t}\eta$ sind nur auf der Menge Ω_t erklärt. Laut P. 1.6 verstehen wir unter ihren mathematischen Erwartungen die Integrale über der Menge Ω_t.

** Falls wir insbesonders $\Gamma = E$, $s = t = u$ setzen und 2.1. E berücksichtigen, kommen wir zu dem Schluß, daß $P(s,x;s,E)$ entweder gleich 0 oder 1 für beliebige $s \geqq 0$, $x \in E$ ist.

Es sei $s \leq t_1 \leq \ldots \leq t_n$. Falls wir in der Beziehung (2.11)

$$A = \{x_{t_1} \in \Gamma_1, \ldots, x_{t_{n-1}} \in \Gamma_{n-1}\}, \quad t = t_{n-1}, \ u = t_n, \ \Gamma = \Gamma_n,$$

setzen, erhalten wir

$$P(s, x; t_1, \Gamma_1, \ldots, t_n, \Gamma_n)$$
$$= \int_{\Gamma_{n-1}} P(s, x; t_1, \Gamma_1, \ldots, t_{n-1}, dy) \, P(t_{n-1}, y; t_n, \Gamma). \tag{2.14}$$

Daraus ergibt sich mittels Induktion

$$P(s, x; t_1, \Gamma_1, \ldots, t_n, \Gamma_n) = \int_{\Gamma_1} \cdots \int_{\Gamma_{n-1}} P(s, x; t_1, dy_1) \times$$
$$\times P(t_1, y_1; t_2, dy_2) \ldots P(t_{n-1}, y_{n-1}, t_n, \Gamma_n) \tag{2.15}$$
$$(s \leq t_1 \leq t_2 \leq \ldots \leq t_n; \Gamma_1, \ldots, \Gamma_n \in \mathscr{B}).$$

Lemma 2.1. *Wenn $\mathscr{M}_t^s = \mathscr{N}_t^s$, so kann man in der Definition des Markoffschen Prozesses die Bedingung 2.1. F durch die Forderung ersetzen, daß für beliebige $n = 1, 2, \ldots, 0 \leq s \leq t_1 \leq t_2 \leq \ldots \leq t_n, \Gamma_1, \ldots, \Gamma_n \in \mathscr{B}$ die Beziehung (2.14) erfüllt sei.*

Beweis. Aus (2.14) folgt sofort, daß Bedingung 2.1. F'' für beliebige

$$A = \{\Omega_t, x_{t_1} \in \Gamma_1, \ldots, x_{t_n} \in \Gamma_n\}$$
$$(n = 1, 2, \ldots; t_1, \ldots, t_n \in [s, t], \Gamma_1, \ldots, \Gamma_n \in \mathscr{B}) \tag{2.16}$$

erfüllt ist. Die Mengen (2.16) bilden ein π-System $\mathscr{C}$ in Ω_t. Andererseits ist die Gesamtheit $\mathscr{F}$ aller Mengen A, für die Bedingung 2.1. F'' erfüllt ist, ein λ-System (in Ω_t). Nach Lemma 1.1 folgt aus der Inklusion $\mathscr{F} \supseteq \mathscr{C}$, daß $\mathscr{F} \supseteq \sigma(\mathscr{C}) = \mathscr{N}_t^s$, und damit ist das Lemma bewiesen.

Lemma 2.2. *Für beliebige $s \geq 0$, $A \in \mathscr{N}^s$ ist $\mathbf{P}_{s,x}(A)$ eine $\mathscr{B}$-meßbare Funktion von x.*

Beweis. Mittels Induktion nach n zeigen wir, daß alle Funktionen $P(s, x; t_1, \Gamma_1, \ldots, t_n, \Gamma_n)$ bezüglich x meßbar sind. Für $n = 1$ folgt unsere Behauptung aus 2.1. D. Der Übergang von $n - 1$ zu n wird mit Hilfe von Lemma 1.7 und Gleichung (2.14) vollzogen.

Wir bemerken nun, daß die Gesamtheit $\mathscr{F}$ aller $A \in \mathscr{N}^s$, für welche die Behauptung des Lemmas erfüllt ist, ein λ-System bildet. Nach dem bewiesenen enthält $\mathscr{F}$ das π-System $\mathscr{C}$, das aus den Mengen

$$A = \{x_{t_1} \in \Gamma_1, \ldots, x_{t_n} \in \Gamma_n\}$$
$$(n = 1, 2, \ldots; t_1, \ldots, t_n \geq s; \Gamma_1, \ldots, \Gamma_n \in \mathscr{B}).$$

besteht. Nach Lemma 1.1 ist $\mathscr{F} \supseteq \sigma(\mathscr{C}) = \mathscr{N}^s$. Damit ist das Lemma bewiesen.

Es sei μ ein beliebiges (endliches) Maß auf der σ-Algebra $\mathscr{B}$. Laut Lemma 2.2 hat das Integral

$$\mathbf{P}_{s,\mu}(A) = \int\limits_{E} \mathbf{P}_{s,x}(A)\,\mu(d\,x)\,.$$

für ein beliebiges $A \in \mathscr{N}^s$ einen Sinn. Unschwer ist einzusehen, daß dieses Integral auf der σ-Algebra $\mathscr{N}^s$ ein Maß definiert und daß Formel (2.3) (folglich auch (2.2)) beim Übergang von $\mathbf{P}_{s,x}$ zu $\mathbf{P}_{s,\mu}$ richtig bleibt*.

Falls μ ein Wahrscheinlichkeitsmaß ist, ist auch $\mathbf{P}_{s,\mu}$ ein Wahrscheinlichkeitsmaß, und der Wert von $\mathbf{P}_{s,\mu}(A)$ wird als Wahrscheinlichkeit des Ereignisses A gedeutet, wobei das bewegte Teilchen im Augenblick s die Wahrscheinlichkeitsverteilung μ habe.

Wir setzen $A \in \bar{\mathscr{N}}^s$, wenn man für jedes auf der σ-Algebra $\mathscr{B}$ endliche Maß μ derartige A_1, A_2 aus $\mathscr{N}^s$ finden kann, so daß $A_1 \subseteqq A \subseteqq A_2$ und $\mathbf{P}_{s,\mu}(A_1) = \mathbf{P}_{s,\mu}(A_2)$. Augenscheinlich ist $\mathscr{N}^s \subseteqq \bar{\mathscr{M}}^s$. Die Maße $\mathbf{P}_{s,\mu}$ kann man auf die σ-Algebra $\bar{\mathscr{N}}^s$ fortsetzen, ebenso wie man in P. 2.2 die Maße $\mathbf{P}_{s,x}$ auf die σ-Algebra $\bar{\mathscr{M}}^s$ fortgesetzt hat.

Satz 2.1'. *Die Formeln* (2.4) *und* (2.5) *behalten ihre Gültigkeit für beliebige* $B \in \bar{\mathscr{N}}^t$ *und beliebige* $\bar{\mathscr{N}}^t$-*meßbare*, $\mathbf{P}_{s,x}$-*summierbare Funktionen* ξ. *Die Formeln* (2.9) *und* (2.10) *behalten ihre Gültigkeit für beliebige* $A \in \bar{\mathscr{M}}_t^s$, $B \in \bar{\mathscr{N}}^t$ *und beliebige Funktionen* ξ, η *mit der Eigenschaft, daß* ξ $\bar{\mathscr{M}}_t^s$-*meßbar*, η $\bar{\mathscr{N}}^t$-*meßbar*, η *und* $\xi\eta$ $\mathbf{P}_{s,x}$-*summierbar sind***.

Beweis. Es sei $A \in \bar{\mathscr{M}}_t^s$, $B \in \bar{\mathscr{N}}^t$. Die Formel

$$\mu(\Gamma) = \mathbf{P}_{s,x}(A,\,x_t \in \Gamma)\quad(\Gamma \in \mathscr{B})$$

erklärt ein Maß auf $\mathscr{B}$. Wir wählen B_1, B_2 derart aus $\mathscr{N}^t$, daß $B_1 \subseteqq B \subseteqq B_2$ und $\mathbf{P}_{t,\mu}(B_1) = \mathbf{P}_{t,\mu}(B_2)$. Wegen der Folgerung aus Satz 2.1 ist

$$\mathbf{P}_{s,x}(A\,B_i) = \int\limits_{A} \mathbf{P}_{t,x_t}(B_i)\,\mathbf{P}_{s,x}(d\,\omega)$$

$$= \int\limits_{E} \mu(d\,y)\,\mathbf{P}_{t,y}(B_i) = \mathbf{P}_{t,\mu}(B_i)\,.$$

Aus der Inklusion $A\,B_1 \subseteqq A\,B \subseteqq A\,B_2$ folgt, daß

$$\mathbf{P}_{t,\mu}(B_1) = \mathbf{P}_{s,x}(A\,B_1) \leqq \mathbf{P}_{s,x}(A\,B) \leqq \mathbf{P}_{s,x}(A\,B_2) = \mathbf{P}_{t,\mu}(B_2)\,.$$

---

* Falls man sich auf Lemma 1.2 stützt, verifiziert man leicht, daß für eine beliebige $\mathscr{N}^s$-meßbare, beschränkte Funktion $f(\omega)$

$$\int\limits_{E}\int\limits_{\Omega} f(\omega)\,\mathbf{P}_{s,x}(d\,\omega)\,\mu(d\,x) = \int\limits_{\Omega} f(\omega)\,\mathbf{P}_{s,\mu}(d\,\omega)\,.$$

gilt. Daraus kann man leicht Formel (2.3) ableiten.

** Die Maße $\mathbf{P}_{s,x}$ sollen so auf die σ-Algebra $\bar{\mathscr{M}}^s$ fortgesetzt worden sein, wie es in P 2.2 beschrieben wurde.

Die äußersten Glieder dieser Ungleichung sind gleich, und deshalb ist

$$\mathbf{P}_{s,x}(AB) = \mathbf{P}_{t,\mu}(B_i) = \int\limits_A \mathbf{P}_{t,x_t}(B_i)\,\mathbf{P}_{s,x}(d\omega)\,. \tag{2.16'}$$

Ferner folgt aus der Inklusion $B_1 \subseteq B \subseteq B_2$, daß für alle $\omega \in \Omega_t$ gilt

$$\mathbf{P}_{t,x_t}(B_1) \leqq \mathbf{P}_{t,x_t}(B) \leqq \mathbf{P}_{t,x_t}(B_2)\,.$$

Die Integrale der äußersten Glieder über der Menge A nach dem Maß $\mathbf{P}_{s,x}$ sind gleich, daher

$$\mathbf{P}_{t,x_t}(B_1) = \mathbf{P}_{t,x_t}(B) = \mathbf{P}_{t,x_t}(B_2) \quad (\text{f. s. } A, \mathbf{P}_{s,x})\,.$$

Wenn wir diese Beziehung mit Gleichung (2.16') vergleichen, gelangen wir zu dem Schluß, daß Formel (2.9) erfüllt ist. Nach der Definition der bedingten Wahrscheinlichkeit folgt daraus, daß für alle $B \in \mathcal{N}^t$ die Gleichheit (2.4) richtig ist. Durch Anwendung von Lemma 1.2 erhalten wir (2.5) aus (2.4). Schließlich folgt (2.10) aus dem Vergleich von (2.5) und 1.6. H.

Bemerkung. Wie wir in P. 2.2 bemerkt haben, bleibt der Markoffsche Charakter eines Prozesses beim Übergang von $\mathcal{M}_t^s$ zu $\bar{\mathcal{M}}_t^s$ unverändert. Wir können deshalb in der Formulierung von Satz 2.1 und 2.1' $\mathcal{M}_t^s$ mit $\bar{\mathcal{M}}_t^s$ vertauschen.

2.4. Wir führen einige Beispiele von Markoffschen Prozessen an.

2.4.1. Es sei jedem Paar $s \leqq t$ aus $I = [0, \infty)$ die meßbare Abbildung Φ_t^s von $(E, \mathcal{B})$ in sich zugeordnet, wobei

a) $\Phi_t^t x = x$;

b) $\Phi_u^t \Phi_t^s x = \Phi_u^s x$, für $s \leqq t \leqq u$.

Wir sagen dann, daß im Phasenraum E eine *determinierte Bewegung* gegeben ist: nach dem Zeitintervall $[s, t]$ geht der Punkt x in den Punkt $y = \Phi_t^s x$ über.

Als Beispiel für einen determinierten Prozeß kann der durch die Funktionen $\Phi_t^s x = x + v\,(t-s)$ bestimmte Prozeß auf der Geraden dienen, wobei v irgendeine Konstante ist. Wir wollen diesen Prozeß *gleichmäßige Bewegung mit der Geschwindigkeit v* nennen.

Wir zeigen, daß man jeden determinierten Prozeß als Markoffschen Prozeß auffassen kann. Wir setzen $\Omega = E$, $\zeta = +\infty$, $\mathcal{M}^s = \mathcal{B}$ $(s \geqq 0)$. Wir erklären die Funktion $x_t(\omega)$ durch die Formel

$$x_t(\omega) = \Phi_t^0 \omega \quad (t \in I, \omega \in \Omega = E)$$

und die Funktion $\mathbf{P}_{s,x}(A)$ durch

$$\mathbf{P}_{s,x}(A) = \begin{cases} 1, & \text{wenn } x \in \Phi_s^0(A)\,, \\ 0, & \text{wenn } x \,\bar{\in}\, \Phi_s^0(A)\,. \end{cases}$$

Das System $(x_t, \zeta, \mathcal{N}_t^s, \mathbf{P}_{s,x})$ genügt offensichtlich den Bedingungen 2.1. A—2.1. C. Aus der Formel

$$P(s, x; t_1, \Gamma_1, \ldots, t_n, \Gamma_n) = \mathbf{P}_{s,x}\{x_{t_1} \in \Gamma_1, \ldots, x_{t_n} \in \Gamma_n\}$$
$$= \chi_{\Gamma_1}[\Phi_{t_1}^s x] \cdots \chi_{\Gamma_n}[\Phi_{t_n}^s x]$$

ersieht man, daß es auch den Bedingungen 2.1. D, 2.1. E und (2.14) genügt. Wegen Lemma 2.1 ist auch Bedingung 2.1. F erfüllt. Damit ist $(x_t, \zeta, \mathcal{N}_t^s, \mathbf{P}_{s,x})$ ein (nicht abbrechender) Markoffprozeß.

Wir bemerken, daß die Trajektorien unseres Prozesses durch die Formel $x_t = \Phi_t^0 x$ gegeben sind, wobei x fest ist und t das Intervall I durchläuft. Wegen a) ist $x_0 = x$. Wegen b) fallen zwei Trajektorien, die in einem Augenblick t zusammenfallen, auch für alle $u > t$ zusammen.

2.4.2. Wir betrachten einen Prozeß, der anschaulich folgendermaßen dargestellt werden kann: bis zum Augenblick v und nach diesem Augenblick ändert das Teilchen seine Lage nicht. Im Augenblick v führt es einen Sprung aus, wobei es sich, wenn es sich bis zum Sprung im Punkte x befand, nach dem Sprung mit der Wahrscheinlichkeit $\Pi(x, \Gamma)$ in der Menge Γ befindet.

Wir gehen nun zur exakten Konstruktion dieses Prozesses gemäß den Definitionen von P. 2.1 über. Die Funktion $\Pi(x, \Gamma)$ $(x \in E, \Gamma \in \mathcal{B})$ genüge folgenden Bedingungen:

a) Für ein beliebiges $x \in E$ sei $\Pi(x, \Gamma)$ ein Wahrscheinlichkeitsmaß auf der σ-Algebra $\mathcal{B}$.

b) Für ein beliebiges $\Gamma \in \mathcal{B}$ sei $\Pi(x, \Gamma)$ eine $\mathcal{B}$-meßbare Funktion von x.

Wir betrachten einen festen Wert $v > 0$. Wir setzen $\Omega = E \times E, \zeta = +\infty$

$$x_t(\omega) = \begin{cases} x & \text{für } t < v, \\ y & \text{für } t \geq v \end{cases} \quad (t \geq 0, \omega = (x, y) \in \Omega),$$

$$\mathcal{M}_t^s = \begin{cases} \mathcal{B} \times \mathcal{A}, & \text{wenn } t < v, \\ \mathcal{B} \times \mathcal{B}, & \text{wenn } s \leq v \leq t, \\ \mathcal{A} \times \mathcal{B}, & \text{wenn } v < s, \end{cases}$$

$$\mathcal{M}^s = \begin{cases} \mathcal{B} \times \mathcal{B}, & \text{wenn } s \leq v, \\ \mathcal{A} \times \mathcal{B}, & \text{wenn } v < s, \end{cases}$$

wobei $\mathcal{A}$ eine σ-Algebra im Raume E ist, die aus zwei Elementen θ und E besteht. Für jedes $A \in \mathcal{M}^s$ setzen wir

$$\mathbf{P}_{s,x}(A) = \begin{cases} \Pi(x, A_x) & \text{für } s < v, \\ \chi_{A_x}(x) & \text{für } s \geq v, \end{cases}$$

wobei A_x eine Untermenge im Raume E ist, die durch die Bedingung erklärt ist: $y \in A_x$ falls $(x, y) \in A$. (Nach Lemma 1.4 haben wir $A_x \in \mathcal{B}$, wenn $A \in \mathcal{M}^s$ ist).

Offensichtlich ist

$$P\,(s,\,x;\,t,\,\Gamma) = \begin{cases} \Pi\,(x,\,\Gamma), & \text{wenn } v \in [s,\,t] \\ \chi_\Gamma\,(x), & \text{wenn } v \,\bar{\in}\, [s,\,t]\,. \end{cases}$$

Man verifiziert leicht, daß das System $(x_t,\,\zeta,\,\mathcal{M}_t^s,\,\mathbf{P}_{s,\,x})$ den Bedingungen 2.1. A—2.1. F genügt.

Analogerweise kann man einen Markoffschen Prozeß konstruieren, der Sprünge in Momenten macht, die zu einer endlichen oder abzählbaren Menge $\{v_1,\,v_2,\,\ldots\}$ gehören.

Wir wollen hier keine komplizierteren und interessanteren Beispiele von Markoffprozessen bringen, da die direkte Konstruktion derartiger Prozesse sehr unbequem ist. Interessantere Markoffprozesse werden wir später konstruieren, wenn wir die allgemeine Theorie genügend weit entwickelt haben.

§ 2. Homogene Markoffsche Prozesse

2.5. Wir bezeichnen mit $\mathcal{N}^*$ das minimale Untermengensystem des Raumes $\Omega_0 = \{\zeta > 0\}$, das alle Mengen $\{x_t \in \Gamma\}$ $(t \geq 0,\,\Gamma \in \mathcal{B})$ enthält und das abgeschlossen ist bezüglich der Vereinigungs- und Durchschnittsbildung einer beliebigen Anzahl von Mengen, sowie bezüglich der Komplementbildung.

Ein Markoffscher Prozeß $X = (x_t,\,\zeta,\,\mathcal{M}_t^s,\,\mathbf{P}_{s,\,x})$ heißt *homogen*, wenn man jedem $t \geq 0$ und jeder Untermenge $A \in \mathcal{N}^*$ eine Untermenge $\theta_t A \subseteq \Omega$ derart zuordnen kann, daß folgende Bedingungen erfüllt sind:

2.5. A. $\theta_t \Omega_0 = \Omega_t$; $\theta_t\,(A \setminus B) = \theta_t A \setminus \theta_t B$;

$$\theta_t\,(\textstyle\bigcup A_\alpha) = \bigcup \theta_t A_\alpha;\; \theta_t\,(\bigcap A_\alpha) = \bigcap \theta_t A_\alpha$$

(α durchläuft eine beliebige Indexmenge).

2.5. B. $\theta_t\,\{x_h \in \Gamma\} = \{x_{t+h} \in \Gamma\}$ $(h \geq 0,\,\Gamma \in \mathcal{B})$.

2.5. C. Für beliebige $A \in \mathcal{N} = \mathcal{N}^0\,[\Omega_0]$ gilt $\mathbf{P}_{t,\,x}\,(\theta_t A) = \mathbf{P}_{0,\,x}\,(A)$.

Wir bemerken, daß, falls die Operatoren θ_t und $\tilde{\theta}_t$ den Bedingungen 2.5. A—2.5. C genügen, dann das System derjenigen Mengen A, für welche $\theta_t A = \tilde{\theta}_t A$ ist, die Mengen $\{x_h \in \Gamma\}$ $(h \geq 0,\,\Gamma \in \mathcal{B})$ enthält und invariant bezüglich aller mengentheoretischen Operationen ist. Daraus folgt, daß die Operatoren θ_t durch den Prozeß X eindeutig erklärt sind.

Aus 2.5. A—2.5. C leitet man leicht die folgenden Eigenschaften der Operatoren θ_t her:

2.5. D. $\theta_t \mathcal{N}_h^0 = \mathcal{N}_{t+h}^t$ $(0 \leq t \leq t + h)$.

2.5. E. Wenn $B \in \bar{\mathcal{N}}$, dann $\theta_t B \in \bar{\mathcal{N}}^t$ und $\mathbf{P}_{t,\,x}(\theta_t B) = \mathbf{P}_{0,\,x}\,(B)$ (dabei nehmen wir an, daß die Maße $\mathbf{P}_{s,\,x}$ auf $\mathcal{M}^s$ so fortgesetzt wurden, wie es in P. 2.2 gezeigt wurde; dabei setzen wir $B \in \bar{\mathcal{N}}$, wenn $B \in \mathcal{N}^*$ ist und man für jedes Maß μ auf $\mathcal{B}$ in $\mathcal{N}$ derartige Mengen $B_1,\,B_2$ finden kann, daß $B_1 \subseteq B \subseteq B_2$ und $\mathbf{P}_{0,\,\mu}\,(B_1) = \mathbf{P}_{0,\,\mu}\,(B_2)$).

2.6. Es sei $\xi(\omega)$ $(\omega \in \Omega_0)$ eine $\mathscr{N}^*$-meßbare Funktion. Die Mengen $\{\xi(\omega) = a\}$ sind disjunkt und ergeben als Vereinigung Ω_0. Deshalb sind die Mengen $\theta_t \{\xi(\omega) = a\}$ ebenfalls disjunkt und ergeben als Vereinigung $\theta_t \Omega_0 = \Omega_t$. Wir setzen $\theta_t \xi(\omega) = a$, wenn $\omega \in \theta_t \{\xi = a\}$. Auf diese Weise entspricht jeder $\mathscr{N}^*$-meßbaren Funktion $\xi(\omega)$ $(\omega \in \Omega_0)$ die auf der Menge Ω_t definierte Funktion $\theta_t \xi(\omega)$.

Leicht leitet man für die Operatoren θ_t folgende Eigenschaften her:

2.6. A. Für jede Zahlenmenge Γ gilt

$$\theta_t \{\xi \in \Gamma\} = \{\theta_t \xi \in \Gamma\}\,.$$

(Daraus ersieht man, daß die Funktion $\theta_t \xi$ $\theta_t \mathscr{N}^*$-meßbar ist.)

2.6. B. $\eta = \theta_t \xi$ ist notwendig und hinreichend dafür, daß für ein beliebiges a gilt

$$\theta_t \{\xi = a\} = \{\eta = a\}\,,$$

oder für ein beliebiges a

$$\theta_t \{\xi > a\} = \{\eta > a\}\,.$$

2.6. C. $\theta_t \zeta = \zeta - t$ $(\omega \in \Omega_t)$.

Dies folgt aus 2.5. C und 2.6. C.)

2.6. D. $\theta_t \chi_B = \chi_{\theta_t B}$ $(B \in \mathscr{N}^*)$.

2.6. E. Wenn $f(x_1, \ldots, x_n, \ldots)$ eine beliebige Funktion im Raume R^∞ ist und $\xi_1, \ldots, \xi_n, \ldots$ beliebige $\mathscr{N}^*$-meßbare ω-Funktionen sind, so gilt

$$\theta_t f(\xi_1, \ldots, \xi_n, \ldots) = f(\theta_t \xi_1, \ldots, \theta_t \xi_n, \ldots)\,.$$

Insbesondere erhalten die Operatoren θ_t alle algebraischen Operationen, wie auch die Operation des Grenzüberganges.

2.6. F. Für eine beliebige $\mathscr{N}$-meßbare Funktion ξ gilt

$$\mathbf{M}_{t,x}\theta_t \xi = \mathbf{M}_{0,x} \xi\,. \tag{2.17}$$

Man kann leicht die Definition des Operators $\theta_t \xi$ wie auch die Eigenschaften 2.6. A, 2.6. D, 2.6. E und die erste Hälfte von 2.6. B auf Funktionen übertragen, deren Werte nicht Zahlen, sondern Punkte in einem beliebigen Maßraum $(E, \mathscr{B})$ sind. Dabei brauchen die Funktionen $\xi(\omega)$ nicht auf der ganzen Menge Ω_0 erklärt zu sein, sondern nur auf irgendeiner Untermenge $\tilde{\Omega} \in \mathscr{N}^*$ (dann ist $\theta_t \xi$ auf $\theta_t \tilde{\Omega}$ definiert).

Aus 2.5. B und 2.6. A folgt

2.6. G. $\theta_t x_h = x_{t+h}$.

Satz 2.2. *Es sei $(\chi_t, \zeta, \mathscr{M}_t^s, \mathbf{P}_{s,x})$ ein homogener Markoffscher Prozeß und $0 \leqq s \leqq t$. Wenn $B \in \bar{\mathscr{N}}$, so gilt*

$$\mathbf{P}_{0,x}(\theta_t B \mid \mathscr{M}_t^0) = \mathbf{P}_{0,x_t}(B) \quad \text{(f. s. } \Omega_t, \mathbf{P}_x)\,. \tag{2.18}$$

Wenn ξ $\bar{\mathscr{N}}$-meßbar und $\mathbf{P}_x$-summierbar ist, dann gilt

$$\mathbf{M}_{0,x}(\theta_t \xi \mid \mathscr{M}_t^0) = \mathbf{M}_{0,x_t} \xi \quad \text{(f. s. } \Omega_t, \mathbf{P}_x)\,. \tag{2.19}$$

Für den Beweis genügt es, den Satz 2.1′ mit den Formeln 2.5. E und 2.6. F zu vergleichen.

Folgerung. *Wenn* $A \in \mathcal{M}_t^0$, $B \in \bar{\mathcal{N}}$, *so gilt*

$$\mathbf{P}_{0,\,x}\,(A\,\theta_t B) = \int\limits_A \mathbf{P}_{0,\,x_t}\,(B)\,\mathbf{P}_{s,\,x}\,(d\omega)\,. \qquad (2.20)$$

Wenn ξ $\mathcal{M}_t^0$-*meßbar,* η $\bar{\mathcal{N}}$-*meßbar,* η *und* $\xi\theta_t\eta$ $\mathbf{P}_{0,\,x}$-*summierbar sind, dann gilt*

$$\mathbf{M}_{0,\,x}\,(\xi\theta_t\,\eta) = \mathbf{M}_{0,\,x}\,(\xi\,\mathbf{M}_{0,\,x_t}\,\eta)\,. \qquad (2.20')$$

2.7. Wie wir schon in P. 2.5 gesehen haben, sind die Operatoren θ_t durch den Prozeß X eindeutig definiert. Wir wollen nun untersuchen, durch welche Bedingungen die *Existenz* dieser Operatoren θ_t gesichert ist; d. h. wir untersuchen die Homogenität des Prozesses $X = (x_t, \zeta, \mathcal{M}_t^s, \mathbf{P}_{s,\,x})$.

Satz 2.3. *Für die Homogenität des Markoffprozesses* $X = (x_t, \zeta, \mathcal{M}_t^s, \mathbf{P}_{s,\,x})$ *sind folgende Bedingungen notwendig und hinreichend:*

2.7. A. $P(h, x; t + h, \Gamma) = P(0, x; t, \Gamma)$.
2.7. B. *Für beliebige* $0 < t < \zeta(\omega)$ *existiert ein geeignetes* $\omega' \in \Omega_0$, *so daß*
2.7. B$_1$. $\zeta(\omega') = \zeta(\omega) - t$.
2.7. B$_2$. $x_{t+h}(\omega) = x_h(\omega')$ *gilt für alle* $0 \le h < \zeta(\omega') = \zeta(\omega) - t$.

Falls der Prozeß homogen ist, wollen wir $\omega' = c_t\,\omega$ *schreiben, wenn* ω' *und* ω *durch die Bedingungen* 2.7. B$_1$ *und* 2.7. B$_2$ *miteinander verknüpft sind. Wir haben dann*

$$\theta_t A = \{\omega : c_t\omega \in A\} \quad (A \in \mathcal{N}^*); \qquad (2.21)$$

$$\theta_t\,\xi\,(\omega) = \xi\,(c_t\omega) \qquad (2.22)$$

(ξ *ist eine* $\mathcal{N}^*$-*meßbare Funktion,* $\omega \in \Omega_t$).

Beweis. Notwendigkeit. Die Bedingung 2.7. A folgt aus 2.5. B und 2.5. C. Wir zeigen die Richtigkeit von Bedingung 2.7. B. Für jedes $\omega \in \Omega_t$ bezeichnen wir durch A_ω den Durchschnitt aller Mengen $A \in \mathcal{N}^*$ mit $\omega \in \theta_t A$.

Offensichtlich ist $A_\omega \in \mathcal{N}^*$ und $\omega \in \theta_t A_\omega$. Wir bemerken, daß für den Fall $\omega' \in A_\omega$ die Bedingungen 2.7. B$_1$—2.7. B$_2$ erfüllt sind. In der Tat, es sei $\zeta(\omega) = u$, $x_{t+h}(\omega) = a$. Dann ist

$$\omega \in \{\zeta = u,\ x_{t+h} = a\} = \theta_t\,\{\zeta = u - t,\ x_h = a\}\,.$$

Deshalb ist $\omega' \in A_\omega \subseteq \{\zeta = u - t,\ x_h = a\}$ und $\zeta(\omega') = u - t$, $x_h(\omega') = a$.

Hinlänglichkeit. Vorerst überzeugen wir uns, daß im Falle $A \in \mathcal{N}^*$ entweder alle Werte $c_t\omega$ zu A gehören oder aber alle nicht zu A gehören. In der Tat, die Gesamtheit aller Mengen A, die die genannte Eigenschaft haben, ist bezüglich aller mengentheoretischen Eigenschaften abgeschlossen und enthält (wegen 2.7. B$_1$—2.7. B$_2$) die Mengen $\{x_h \in \Gamma\}$ ($h \ge 0$, $\Gamma \in \mathcal{B}$). Folglich enthält diese Gesamtheit auch $\mathcal{N}^*$.

Es bleibt noch die Richtigkeit von Bedingung 2.5. C nachzuprüfen. Wir bezeichnen mit $\mathscr{F}$ das System aller Mengen A, für welche 2.5. C erfüllt ist. Mit $\mathscr{C}$ wollen wir das System aller Mengen

$$A = \{x_{h_1} \in \Gamma_1, \ldots, x_{h_n} \in \Gamma_n\} \quad (0 \leq h_1 \leq \cdots \leq h_n) . \tag{2.23}$$

bezeichnen. Offensichtlich ist $\mathscr{F}$ ein λ-System und $\mathscr{C}$ ein π-System im Raume Ω_0. Ferner haben wir für die Mengen (2.23)

$$\mathbf{P}_{0,x}(A) = P(0, x; h_1, \Gamma_1, \ldots, h_n, \Gamma_n) ,$$

$$\mathbf{P}_{t,x}(\theta_t A) = P(t, x; t + h_1, \Gamma_1, \ldots, t + h_n, \Gamma_n) .$$

Wenn wir 2.7. A und (2.15) vergleichen, bemerken wir, daß $\mathbf{P}_{0,x}(A) = \mathbf{P}_{t,x}(\theta_t A)$. Also ist $\mathscr{F} \supseteq \mathscr{C}$ und nach Lemma 1.1 $\mathscr{F} \supseteq \sigma(\mathscr{C}) = \mathscr{N}$. Damit erfüllen die Operatoren θ_t alle Forderungen 2.5. A—2.5. C.

Die Beziehung (2.22) folgt aus (2.21) und 2.6. D.

2.8. Es sei $(x_t, \zeta, \mathscr{M}_t^s, \mathbf{P}_{s,x})$ ein homogener Markoffprozeß und θ_t seien Operatoren, die den Bedingungen 2.5. A—2.5. D genügen. Wir betrachten das Elementsystem $(x_t, \zeta, \mathscr{M}_t, \mathbf{P}_x, \theta_t)$, wobei $\mathscr{M}_t = \mathscr{M}_t^0; \mathbf{P}_x = \mathbf{P}_{0,x}$. Offensichtlich besitzt dieses System folgende Eigenschaften:

2.8. A. Wenn $t \leq u$ und $A \in \mathscr{M}_t$, dann $\{A, \zeta > u\} \in \mathscr{M}_u$.

2.8. B. $\{x_t \in \Gamma\} \in \mathscr{M}_t \, (t \geq 0, \Gamma \in \mathscr{B})$.

2.8. C. $\mathbf{P}_x$ ist ein Wahrscheinlichkeitsmaß auf der σ-Algebra $\mathscr{M}^0$.

2.8. D. Für beliebige $t \geq 0, \Gamma \in \mathscr{B}$ ist die Funktion

$$P(t, x, \Gamma) = \mathbf{P}_x\{x_t \in \Gamma\}$$

$\mathscr{B}$-meßbar in x.

2.8. E. $P(0, x, E \setminus x) = 0$.

2.8. F. Für beliebige $t \geq 0, A \in \mathscr{N}$ gilt

$$\mathbf{P}_x\{\theta_t A \mid \mathscr{M}_t\} = \mathbf{P}_{x_t}(A) \quad (\text{f. s. } \Omega_t, \mathbf{P}_x) .$$

2.8. G. $\theta_t \Omega_0 = \Omega_t, \theta_t(A \setminus B) = \theta_t A \setminus \theta_t B,$

$$\theta_t\{\textstyle\bigcup A_\alpha\} = \textstyle\bigcup \theta_t A_\alpha, \quad \theta_t\{\textstyle\bigcap A_\alpha\} = \textstyle\bigcap \theta_t A_\alpha .$$

(α durchläuft eine beliebige Indexmenge).

2.8. H. $\theta_t\{x_h \in \Gamma\} = \{x_{t+h} \in \Gamma\} \, (t > 0, h \geq 0, \Gamma \in \mathscr{B}) .$

Satz 2.4. *Es sei gegeben:*

a) *die Funktion $\zeta(\omega)$ $(\omega \in \Omega)$, die Werte aus dem Intervall $(0, +\infty)$ annimmt;*

b) *die Funktion $x_t(\omega)$, die für $\omega \in \Omega, t \in [0, \zeta(\omega))$ definiert ist und Werte aus dem Maßraum $(E, \mathscr{B})$ annimmt;*

c) *für jedes $t \geq 0$ die σ-Algebra $\mathscr{M}_t$ im Raume $\Omega_t = \{\zeta > t\}$;*

d) *für jedes $x \in E$ die Funktion $\mathbf{P}_x(A)$ auf einer σ-Algebra $\mathscr{M}^0$ im Raume Ω, die $\mathscr{M}_t$ für alle $t \geq 0$ enthält;*

e) *für jedes $t > 0$ und $A \in \mathcal{N}^*$ die Menge $\theta_t A \subseteq \Omega$* (das System $\mathcal{N}^*$ wird in bezug auf $x_t(\omega)$ und ζ ebenso wie in P. 2.5 definiert).

Wir nehmen an, das System $(x_t, \zeta, \mathcal{M}_t, \mathbf{P}_x, \theta_t)$ erfüllt die Bedingungen 2.8. A—2.8. H. Dann existiert ein homogener Markoffprozeß

$$X = (x_t, \zeta, \mathcal{M}_t^s, \mathbf{P}_{s,x}),$$

für welchen $\mathcal{M}_t = \mathcal{M}_t^0$, $\mathbf{P}_x = \mathbf{P}_{0,x}$ und θ_t das Operatorensystem ist, das den Forderungen 2.5. A—2.5. D genügt.

Beweis. Für $s = 0$ setzen wir $\mathcal{M}_t^s = \mathcal{M}_t$, $\mathbf{P}_{s,x} = \mathbf{P}_x$. Für $s > 0$ bezeichnen wir mit $\mathcal{M}^s$ die Gesamtheit aller Mengen von der Form $\theta_s A$ und $\bar{\Omega}_s \cup \theta_s A$, wobei $A \in \mathcal{N}$, und setzen

$$\mathbf{P}_{s,x}(\theta_s A) = \mathbf{P}_x(A),$$

$$\mathbf{P}_{s,x}(\bar{\Omega}_s \cup \theta_s A) = 1 - \mathbf{P}_x(\Omega_0) + \mathbf{P}_x(A),$$

$$\mathcal{M}_t^s = \theta_s \mathcal{N}_{t-s}^*.$$

Unschwer überzeugt man sich, daß das System $(x_t, \zeta, \mathcal{M}_t^s, \mathbf{P}_{s,x})$ alle Eigenschaften 2.1. A—2.1. F besitzt, sowie, daß die Operatoren θ_t alle Eigenschaften 2.5. A—2.5. C besitzen. Lediglich der Nachweis von 2.1. F erfordert einige Rechnungen.

Für jede $\mathcal{N}^*$-meßbare Funktion kann man ebenso wie in P. 2.6 die Funktion $\theta_t \xi$ definieren. Dabei sind, wie man leicht einsieht, alle Eigenschaften 2.6. A—2.6. G erfüllt.

Wir müssen nachprüfen, ob für beliebige $s \leq t \leq u$, $\Gamma \in \mathcal{B}$, $A \in \mathcal{M}_t^s$

$$\mathbf{P}_{s,x}\{A, x_u \in \Gamma\} = \int_A P(t, x_t; u, \Gamma)\, \mathbf{P}_{s,x}(d\omega) \tag{2.24}$$
$$= \mathbf{M}_{s,x}[\chi_A P(t, x_t; u, \Gamma)].$$

erfüllt ist. Diese Beziehung ist für $s = 0$ selbstverständlich. Ist $s > 0$, so haben wir nach Definition von $\mathcal{M}_t^s$ $A = \theta_s B$, wobei $B \in \mathcal{N}_{t-s}$. Wegen 2.8. G, 2.8. H und 2.6. E ist

$$\theta_s\{B, x_{u-s} \in \Gamma\} = \{A, x_u \in \Gamma\},$$

$$\theta_s[\chi_B P(t, x_{t-s}; u, \Gamma)] = \chi_A P(t, x_t; u, \Gamma),$$

und wegen 2.5. C und (2.17) ist die Beziehung (2.24) gleichwertig mit

$$\mathbf{P}_x\{B, x_{u-s} \in \Gamma\} = \mathbf{M}_x \chi_B P(t, x_{t-s}; u, \Gamma)$$
$$= \int_B P(t, x_{t-s}; u, \Gamma)\, \mathbf{P}_x(d\omega). \tag{2.25}$$

---

* Mit $\mathcal{N}_t$ bezeichnen wir die σ-Algebra in $\Omega_t = \{\xi > t\}$, die durch die Mengen $\{x_u \in \Gamma, \xi > t\}$ $(0 \leq u \leq t, \Gamma \in \mathcal{B})$ erzeugt wird, mit $\mathcal{N}^0$ die σ-Algebra in Ω, die durch die Mengen $\{x_u \in \Gamma\}$ $(u \geq 0, \Gamma \in \mathcal{B})$ erzeugt wird.

Um die Gleichung (2.25) zu beweisen, genügt es zu zeigen, daß

$$\mathbf{P}_x \{x_{u-s} \in \Gamma \mid \mathcal{M}_{t-s}\} = P\left(t,\, x_{t-s};\, u,\, \Gamma\right). \qquad (\text{f. s. } \Omega_{t-s},\, \mathbf{P}_x)$$

ist. Nach 2.8. F und 2.8. H ist

$$\mathbf{P}_x \{x_{u-s} \in \Gamma \mid \mathcal{M}_{t-s}\} = \mathbf{P}_x \{\theta_{t-s} \left[x_{u-t} \in \Gamma\right] \mid \mathcal{M}_{t-s}\}$$
$$= \mathbf{P}_{x_{t-s}} \{x_{u-t} \in \Gamma\} = P\left(u-t,\, x_{t-s},\, \Gamma\right)$$
$$(\text{f. s. } \Omega_{t-s},\, \mathbf{P}_x).$$

Es bleibt zu bemerken, daß wegen 2.5. D und 2.8. H für ein beliebiges $y \in E$ gilt

$$P\left(t,\, y;\, u,\, \Gamma\right) = \mathbf{P}_{t,y} \{x_u \in \Gamma\} = \mathbf{P}_y \{x_{u-t} \in \Gamma\} = P\left(u-t,\, y,\, \Gamma\right).$$

Damit ist der Satz bewiesen.

Im weiteren benutzen wir den Ausdruck „homogener Markoffscher Prozeß" in zwei verschiedenen Bedeutungen, entweder, um das System $(x_t,\, \zeta,\, \mathcal{M}_t^s,\, \mathbf{P}_{s,x})$ zu bezeichnen, welches den Bedingungen 2.1. A—2.1. F genügt und für das ein Operatorensystem θ_t existiert, das die Forderungen 2.5. A—2.5. C erfüllt, oder um das Elementesystem $(x_t,\, \zeta,\, \mathcal{M}_t,\, \mathbf{P}_x,\, \theta_t)$ zu kennzeichnen, das den Bedingungen 2.8. A—2.8. H unterworfen ist. Das Zeichen $X = (x_t,\, \zeta,\, \mathcal{M}_t^s,\, \mathbf{P}_{s,x})$ bezeichnet einen Markoffprozeß, homogen im ersten Sinne, während das Zeichen $X' = (x_t,\, \zeta,\, \mathcal{M}_t,\, \mathbf{P}_x,\, \theta_t)$ einen Markoffprozeß bezeichnet, der homogen im zweiten Sinne ist. Wenn $\mathcal{M}_t^0 = \mathcal{M}_t$, $\mathbf{P}_{0,x} = \mathbf{P}_x$ und die Operatoren θ_t bezüglich des Prozesses X die Bedingungen 2.5. A—2.5. C erfüllen, dann sagen wir, daß X dem Prozeß X' entspricht (oder X' entspricht dem Prozeß X) und schreiben $X \leftrightarrow X'$. Jedem im ersten Sinne homogenen Markoffprozeß entspricht ein Markoffprozeß, der homogen im zweiten Sinne ist. Nach Satz 2.4 ist auch das umgekehrte richtig: Jedem im zweiten Sinne homogenen Markoffprozeß entspricht ein im ersten Sinne homogener Markoffprozeß. Deshalb hängen beide Bedeutungen des Ausdrucks „homogener Markoffprozeß" eng miteinander zusammen. Der Unterschied zwischen ihnen ist folgender: Falls es sich um einen im ersten Sinne homogenen Markoffprozeß handelt, ist die Kenntnis von x_t, ζ, $\mathcal{M}_t^s$, $\mathbf{P}_{s,x}$ für alle $s \geq 0$ wesentlich; falls es sich dagegen um einen im zweiten Sinne homogenen Markoffprozeß handelt, ist die Kenntnis von x_t, ζ, $\mathcal{M}_t^0$, $\mathbf{P}_{0,x}$, θ_t wesentlich, wobei aber einige Willkür in der Wahl der σ-Algebra $\mathcal{M}_t^s$ und der Maße $\mathbf{P}_{s,x}$ für $s > 0$ besteht.

§ 3. Äquivalente Markoffsche Prozesse

2.9. Es seien $X = (x_t,\, \zeta,\, \mathcal{M}_t^s,\, \mathbf{P}_{s,x})$ und $\tilde{X} = (\tilde{x}_t,\, \tilde{\zeta},\, \tilde{\mathcal{M}}_t^s,\, \tilde{\mathbf{P}}_{s,x})$ zwei Markoffprozesse in dem gleichen Phasenraum $(E,\, \mathscr{B})$. Wir sagen, daß man $\tilde{X}$ aus X *mittels einer Transformation* $\gamma: \tilde{\Omega} \to \Omega$ *des Elementarereignis-*

raumes erhält (Ω ist der Elementarereignisraum für X, $\tilde{\Omega}$ der analoge Raum für $\tilde{X}$, γ eine Abbildung von $\tilde{\Omega}$ in Ω), wenn folgende Forderungen erfüllt sind

2.9. A. $\tilde{\zeta}(\tilde{\omega}) = \zeta[\gamma(\tilde{\omega})]$ $(\tilde{\omega} \in \tilde{\Omega})$.

2.9. B. $\tilde{x}_t(\tilde{\omega}) = x_t[\gamma(\tilde{\omega})]$ $(\tilde{\omega} \in \tilde{\Omega}, 0 \leq t < \tilde{\zeta}(\tilde{\omega}) = \zeta[\gamma(\tilde{\omega})])$.

2.9. C. $\tilde{\mathcal{M}}_t^s = \gamma^{-1}(\mathcal{M}_t^s)^*$.

2.9. D. $\tilde{\mathcal{M}}^s = \gamma^{-1}(\mathcal{M}^s)$ und $\tilde{\mathbf{P}}_{s,x}(\gamma^{-1}A) = \mathbf{P}_{s,x}(A)$ $(A \in \mathcal{M}^s)$.

Offensichtlich ist für einen gegebenen Prozeß X der Prozeß $\tilde{X}$ eindeutig durch die Abbildung γ bestimmt. Welchen Bedingungen muß man die Abbildung γ unterwerfen, damit ein Markoffscher Prozeß existiert, der den Bedingungen 2.9. A—2.9. D genügt? Diese Frage beantwortet folgender Satz:

Satz 2.5. *Damit die Abbildung $\gamma: \tilde{\Omega} \to \Omega$ eine Transformation des Elementarereignisraumes für den Prozeß X definiert, ist folgende Bedingung notwendig und hinreichend.*

2.9. α. *Für beliebige $s \geq 0$, $x \in E$, $A \in \mathcal{M}^s$ folgt aus $A \supseteq \gamma(\tilde{\Omega})$, daß* $\mathbf{P}_{s,x}(A) = 1^{**}$.

Beweis. Wenn $A \supseteq \gamma(\tilde{\Omega})$, dann ist $\gamma^{-1}(A) = \tilde{\Omega}$, und gemäß Formel 2.9. D ist $\mathbf{P}_{s,x}(A) = \tilde{\mathbf{P}}_{s,x}(\tilde{\Omega}) = 1$. Damit haben wir die Notwendigkeit der Bedingung 2.9. α bewiesen. Wir zeigen nun, daß sie auch hinreichend ist. Wir betrachten die Elemente $\tilde{\zeta}$, $\tilde{x}_t$, $\tilde{\mathcal{M}}_t^s$, $\tilde{\mathcal{M}}^s$ und $\tilde{\mathbf{P}}_{s,x}$, die durch die Formeln 2.9. A—2.9. D bestimmt sind. Zuerst wollen wir uns davon überzeugen, daß die Funktion $\tilde{\mathbf{P}}_{s,x}(B)$ für beliebige $B \in \mathcal{M}^s$ eindeutig definiert ist. Dafür genügt es nachzuprüfen, ob aus

$$B = \gamma^{-1}(A_1) = \gamma^{-1}(A_2), \tag{2.26}$$

die Gleichung

$$\mathbf{P}_{s,x}(A_1) = \mathbf{P}_{s,x}(A_2)$$

folgt. Tatsächlich ergibt sich aus (2.26)

$$\gamma^{-1}\overline{(A_1 \setminus A_1 A_2)} = \gamma^{-1}\overline{(A_1)} \setminus \gamma^{-1}(A_1)\,\gamma^{-1}(A_2) = \tilde{\Omega}.$$

Folglich ist $\overline{A_1 \setminus A_1 A_2} \supseteq \gamma(\tilde{\Omega})$ und wegen 2.9. α $\mathbf{P}_{s,x}\overline{(A_1 \setminus A_1 A_2)} = 1$, was $\mathbf{P}_{s,x}(A_1 \setminus A_1 A_2) = 0$, $\mathbf{P}_{s,x}(A_1) = \mathbf{P}_{s,x}(A_1 A_2)$ nach sich zieht. Analog zeigt man $\mathbf{P}_{s,x}(A_2) = \mathbf{P}_{s,x}(A_1 A_2)$.

Die Nachprüfung, daß das System $(\tilde{x}_t, \tilde{\zeta}, \tilde{\mathcal{M}}_t^s, \tilde{\mathbf{P}}_{s,x})$ die Bedingungen 2.1. A—2.1. E und 2.1. F erfüllt, ist ohne Schwierigkeiten durchzuführen und bleibt deshalb dem Leser überlassen.

----

* Mit $\gamma^{-1}(A)$ bezeichnet man das Urbild von A bei der Abbildung γ, d. h. die Menge $\{\tilde{\omega}: \gamma(\tilde{\omega}) \in A\}$. Falls $\mathcal{A}$ ein System von Untermengen im Raume Ω, dann bezeichnet man mit $\gamma^{-1}(\mathcal{A})$ das System aller Mengen der Form $\gamma^{-1}(A)$ $(A \in \mathcal{A})$.

** Mit anderen Worten: Von welchem Maß $\mathbf{P}_{s,x}$ wir auch ausgehen, das entsprechende äußere Maß der Menge $\gamma(\tilde{\Omega})$ ist immer gleich 1.

Wir betrachten zwei Sonderfälle von Transformationen des Elementarereignisraumes.

a) Wenn γ eine eineindeutige Abbildung von $\tilde{\Omega}$ in Ω ist, kann man $\tilde{\Omega}$ mit einer Untermenge von Ω identifizieren. Der Übergang vom Prozeß X zum Prozeß $\tilde{X}$ führt in diesem Falle zu einer Restriktion des Definitionsbereiches der Funktionen $\zeta(\omega)$ und $x_t(\omega)$ und zur Ersetzung jeder Menge A aus $\mathcal{M}^s$ (oder aus $\mathcal{M}_t^s$) durch ihren Durchschnitt mit $\tilde{\Omega}$, sowie zur naturgemäßen Übertragung der Maße $\mathbf{P}_{s,x}$ auf diese Durchschnitte. In diesem Spezialfall sagen wir, daß man den Prozeß $\tilde{X}$ aus X mittels einer *Säuberung des Elementarereignisraumes* erhalten hat. Bei gegebenem Prozeß X ist der Prozeß $\tilde{X}$ eindeutig durch die Menge $\tilde{\Omega}$ bestimmt. Letztere genügt wegen Satz 2.5 der selbstverständlichen Forderung:

2.9. α: Für beliebiges $s \geq 0$, $x \in E$, $A \in \mathcal{M}^s$ folgt aus $A \supseteq \tilde{\Omega}$, daß $\mathbf{P}_{s,x}(A) = 1$.

b) Wenn γ eine Abbildung von $\tilde{\Omega}$ auf Ω ist, kann man sich dies anschaulich so vorstellen: jeder Punkt $\omega \in \Omega$ wird in die Punktmenge $\gamma^{-1}(\omega) = \{\tilde{\omega}: \gamma(\tilde{\omega}) = \omega\}$ „zersplittert". In diesem Fall sagen wir, daß $\tilde{X}$ aus X mittels einer *Zersplitterung der Elementarereignisse* erhalten wird.

Wie man unschwer einsieht, kann man eine allgemeine Transformation des Elementarereignisraumes dadurch erhalten, daß man zuerst eine Säuberung des Elementarereignisraumes durchführt (dabei wird Ω zu $\gamma(\tilde{\Omega})$ verengert) und danach die Elementarereignisse zersplittert (dies bezeichnet den Übergang von $\gamma(\tilde{\Omega})$ zu $\tilde{\Omega}$).

2.10. Es seien $X = (x_t, \zeta, \mathcal{M}_t^s, \mathbf{P}_{s,x})$ und $\tilde{X} = (x_t, \zeta, \tilde{\mathcal{M}}_t^s, \tilde{\mathbf{P}}_{s,x})$ zwei Markoffprozesse in ein und demselben Phasenraum und mit demselben Elementarereignisraum, und es sei

2.10. A. $\tilde{\mathcal{M}}_t^s \supseteq \mathcal{M}_t^s$.

2.10. B. $\tilde{\mathcal{M}}^s \supseteq \mathcal{M}^s$ und $\tilde{\mathbf{P}}_{s,x}(A) = \mathbf{P}_{s,x}(A)$ $(A \in \mathcal{M}^s)$.

Wir sagen dann, daß man $\tilde{X}$ aus X *mittels einer Erweiterung der σ-Grundalgebren* erhält (oder X erhält man aus $\tilde{X}$ *mittels einer Verengerung*).

Als Beispiel für eine Erweiterung der σ-Grundalgebren kann die in P. 2.2 beschriebene Erweiterung von $\mathcal{M}^s$ zu $\tilde{\mathcal{M}}^s$ und $\mathcal{M}_t^s$ zu $\tilde{\mathcal{M}}_t^s$ dienen. Ein Beispiel für die Verengerung der σ-Grundalgebren ist der Übergang von den σ-Algebren $\mathcal{M}^s$, $\mathcal{M}^s$ zu den σ-Algebren $\mathcal{N}_t^s$, $\mathcal{N}^s$, der auch in P. 2.2 behandelt wurde.

2.11. Wir sagen, daß der Markoffprozeß $\tilde{X}$ dem Markoffprozeß X *untergeordnet* ist, wenn man $\tilde{X}$ aus X durch eine Transformation des Elementarereignisraumes und eine Erweiterung der σ-Grundalgebren erhalten kann. Dafür ist notwendig und hinreichend, daß die Abbildung $\gamma: \tilde{\Omega} \to \Omega$ den Forderungen genügt:

2.11. A. $\tilde{\zeta}(\tilde{\omega}) = \zeta[\gamma(\tilde{\omega})]$ $(\tilde{\omega} \in \tilde{\Omega})$.

2.11. B. $\tilde{x}_t(\tilde{\omega}) = x_t[\gamma(\tilde{\omega})]$ $(\tilde{\omega} \in \tilde{\Omega}, 0 \leq t < \tilde{\zeta}(\tilde{\omega}))$.

2.11. C. $\tilde{\mathcal{M}}_t^s \supseteq \gamma^{-1}(\mathcal{M}_t^s)$.

2.11. D. $\tilde{\mathcal{M}}^s \supseteq \gamma^{-1}(\mathcal{M}^s)$ und $\tilde{\mathbf{P}}_{s,x}(\gamma^{-1} A) = \mathbf{P}_{s,x}(A)$ $(A \in \mathcal{M}^s)$.

Ist der Prozeß $\tilde{X}$ dem Prozeß X untergeordnet, so ist jede Trajektorie von $\tilde{X}$ gleichzeitig eine Trajektorie von X. Die Übergangsfunktionen der Prozesse X und $\tilde{X}$ stimmen ebenfalls miteinander überein.

Wir betrachten alle möglichen Intervalle $[0, \lambda)$ und alle möglichen, auf diesen Intervallen definierten Funktionen $\varphi(t)$ mit Werten im Raume E. Die Gesamtheit aller dieser Funktionen wollen wir mit Ω_E bezeichnen. Es sei $\varphi \in \Omega_E$. Das rechte Intervallende, auf dem die Funktion φ definiert ist, wollen wir mit $\hat{\zeta}(\varphi)$ bezeichnen. Zwei Elemente φ und ψ aus Ω_E wollen wir dann und nur dann als identisch ansehen, wenn $\hat{\zeta}(\varphi) = \hat{\zeta}(\psi)$ und $\varphi(t) = \psi(t)$ für alle $0 \leq t < \hat{\zeta}(\varphi) = \hat{\zeta}(\psi)$ ist*.

Wir setzen $\hat{x}_t(\varphi) = \varphi(t)$ $(0 \leq t < \hat{\zeta}(\varphi))$ und bezeichnen mit $\hat{\mathcal{N}}^s$ die durch die Mengen $\{\varphi : \hat{x}_u(\varphi) \in \Gamma\}$ $(u \geq s, \Gamma \in \mathcal{B})$ erzeugte σ-Algebra im Raume Ω_E, ferner mit $\hat{\mathcal{N}}_t^s$ die σ-Algebra im Raume $\{\varphi : \hat{\zeta}(\varphi) > t\}$, die durch die Mengen $\{\varphi : \hat{x}_u(\varphi) \in \Gamma\}$ $(u \in [s, t], \Gamma \in \mathcal{B})$ erzeugt wird. Den Markoffprozeß $(x_t, \zeta, \mathcal{M}_t^s, \mathbf{P}_{s,x})$ im Phasenraume $(E, \mathcal{B})$ bezeichnen wir als *kanonisch*, wenn für ihn $\Omega = \Omega_E$, $x_t = \hat{x}_t$, $\zeta = \hat{\zeta}$, $\mathcal{M}_t^s = \hat{\mathcal{N}}_t^s$, $\mathcal{M}^s = \hat{\mathcal{N}}^s$ gilt.

Lemma 2.3. *Jeder Markoffprozeß* $X = (x_t, \zeta, \mathcal{M}_t^s, \mathbf{P}_{s,x})$ *kann einem kanonischen Prozeß* $\hat{X} = (\hat{x}_t, \hat{\zeta}, \hat{\mathcal{M}}_t^s, \hat{\mathbf{P}}_{s,x})$ *untergeordnet werden.*

Beweis. Es sei Ω der Elementarereignisraum des Prozesses X. Wir ordnen jedem $\omega \in \Omega$ die Funktion $\varphi(t)$ mit Werten aus E zu, die im Intervall $[0, \zeta(\omega))$ durch die Formel

$$\varphi(t) = x_t(\omega) \quad (0 \leq t < \zeta(\omega)). \tag{2.27}$$

definiert ist. Formel (2.27) definiert die Abbildung $\gamma : \Omega \to \Omega_E$ **.

Offensichtlich haben wir dabei

$$\hat{\zeta}[\gamma(\omega)] = \zeta(\omega),$$
$$\hat{x}_t[\gamma(\omega)] = x_t(\omega),$$
$$\gamma^{-1}(\hat{\mathcal{N}}^s) \subseteq \mathcal{M}^s, \ \gamma^{-1}(\hat{\mathcal{N}}_t^s) \subseteq \mathcal{M}_t^s.$$

Wir setzen für jedes $A \in \hat{\mathcal{N}}^s$

$$\hat{\mathbf{P}}_{s,x}(A) = \mathbf{P}_{s,x}(\gamma^{-1} A).$$

Das System $(\hat{x}_t, \hat{\zeta}, \hat{\mathcal{N}}_t^s, \hat{\mathbf{P}}_{s,x})$ genügt den Bedingungen 2.1. A—2.1. F und definiert deshalb einen Markoffprozeß $\hat{X}$. Dieser Prozeß ist kanonisch und dem Prozeß X untergeordnet.

Den kanonischen Prozeß $\hat{X}$, konstruiert in Lemma 2.3, wollen wir als *kanonische Form* des Prozesses X bezeichnen.

---

* Die Funktion φ_0, die nirgends erklärt ist, ist auch ein Element des Raumes Ω_E; für sie ist $\hat{\zeta}(\varphi_0) = 0$.

** Ist $\zeta(\omega) = 0$, so setzen wir $\gamma\omega = \varphi_0$, wobei φ_0 das in der letzten Fußnote definierte Element von Ω_E ist.

Bemerkung. Alle in den P. P. 2.9—2.11 für Markoffprozesse formulierten Begriffe und Resultate lassen sich in trivialer Weise auf Markoffsche Zufallsfunktionen übertragen. Insbesondere ist folgende Behauptung richtig, die wir im weiteren verwenden wollen:

Damit man den Elementarereignisraum Ω der Markoffschen Zufallsfunktion $X = (x_t, \zeta, \mathcal{M}_t, \mathbf{P})$ mittels einer Säuberung auf die Untermenge $\tilde{\Omega} \subseteq \Omega$ reduzieren kann, ist notwendig und hinreichend, daß für jedes $A \in \mathcal{M}$ aus der Inklusion $A \supseteq \tilde{\Omega}$ die Gleichung $\mathbf{P}(A) = 1$ folgt.

2.12. Wir sagen, die Markoffprozesse X' und X'' sind *äquivalent*, wenn sie im gleichen Phasenraum erklärt sind und dieselbe Übergangsfunktion besitzen.

Satz 2.6. *Jede Klasse äquivalenter Markoffprozesse enthält einen und nur einen kanonischen Prozeß $\hat{X}$ und besteht aus allen $\hat{X}$ untergeordneten Prozessen.*

Beweis. Gemäß Lemma 2.3 müssen wir zeigen, daß zwei kanonische Prozesse $X' = (\hat{x}_t, \hat{\zeta}, \hat{\mathcal{N}}_t^s, \mathbf{P}'_{s,x})$ und $X'' = (\hat{x}_t, \hat{\zeta}, \hat{\mathcal{N}}_t^s, \mathbf{P}''_{s,x})$ zusammenfallen, wenn sie dieselben Übergangsfunktionen besitzen.

Dazu muß man nachprüfen, ob für ein beliebiges $A \in \hat{\mathcal{N}}^s$ die Relation

$$\mathbf{P}'_{s,x}(A) = \mathbf{P}''_{s,x}(A) \tag{2.28}$$

erfüllt ist. Wegen (2.15) ist diese Beziehung wenigstens für die Mengen

$$A = \{x_{t_1} \in \Gamma_1, \ldots, x_{t_n} \in \Gamma_n\}$$
$$(n = 1, 2, \ldots; s \leq t_1, \ldots, t_n; \Gamma_1, \ldots, \Gamma_n \in \mathscr{B}) \tag{2.29}$$

gültig. Diejenigen Mengen, für die Gleichung (2.28) erfüllt ist, bilden das λ-System $\mathscr{F}$, während die Mengen der Form (2.29) das π-System $\mathscr{C}$ bilden. Gemäß Lemma 1.1 folgt aus der Inklusion $\mathscr{F} \supseteq \mathscr{C}$, daß $\mathscr{F} \supseteq \sigma(\mathscr{C}) = \hat{\mathcal{N}}^s$.

Mit der Frage, welche Funktionen Übergangsfunktionen für Markoffsche Prozesse darstellen, wollen wir uns später in Kap. 4 befassen.

2.13. Es sei $\mathscr{L}$ eine Untermenge der Menge Ω_E. Wir bezeichnen mit $\mathscr{K}_{P,\mathscr{L}}$ die Gesamtheit aller Markoffprozesse, die der Übergangsfunktion $P(s, x; t, \Gamma)$ entsprechen und deren Trajektorien zur Menge $\mathscr{L}$ gehören. Die Gesamtheit $\mathscr{K}_{P,\mathscr{L}}$ kann auch leer sein. Falls sie nicht leer ist, können wir, gestützt auf Satz 2.5, schließen:

a) Die Menge $\mathscr{L}$ erfüllt bezüglich des der Übergangsfunktion $P(s, x; t, \Gamma)$ entsprechenden kanonischen Prozesses $\hat{X}$ die Bedingung 2.9. α.

b) Mittels einer Säuberung des Elementarereignisraumes von $\hat{X}$ kann man diesen Raum auf die Menge $\mathscr{L}$ reduzieren.

Wir wollen den Markoffschen Prozeß, den man als Resultat einer derartigen Säuberung erhält, als $\mathscr{L}$-kanonisch bezeichnen. Leicht beweist man folgende Variante von Satz 2.6 (den Beweis überlassen wir dem Leser):

Satz 2.7. *Wenn die Klasse $\mathscr{K}_{P,\mathscr{L}}$ nicht leer ist, enthält sie genau einen einzigen $\mathscr{L}$-kanonischen Markoffschen Prozeß $\tilde{X}$ und besteht aus allen Markoffprozessen, die dem Prozeß $\tilde{X}$ untergeordnet sind.*

Falls wir speziell als $\mathscr{L}$ die Gesamtheit E^I aller auf dem Intervall $I = [0, \infty)$ erklärten Funktionen wählen, erhalten wir folgendes Ergebnis:

Folgerung. *Jede Klasse äquivalenter nicht abbrechender Markoffprozesse enthält genau einen kanonischen nicht abbrechenden Prozeß $\tilde{X}$ und besteht aus allen nicht abbrechenden Markoffprozessen, die $\tilde{X}$ untergeordnet sind.*

Wir wollen nun einen wichtigen Satz beweisen, der zu entscheiden erlaubt, wann man in einer Klasse äquivalenter nicht abbrechender Markoffprozesse einen Prozeß finden kann, dessen Trajektorien bestimmte vorgegebene Eigenschaften besitzen.

Satz 2.8. *Es sei $X = (x_t, \mathscr{M}_t^s, \mathbf{P}_{s,x})$ ein nicht abbrechender* Markoffprozeß im Phasenraum $(E, \mathscr{B})$, und es sei $\mathscr{L} \subseteq E^I$. Wir nehmen an, es existiere die nicht negative Funktion*

$$q\,(t_1, x_1, \ldots, t_n, x_n, \ldots)$$
$$(0 \leqq t_1, \ldots, t_n, \ldots; \; x_1, \ldots, x_n, \ldots \in E)\,,$$

die für beliebiges $s \geqq 0$ und für beliebige abzählbare, überall dichte Untermengen $\{t_1, \ldots, t_n, \ldots\}$ des Intervalls $[s, \infty)$ eine $\mathscr{B}^\infty$-meßbare Funktion von $x_1, \ldots, x_n, \ldots$ ist und die den Bedingungen genügt:

2.13. A. *Wenn $q\,(t_1, x_1, \ldots, t_n, x_n, \ldots) = 0$, so existiert ein $\varphi \in \mathscr{L}$ mit*

$$\varphi\,(t_k) = x_k \; (k = 1, 2, \ldots, n, \ldots)\,.$$

2.13. B. $\mathbf{M}_{s,x}\, q\,(t_1, x_{t_1}, \ldots, t_n, x_{t_n}, \ldots) = 0$
(oder was gleichwertig ist $\mathbf{P}_{s,x}\,\{q\,(t_1, x_{t_1}, \ldots, t_n, x_{t_n}, \ldots) \neq 0\} = 0$).
Dann existiert zum Prozeß X ein äquivalenter Markoffprozeß, dessen Trajektorien zur Menge $\mathscr{L}$ gehören.

Beweis. Wir betrachten die kanonische Form $\tilde{X} = (\tilde{x}_t, \tilde{\mathscr{N}}_t^s, \tilde{\mathbf{P}}_{s,x})$ des nicht abbrechenden Prozesses X. Unser Satz ist bewiesen, falls wir zeigen, daß die Bedingung 2.9. α' für den Prozeß $\tilde{X}$ und die Menge $\mathscr{L}$ erfüllt ist, d. h. wie auch $s \geqq 0$, $x \in E$ und $A \in \tilde{\mathscr{N}}^s$ gewählt sein mögen, folgt aus $A \supseteq \mathscr{L}\; \tilde{\mathbf{P}}_{s,x}\,(A) = 1$.

Es sei also $A \in \tilde{\mathscr{N}}^s$ und $A \supseteq \mathscr{L}$.

Gestützt auf Lemma 1.5 können wir die charakteristische Funktion von A in der Form

$$\begin{aligned}
\chi_A\,(\varphi) &= f\,[\tilde{x}_{t_1}\,(\varphi), \ldots, \tilde{x}_{t_n}\,(\varphi), \ldots] \\
&= f\,[\varphi\,(t_1), \ldots, \varphi\,(t_n), \ldots]\;(\varphi \in E^I)
\end{aligned} \tag{2.30}$$

---

* Einen analogen Satz beweisen wir für abbrechende Prozesse in P. 6.1.

darstellen, wobei $t_1, \ldots, t_n, \ldots$ eine Punktfolge aus $[s, \infty)$ ist. Offensichtlich können wir, ohne die Allgemeinheit zu beschränken, annehmen, daß $t_1, \ldots, t_n, \ldots$ überall dicht in $[s, \infty)$ ist.

Wir zeigen, aus $\psi \bar{\in} A$ folgt

$$q\,[t_1, \psi\,(t_1), \ldots, t_n, \psi\,(t_n), \ldots] \neq 0\,.$$

Wäre nämlich

$$q\,[t_1, \psi\,(t_1), \ldots, t_n, \psi\,(t_n), \ldots] = 0\,,$$

so könnten wir wegen 2.13. A eine Funktion $\varphi \in \mathscr{L}$ finden, für welche $\varphi\,(t_k) = \psi\,(t_k)$, $k = 1, 2, \ldots$ wäre. Gemäß (2.30) wäre $\chi_A\,(\psi) = \chi_A\,(\varphi)$; da nun $\varphi \in \mathscr{L} \subseteq A$, hätten wir $\psi \in A$.

Nun bleibt zu bemerken, daß wegen der Äquivalenz von X und $\tilde{X}$

$$\tilde{\mathbf{M}}_{s,\,x}\, q\,(t_1, \tilde{x}_{t_1}, \ldots, t_n, \tilde{x}_{t_n} \ldots) = \mathbf{M}_{s,\,x}\, q\,(t_1, x_{t_1}, \ldots, t_n, x_{t_n}, \ldots) \quad (2.31)$$

(dies beweist man durch eine Standardanwendung von Lemma 1.2).

Aus (2.31), 2.13. B und der Nichtnegativität der Funktion q folgt, daß

$$\tilde{\mathbf{P}}_{s,\,x}\, \{q\,(t_1, \tilde{x}_{t_1}, \ldots, t_n, \tilde{x}_{t_n}, \ldots) = 0\} = 1\,,$$

also erst recht $\tilde{\mathbf{P}}_{s,\,x}\,(A) = 1$.

Bemerkung. *Es mögen alle Trajektorien eines nicht abbrechenden Prozesses X zur Menge $\mathscr{L}_0 \subseteq E^I$ gehören, und die Funktion $q\,(t_1, x_1, \ldots, t_n, x_n, \ldots)$ genüge 2.13. B und folgender Bedingung:*

2.13. A': Wenn $\psi \in \mathscr{L}_0$ und $q\,(t_1, \psi\,(t_1), \ldots, t_n, \psi\,(t_n), \ldots) = 0$, so kann man eine derartige Funktion $\varphi \in \mathscr{L} \cap \mathscr{L}_0$ finden, daß $\varphi\,(t_k) = \psi\,(t_k)$.

Es existiert dann ein zu X äquivalenter Markoffprozeß, dessen Trajektorien zu $\mathscr{L} \cap \mathscr{L}_0$ gehören.

Es sei $\tilde{X}$ die kanonische Form des Prozesses X. Es sei $A \in \tilde{\mathscr{N}}^s$ und $A \supseteq \mathscr{L} \cap \mathscr{L}_0$. Wir setzen $\psi \in B$, wenn $q\,(t_1, \psi\,(t_1), \ldots, t_n, \psi\,(t_n), \ldots) = 0$. Nun zeigen wir wie beim Beweis von Satz 2.8, daß $\mathscr{L} \cap \bar{A} \subseteq B$. Damit hat man $\mathscr{L} \subseteq A \cap B$ und gemäß Satz 2.5 ist $\mathbf{P}_{s,\,x}\,(A \cup B) = 1$.

Nach Bedingung 2.13. B ist $\mathbf{P}_{s,\,x}\,(B) = 0$ und dies bedeutet $\mathbf{P}_{s,\,x}\,(A) = 1$.

2.14. Wir zeigen an einem Beispiel, wie Satz 2.8 anzuwenden ist.

Es seien Γ und G meßbare Mengen im Raume $(E, \mathscr{B})$. Wir sagen, daß die Menge Γ von G aus *unerreichbar* ist, falls für beliebige $0 \leq s \leq t$

$$\{x_s\,(\omega) \in G\} \subseteq \{x_t\,(\omega) \bar{\in} \Gamma\}\,.$$

Falls die Menge Γ von $E \setminus \Gamma$ aus unerreichbar ist, wollen wir kurz sagen, Γ ist *unerreichbar*.

Lemma 2.4. *Wenn die Übergangsfunktion eines nicht abbrechenden Prozesses X die Bedingung erfüllt:*

2.14. A. $P\,(s, x; t, \Gamma) = 0$ gilt für alle $x \in G$, $0 \leq s \leq t$;

Dann existiert ein zu X äquivalenter Prozeß, für welchen die Menge Γ von G aus unerreichbar ist.

Beweis. Wir bezeichnen mit $\mathscr{L}$ die Menge aller Funktionen $\varphi(t)$ $(0 \leq t < \infty)$, für die folgende Bedingung erfüllt ist: ist $\varphi(s) \in G$ für irgendein s, so ist für ein beliebiges $t \geq s$ $\varphi(t) \bar{\in} \Gamma$. Gemäß Satz 2.8 ist unsere Behauptung bewiesen, falls es uns gelingt, eine Funktion $q(t_1, x_1, \ldots, t_n, x_n, \ldots)$ $(t_i \geq 0, x_i \in E)$ zu konstruieren, die den Bedingungen 2.13. A—2.13. B genügt.

Wir setzen

$$q(t_1, x_1, \ldots, t_n, x_n, \ldots) = \sum_{t_i < t_j} \chi_G(x_{t_i})\, \chi_\Gamma(x_{t_j})\,.$$

Natürlich ist die Funktion q $\mathscr{B}^\infty$-meßbar, nicht negativ und genügt der Bedingung 2.13. A. Ferner haben wir

$$\mathbf{M}_{s,x}\, q(t_1, x_{t_1}, \ldots, t_n, x_{t_n}, \ldots) = \sum_{t_i < t_j} \mathbf{P}_{s,x}\{x_{t_i} \in G, x_{t_j} \in \Gamma\}$$
$$= \sum_{t_i < t_j} \int\limits_G P(s, x; t_i, dy)\, P(t_i, y; t_j, \Gamma) = 0\,.$$

Folglich genügt die Funktion q auch der Bedingung 2.13 B.

2.15. Beim Studium der Trajektorieneigenschaften von Markoffprozessen ist auch folgender Satz von Nutzen:

Satz 2.9. *Es sei $X = (x_t, \zeta, \mathscr{M}_t^s, \mathbf{P}_{s,x})$ ein Markoffprozeß im Phasenraum $(E, \mathscr{B})$ und $\mathscr{L}$ eine beliebige Untermenge des Raumes Ω_E. Wir nehmen an, daß jedem Paar $s \geq 0$, $x \in E$ eine Menge $\Omega^{s,x} \subseteq \Omega$ entspricht, die folgende Eigenschaften besitzt:*

2.15. A. *Für jedes $\omega \in \Omega^{s,x}$ findet man im Raume $\mathscr{L}$ eine Funktion $\varphi(t)$ $(t \in [0, \lambda))$ mit $\lambda = \zeta(\omega)$ und $\varphi(t) = x_t(\omega)$ für alle $t \in [s, \zeta(\omega))$.*

2.15. B. *Wenn $A \in \mathscr{M}^s$ und $A \supseteq \Omega^{s,x}$, so ist $\mathbf{P}_{s,x}(\Omega^{s,x}) = 1$.*

Es existiert dann ein zu X äquivalenter Markoffprozeß $\tilde{X}$, dessen Trajektorien zu $\mathscr{L}$ gehören.

Beweis. Wir setzen

$$\zeta^{s,x}(\omega) = \max(\zeta(\omega), s)\,,$$
$$x_t^{s,x}(\omega) = x_t(\omega)\ (t \in [s, \infty), \omega \in \Omega_t)\,.$$

Nach P. 2.1. bestimmen die Elemente $(x_t^{s,x}, \zeta^{s,x}, \mathscr{M}_t^s, \mathbf{P}_{s,x})$ eine Markoffsche Zufallsfunktion $X^{s,x}$ auf dem Zeitintervall $[s, \infty)$. Wir bezeichnen mit $\tilde{X}^{s,x}$ diejenige Markoffsche Zufallsfunktion, die man aus $X^{s,x}$ mittels einer Säuberung bis auf die Menge $\Omega^{s,x}$ des Elementarereignisraumes erhält (gemäß der Bemerkung am Ende von P. 2.11 ist die Existenz einer derartigen Funktion durch Bedingung 2.15. B gesichert). Unschwer verifiziert man, daß das System $\tilde{X}^{s,x}$ $(s \geq 0, x \in E)$ eine Markoffsche Familie darstellt. Mittels einer Konstruktion, wie sie in P. 2.1 beschrieben wurde, können wir zu dieser Markoffschen Familie einen Markoffschen Prozeß $\tilde{X}$ konstruieren; dies kann man wegen Bedingung 2.15. A so durchführen, daß alle Trajektorien von $\tilde{X}$ zu $\mathscr{L}$ gehören. Die Äquivalenz von X und $\tilde{X}$ ist leicht einzusehen.

2.16. Zum Schluß wollen wir uns mit einigen speziellen Fragen, die mit der Unterordnung und Äquivalenz homogener Markoffprozesse zusammenhängen, befassen.

Es seien $X = (x_t, \zeta, \mathscr{M}_t^s, \mathbf{P}_{s,x})$ und $\tilde{X} = (\tilde{x}_t, \tilde{\zeta}, \tilde{\mathscr{M}}_t^s, \tilde{\mathbf{P}}_{s,x})$ homogene Markoffprozesse, wobei der Prozeß $\tilde{X}$ dem Prozeß X untergeordnet sei. Es seien θ_t und $\tilde{\theta}_t$ diesen Prozessen entsprechende Operatoren, die die Bedingungen 2.5. A—2.5. C erfüllen. Dann gilt

$$\tilde{\theta}_t \, \gamma^{-1} A = \gamma^{-1} \theta_t A \quad (A \in \mathscr{N}^*) . \tag{2.32}$$

Wir haben in der Tat

$$\gamma^{-1} \{x_h \in \Gamma\} = \{\tilde{x}_h \in \Gamma\} . \tag{2.33}$$

Die Ereignisse A, für welche die Beziehung (2.32) richtig ist, bilden ein bezüglich aller mengentheoretischen Operationen invariantes System. Wegen (2.33) und 2.5. B enthält dieses System alle Mengen $\{x_h \in \Gamma\}$; folglich enthält es auch $\mathscr{N}^*$.

Satz 2.10. *Es sei $\mathscr{K}$ eine Klasse äquivalenter Markoffprozesse mit der Übergangsfunktion $P(s, x; t, \Gamma)$. Damit die Klasse $\mathscr{K}$ einen homogenen Prozeß enthält, ist die Beziehung*

$$P(s, x; t, \Gamma) = P(0, x; t-s, \Gamma) \quad (0 \leq s \leq t, x \in E, \Gamma \in \mathscr{B}) \tag{2.34}$$

notwendig und hinreichend. Falls die Bedingung (2.34) erfüllt ist, so ist der zu $\mathscr{K}$ gehörige kanonische Prozeß $\tilde{X}$ homogen.*

Beweis. Die Notwendigkeit der Bedingung (2.34) folgt aus 2.5. B und 2.5. C. Andererseits erfüllt ein kanonischer Prozeß $\tilde{X}$ immer die Bedingung 2.7. B. Wenn nun die Beziehung (2.34) erfüllt ist, genügt er auch der Bedingung 2.7. A, und nach Satz 2.3 stellt er einen homogenen Prozeß dar.

2.17. Wir wollen jetzt unter einem homogenen Markoffschen Prozeß ein Elementarsystem $(x_t, \zeta, \mathscr{M}_t, \mathbf{P}_x, \theta_t)$ verstehen, das den Bedingungen 2.8. A—2.8. H genügt. Ein homogener Prozeß $\tilde{X} = (\tilde{x}_t, \tilde{\zeta}, \tilde{\mathscr{M}}_t, \tilde{\mathbf{P}}_x, \tilde{\theta}_t)$ heißt dem homogenen Prozeß $X = (x_t, \zeta, \mathscr{M}_t, \mathbf{P}_x, \theta_t)$ *untergeordnet*, wenn man eine Abbildung γ des Elementarereignisraumes $\tilde{\Omega}$ von $\tilde{X}$ in den Elementarereignisraum Ω von X so konstruieren kann, daß

2.17. A. $\tilde{\zeta}(\tilde{\omega}) = \zeta[\gamma(\tilde{\omega})]$ $(\tilde{\omega} \in \tilde{\Omega})$,

2.17. B. $\tilde{x}_t(\tilde{\omega}) = x_t[\gamma(\tilde{\omega})]$ $(\tilde{\omega} \in \tilde{\Omega}, 0 \leq t < \tilde{\zeta}(\tilde{\omega}))$,

2.17. C. $\gamma^{-1} \mathscr{M}_t \subseteq \tilde{\mathscr{M}}_t$,

2.17. D. $\tilde{\mathscr{M}}^0 \supseteq \gamma^{-1} \mathscr{M}^0$ und $\tilde{\mathbf{P}}_x(\gamma^{-1}A) = \mathbf{P}_x(A)$ für $A \in \mathscr{M}^0$.

gilt.

Aus diesen Bedingungen folgt natürlich die Beziehung (2.32).

---

* Wie man aus dem Beweis dieses Satzes ersieht, ist jeder $\mathscr{L}$-kanonische Prozeß homogen, wenn nur $\mathscr{L}$ die Bedingung 2.7. B erfüllt.

Satz 2.11. *Der Prozeß* $\tilde{X} = (\tilde{x}_t, \tilde{\zeta}, \tilde{\mathcal{M}}_t, \tilde{\mathbf{P}}_x, \tilde{\theta}_t)$ *ist dem Prozeß* $X = (x_t, \zeta,$
$\mathcal{M}_t, \mathbf{P}_x, \theta_t)$ *dann und nur dann untergeordnet, wenn homogene Markoff-*
prozesse $\tilde{X}' = (\tilde{x}_t, \tilde{\zeta}, \tilde{\mathcal{M}}_t^s, \tilde{\mathbf{P}}_{s,x})$ *und* $X' = (x_t, \zeta, \mathcal{M}_t^s, \mathbf{P}_{s,x})$ *existieren, so daß*
$\tilde{X}' \leftrightarrow \tilde{X}$, $X' \leftrightarrow X$ *und* $\tilde{X}'$ *dem Prozeß* X' *untergeordnet ist.*

Die Hinlänglichkeit der formulierten Bedingung ist offensichtlich.
Die Notwendigkeit verifiziert man mittels einer Konstruktion, wie sie
schon beim Beweis von Satz 2.4 (P. 2.8) verwendet wurde.

Wir sagen, daß der Prozeß $X' = (x_t, \zeta, \mathcal{M}_t, \mathbf{P}_x, \theta_t)$ *kanonisch* ist, wenn
$X' \leftrightarrow X$, wobei $X = (x_t, \zeta, \mathcal{M}_t^s, \mathbf{P}_{s,x})$ ein im Sinne von P. 2.11 kanonischer
Prozeß ist. Zwei Prozesse $X = (x_t, \zeta, \mathcal{M}_t, \mathbf{P}_x, \theta_t)$ und $\tilde{X} = (\tilde{x}_t, \tilde{\zeta}, \tilde{\mathcal{M}}_t, \tilde{\mathbf{P}}_x, \tilde{\theta}_t)$
heißen *äquivalent*, wenn ihre Übergangsfunktionen zusammenfallen, d. h.
wenn für alle

$$t \geqq 0, \; x \in E, \; \Gamma \in \mathcal{B} \quad \text{gilt:} \; \mathbf{P}_x \{x_t \in \Gamma\} = \tilde{\mathbf{P}}_x \{\tilde{x}_t \in \Gamma\} \,.$$

Aus den Sätzen 2.10 und 2.11 leitet man leicht folgendes Resultat her:

Satz 2.12. *Jede Klasse äquivalenter, homogener Markoffscher Pro-*
zesse $X = (x_t, \zeta, \mathcal{M}_t, \mathbf{P}_x, \theta_t)$ *enthält einen kanonischen Prozeß* $\tilde{X} = (\tilde{x}_t, \tilde{\zeta},$
$\tilde{\mathcal{M}}_t, \tilde{\mathbf{P}}_x, \tilde{\theta}_t)$ *und besteht aus allen* $\tilde{X}$ *untergeordneten homogenen Prozessen.*

Kapitel 3

Unterprozesse

§ 1. Definition von Unterprozessen
Zusammenhang zwischen Unterprozessen
und multiplikativen Funktionalen

3.1. In § 3 von Kap. 2 wurden einige Konstruktionen erörtert
(Transformation des Elementarereignisraumes, Erweiterung der σ-Grund-
algebren), die es erlauben, aus einem gegebenen Markoffprozeß andere
Markoffprozesse zu bilden. Alle diese Prozesse hatten aber dieselbe
Übergangsfunktion wie der Ausgangsprozeß.

Dieses Kapitel ist dem Studium eines Transformationstypus gewidmet, bei welchem sich die Übergangsfunktion ändert. Der hauptsäch-
liche Inhalt dieser Transformationen ist die Verkürzung der Lebenszeit ζ
des Prozesses.

Es seien $X = (x_t, \zeta, \mathcal{M}_t^s, \mathbf{P}_{s,x})$ und $\tilde{X} = (\tilde{x}_t, \tilde{\zeta}, \tilde{\mathcal{M}}_t^s, \mathbf{P}_{s,x})$ zwei Markoffprozesse, wobei $\tilde{\zeta}(\omega) \leqq \zeta(\omega)$ für beliebige $\omega \in \Omega$, $\tilde{x}_t(\omega) = x_t(\omega)$ für
$0 \leqq t < \tilde{\zeta}(\omega)$ gilt und $\tilde{\mathcal{M}}_t^s = \mathcal{M}_t^s [\tilde{\Omega}_t]$ $(\tilde{\Omega}_t = \{\tilde{\zeta} > t\})$. Wir sagen dann,
daß man $\tilde{X}$ aus X durch eine *Lebenszeitverkürzung* erhält.

Wir sagen, der Markoffprozeß $\tilde{X}$ stellt einen *Unterprozeß* von X dar,
wenn man $\tilde{X}$ mittels einer Lebenszeitverkürzung aus einem Markoffschen
Prozeß, der dem Prozeß X untergeordnet ist, erhalten kann.

Wie wir bemerken, ist jede Trajektorie des Unterprozesses $\tilde{X}$ ein Teil einer Trajektorie vom Prozeß X. Falls also der Prozeß X in einem topologischen Maßraum gegeben ist und stetig oder rechtsseitig stetig ist*, so besitzt der Unterprozeß $\tilde{X}$ dieselben Eigenschaften.

Es sei Ω der Elementarereignisraum des Prozesses $X = (x_t, \zeta, \mathcal{M}_t^s, \mathbf{P}_{s,x})$ und $\tilde{\Omega}$ der Elementarereignisraum von $\tilde{X} = (\tilde{x}_t, \tilde{\zeta}, \tilde{\mathcal{M}}_t^s, \tilde{\mathbf{P}}_{s,x})$. Damit $\tilde{X}$ ein Unterprozeß von X ist, ist gemäß P. 2.11 notwendig und hinreichend, daß eine Abbildung $\gamma: \tilde{\Omega} \to \Omega$ existiert, die den folgenden Bedingungen (siehe 2.11. A—2.11. D) genügt:

3.1. A. $\tilde{\zeta}(\tilde{\omega}) \leqq \zeta[\gamma(\tilde{\omega})]$ $(\tilde{\omega} \in \tilde{\Omega})$.

3.1. B. $\tilde{x}_t(\tilde{\omega}) = x_t[\gamma(\tilde{\omega})]$ $(\tilde{\omega} \in \tilde{\Omega}, 0 \leqq t < \tilde{\zeta}(\tilde{\omega}))$.

3.1. C. Wenn $A \in \mathcal{M}_t^s$, dann $\{\gamma^{-1}(A), \tilde{\zeta} > t\} \in \tilde{\mathcal{M}}_t^s$.

3.1. D. $\tilde{\mathcal{M}}^s \supseteq \gamma^{-1}(\mathcal{M}^s)$ und $\tilde{\mathbf{P}}_{s,x}(\gamma^{-1}A) = \mathbf{P}_{s,x}(A)$ für $A \in \mathcal{M}^s$.

Wir wollen nun jede Funktion $\xi(\omega)$ im Raume Ω mit der Funktion $\xi[\gamma(\tilde{\omega})]$ im Raume $\tilde{\Omega}$ identifizieren, jede Untermenge A des Raumes Ω mit der Untermenge $\gamma^{-1}A$ des Raumes $\tilde{\Omega}$, und jedes Untermengensystem $\mathcal{F} = \{A\}$ des Raumes Ω mit dem Untermengensystem $\gamma^{-1}\mathcal{F} = \{\gamma^{-1}A\}$ im Raume $\tilde{\Omega}$. Mittels dieser Identifizierung kann man die Bedingungen 3.1. A—3.1. D folgendermaßen umschreiben:

3.1. A'. $\tilde{\zeta} \leqq \zeta$.

3.1. B'. $\tilde{x}_t = x_t$ $(0 \leqq t < \tilde{\zeta})$.

3.1. C'. Wenn $A \in \mathcal{M}_t^s$, dann $\{A, \tilde{\zeta} > t\} \in \tilde{\mathcal{M}}_t^s$.

3.1. D'. $\tilde{\mathcal{M}}^s \supseteq \mathcal{M}^s$ und $\tilde{\mathbf{P}}_{s,x}(A) = \mathbf{P}_{s,x}(A)$ für $A \in \mathcal{M}^s$.

Die hier formulierte Definition eines Unterprozesses ist übermäßig allgemein. Wir engen sie ein, indem wir zusätzlich fordern, daß folgende Bedingung erfüllt ist:

3.1. E. Für alle $x \in E$ und beliebige $0 \leqq s \leqq t$ sei

$$\tilde{\mathbf{P}}_{s,x}\{\tilde{\zeta} > t \mid \mathcal{M}^s\} = \alpha_t^s \quad (\text{f. s. } \Omega_t, \mathbf{P}_{s,x})^{**},$$

wobei $\alpha_t^s(\omega)$ eine $\mathcal{N}_t^s$-meßbare Funktion*** ist.

---

* Wir sagen, der Prozeß X ist stetig, wenn alle seine Trajektorien stetig sind, d. h. wenn für jedes $\omega \in \Omega$ $x_t(\omega)$ eine stetige Funktion von t im Intervall $[0, \zeta(\omega))$ ist. Analog definiert man die rechtsseitige Stetigkeit des Prozesses X.

** Genauer schreibt man diese Formel folgendermaßen

$$\tilde{\mathbf{P}}_{s,x}\{\tilde{\zeta} > t \mid \gamma^{-1}\mathcal{M}^s\} = \alpha_t^s[\gamma(\tilde{\omega})] \quad (\text{f. s. } \gamma^{-1}\Omega_t, \tilde{\mathbf{P}}_{s,x}).$$

In der Formel, die im Text angegeben ist, haben wir $\gamma^{-1}\mathcal{M}^s$ mit $\mathcal{M}^s$, $\gamma^{-1}\Omega_t$ mit Ω_t, das Maß $\tilde{\mathbf{P}}_{s,x}$ auf $\gamma^{-1}\mathcal{M}^s$ mit dem Maß $\mathbf{P}_{s,x}$ auf $\mathcal{M}^s$ und schließlich die Funktion $\alpha_t^s[\gamma(\tilde{\omega})]$ $(\tilde{\omega} \in \Omega)$ mit der Funktion $\alpha_t^s(\omega)$ $(\omega \in \Omega)$ identifiziert.

*** Die Bedingung 3.1. E fordert, daß die Funktion α_t^s von x unabhängig ist. Es würde hinreichen zu fordern, daß $\alpha_t^s(\omega, x)$ eine $\mathcal{N}_t^s \times \mathcal{B}$-meßbare Funktion von ω und x ist. In der Tat, für diesen Fall ist die Funktion $\alpha_t^s(\omega, x_s(\omega))$ $\mathcal{N}_t^s$-meßbar, unabhängig von x und für jedes x von $\alpha_t^s(\omega, x)$ nur auf einer Menge vom $\mathbf{P}_{s,x}$-Maße Null verschieden.

Anschaulich ist der Inhalt der letzten Bedingung folgender: Auf die Berechnung der Wahrscheinlichkeit des Ereignisses $\tilde{\zeta} > t$ hat die Kenntnis der Gesamtheit aller Erscheinungen, die mit dem Prozeß X zusammenhängen und während der Zeit $[s, \infty)$ beobachtet wurden, keinen größeren Einfluß als die Kenntnis der Prozeßtrajektorien während der Zeit $[s, t]$. Mit anderen Worten: Bei bekanntem Prozeßverlauf während der Zeit $[s, t]$ ist das Ereignis $\tilde{\zeta} > t$ von allen zusätzlich, während der Zeit $[s, \infty)$ beobachteten, mit dem Prozeß X zusammenhängenden, Erscheinungen unabhängig.

Wir setzen $A \in \mathscr{R}_t^s$, falls $A \in \mathscr{N}^s$, $A \subseteq \Omega_t$ und ein $B \in \mathscr{N}_t^s$ existiert, derart, daß $\mathbf{P}_{s,x}(A \setminus A B) = \mathbf{P}_{s,x}(B \setminus A B) = 0$ für alle $x \in E$ ist. Offensichtlich ist $\mathscr{R}_t^s$ eine σ-Algebra im Raume Ω_t. Die Bedingung 3.1. E ist mit folgender Forderung gleichwertig:

3.1. E'*. Für jedes $x \in E$ sei

$$\tilde{\mathbf{P}}_{s,x}\{\tilde{\zeta} > t \mid \mathscr{M}^s\} = \alpha_t^s(\omega) \quad (\text{f. s. } \Omega_t, \mathbf{P}_{s,x}),$$

wobei $\alpha_t^s(\omega)$ eine $\mathscr{R}_t^s$-meßbare Funktion von ω ist.

Offensichtlich folgt 3.1. E' aus 3.1. E. Wir zeigen, daß aber auch 3.1. E aus 3.1. E' folgt. Wir bezeichnen mit $\mathscr{L}$ die Gesamtheit aller Funktionen auf der Menge Ω_t und setzen $\xi \in \mathscr{H}$, falls man eine derartige $\mathscr{N}_t^s$-meßbare Funktion $\eta(\omega)$ finden kann, daß für alle $x \in E$, $\mathbf{P}_{s,x}$ $\{\xi(\omega) \neq \eta(\omega)\} = 0$ ist. Man prüft leicht nach, daß $\mathscr{H}$ ein $\mathscr{L}$-System ist, das die charakteristischen Funktionen aller zu $\mathscr{R}_t^s$ gehörigen Mengen enthält. Nach Lemma 1.2 enthält $\mathscr{H}$ alle $\mathscr{R}_t^s$-meßbaren Funktionen. Dies genügt, um 3.1. E aus 3.1. E' herzuleiten.

Wie man bemerkt, folgt aus den Inklusionen

$$\mathscr{M}^s \supseteq \mathscr{M}_t^s \supseteq \mathscr{N}_t^s, \quad \mathscr{M}^s \supseteq \mathscr{N}^s \supseteq \mathscr{N}_t^s, \quad \mathscr{M}^s \supseteq \mathscr{R}_t^s \supseteq \mathscr{N}_t^s$$

und der Bedingung 3.1. E, daß für jedes $x \in E$ ist

$$\begin{aligned}
\tilde{\mathbf{P}}_{s,x}\{\tilde{\zeta} > t \mid \mathscr{M}^s\} &= \tilde{\mathbf{P}}_{s,x}\{\tilde{\zeta} > t \mid \mathscr{M}_t^s\} = \tilde{\mathbf{P}}_{s,x}\{\tilde{\zeta} > t \mid \mathscr{N}^s\} \\
&= \tilde{\mathbf{P}}_{s,x}\{\tilde{\zeta} > t \mid \mathscr{R}_t^s\} \\
&= \tilde{\mathbf{P}}_{s,x}\{\tilde{\zeta} > t \mid \mathscr{N}_t^s\} \quad (\text{f. s. } \Omega_t, \mathbf{P}_{s,x}).
\end{aligned} \tag{3.1}$$

Wir bemerken noch, daß für beliebige $0 \leq s \leq t$, $x \in E$ gilt

$$\tilde{\mathbf{P}}_{s,x}\{\tilde{\zeta} > t \mid \mathscr{M}^s\} = 0 \quad (\text{f. s. } \bar{\Omega}_t, \mathbf{P}_{s,x}). \tag{3.2}$$

---

* Wir setzen $A \in \mathscr{N}_t^s$, wenn $A \in \mathscr{N}^*$ und man für jedes Maß μ auf der σ-Algebra $\mathscr{B}$ zwei Mengen A_1, A_2 in $\mathscr{N}_t^s$ finden kann derart, daß $A_1 \subseteq A \subseteq A_2$ und $\mathbf{P}_{s,\mu}(A_1) = \mathbf{P}_{s,\mu}(A_2)$. Wir definieren $\mathscr{N}_{t+0}^s = \bigcap_{u > t} \mathscr{N}_u^s$. Wir überlassen es dem Leser zu verifizieren, daß die gesamte hier konstruierte Theorie der Unterprozesse richtig bleibt, wenn man die σ-Algebra $\mathscr{R}_t^s$ durch die Formel $\mathscr{R}_t^s = \mathscr{N}_{t+0}^s \cap \mathscr{M}_t^s$ erklärt. Durch diese Definition wird die Menge der Unterprozesse wesentlich erweitert und schließt wichtige neue Beispiele mit ein.

In der Tat, da $\{\zeta > t\} \in \mathcal{N}^s$, folgt aus 3.1. A und 1.6. H:

$$\tilde{\mathbf{P}}_{s,x} \{\tilde{\zeta} > t \mid \mathcal{M}^s\} = \tilde{\mathbf{P}}_{s,x} \{\zeta > t, \tilde{\zeta} > t \mid \mathcal{M}^s\}$$
$$= \chi_{\Omega_t} \tilde{\mathbf{P}}_{s,x} \{\tilde{\zeta} > t \mid \mathcal{M}^s\} \quad \text{(f. s. } \Omega, \mathbf{P}_{s,x}) \, .$$

3.2. Lemma 3.1. *Es sei* $\tilde{X} = (\tilde{x}_t, \tilde{\zeta}, \tilde{\mathcal{M}}_t^s, \tilde{\mathbf{P}}_{s,x})$ *ein Unterprozeß des Markoffschen Prozesses* $X = (x_t, \zeta, \mathcal{M}_t^s, \mathbf{P}_{s,x})$, *und die Funktion* α_t^s *sei durch die Bedingung* 3.1. E *(oder* 3.1. E'*) bestimmt. Dann gilt für ein beliebiges* $B \in \mathcal{M}^s$

$$\tilde{\mathbf{P}}_{s,x} \{B, \tilde{\zeta} > t\} = \mathbf{M}_{s,x} \chi_B \alpha_t^s \tag{3.3}$$

und für eine beliebige $\mathcal{M}^s$*-meßbare Funktion* ξ

$$\tilde{\mathbf{M}}_{s,x} \xi \, \chi_{\tilde{\zeta} > t} = \mathbf{M}_{s,x} \xi \alpha_t^s \, . \tag{3.4}$$

Die Übergangsfunktion des Unterprozesses $\tilde{X}$ *ist durch die Formel gegeben*

$$\tilde{P}(s, x; t, \Gamma) = \mathbf{M}_{s,x} \alpha_t^s \chi_\Gamma (x_t) \, . \tag{3.5}$$

Beweis. Wegen 1.6. F und (3.2) ist

$$\tilde{\mathbf{M}}_{s,x} \xi \chi_{\tilde{\zeta} > t} = \tilde{\mathbf{M}}_{s,x} \{\xi \, \tilde{\mathbf{P}}_{s,x} (\tilde{\zeta} > t \mid \mathcal{M}^s)\} = \tilde{\mathbf{M}}_{s,x} \xi \alpha_t^s = \mathbf{M}_{s,x} \xi \alpha_t^s \, ,$$

und damit ist Formel (3.4) bewiesen. Falls wir in ihr $\xi = \chi_B$ setzen, erhalten wir Formel (3.3).

Wir bemerken weiter, daß wegen 3.1. B

$$\{\tilde{x}_t \in \Gamma\} = \{x_t \in \Gamma, \tilde{\zeta} > t\} \, . \tag{3.6}$$

Aus (3.3) und (3.6) folgt (3.5).

Lemma 3.2. *Für die Äquivalenz zweier Unterprozesse*

$$\tilde{X} = (\tilde{x}_t, \tilde{\zeta}, \tilde{\mathcal{M}}_t^s, \tilde{\mathbf{P}}_{s,x}) \text{ und } \overline{X} = (\overline{x}_t, \overline{\zeta}, \overline{\mathcal{M}}_t^s, \overline{\mathbf{P}}_{s,x})$$

ist notwendig und hinreichend, daß für beliebige $0 \leq s \leq t$, $x \in E$ *gilt*

$$\tilde{\mathbf{P}}_{s,x} \{\tilde{\zeta} > t \mid \mathcal{M}^s\} = \overline{\mathbf{P}}_{s,x} \{\overline{\zeta} > t \mid \mathcal{M}^s\} \quad \text{(f. s. } \Omega_t, \mathbf{P}_{s,x}) \, . \tag{3.7}$$

Beweis. Die Hinlänglichkeit von Bedingung (3.7) folgt sofort aus Lemma 3.1. Der Beweis der Notwendigkeit führt zur Nachprüfung der Gleichung

$$\tilde{\alpha}_t^s = \overline{\alpha}_t^s \quad \text{(f. s. } \Omega_t, \mathbf{P}_{s,x}) \, , \tag{3.8}$$

wobei $\tilde{\alpha}_t^s$ und $\overline{\alpha}_t^s$ $\mathcal{N}_t^s$-meßbare Funktionen sind, die den Unterprozessen $\tilde{X}$ und $\overline{X}$ gemäß Bedingung 3.1. E entsprechen. Wir bemerken, daß für beliebige $s \leq t_1 < t_2 < \cdots < t_n = t$, $\Gamma_1, \ldots, \Gamma_n \in \mathcal{B}$ wegen (3.3) und (3.6) gilt

$$\tilde{P}(s, x; t_1, \Gamma_1, \ldots, t_n, \Gamma_n) = \tilde{\mathbf{P}}_{s,x} \{\tilde{x}_{t_1} \in \Gamma_1, \ldots, \tilde{x}_{t_n} \in \Gamma_n\}$$
$$= \tilde{\mathbf{P}}_{s,x} \{x_{t_1} \in \Gamma_1, \ldots, x_{t_n} \in \Gamma_n, \tilde{\zeta} > t\}$$
$$= \mathbf{M}_{s,x} [\chi_{\Gamma_1} (x_{t_1}) \cdots \chi_{\Gamma_n} (x_{t_n}) \, \tilde{\alpha}_t^s] \, .$$

Analog ist

$$\overline{P}\,(s,\,x;\,t_1,\,\Gamma_1,\,\ldots,\,t_n,\,\Gamma_n) = \mathbf{M}_{s,\,x}\,[\chi_{\Gamma_1}\,(x_{t_1})\,\cdots\,\chi_{\Gamma_n}\,(x_{t_n})\,\overline{\alpha}_t^s]\,.$$

Nun folgt aber wegen (2.15) aus der Äquivalenz von $\check{X}$ und $\overline{X}$, daß

$$\check{P}\,(s,\,x;\,t_1,\,\Gamma_1,\,\ldots,\,t_n,\,\Gamma_n) = \overline{P}\,(s,\,x;\,t_1,\,\Gamma_1,\,\ldots,\,t_n,\,\Gamma_n)\,,$$

und deshalb ist

$$\mathbf{M}_{s,\,x}\,[(\tilde{\alpha}_t^s - \overline{\alpha}_t^s)\,\chi_{\Gamma_1}\,(x_{t_1})\,\cdots\,\chi_{\Gamma_n}\,(x_{t_n})] = 0\,. \tag{3.9}$$

Wir bezeichnen mit $\mathscr{L}$ die Gesamtheit aller Funktionen $\xi\,(\omega)$ $(\omega \in \Omega_t)$, mit $\mathscr{C}$ die Gesamtheit der ω-Mengen von der Form

$$\{x_{t_1} \in \Gamma_1,\,\ldots,\,x_{t_n} \in \Gamma_n\}$$
$$(n = 1,\,2,\,\ldots,\,s \le t_1 < \cdots < t_n = t;\,\Gamma_1,\,\ldots,\,\Gamma_n \in \mathscr{B})$$

und mit $\mathscr{H}$ die Gesamtheit der Funktionen $\xi\,(\omega)$ $(\omega \in \Omega_t)$ mit der Eigenschaft

$$\mathbf{M}_{s,\,x}\,[(\tilde{\alpha}_t^s - \overline{\alpha}_t^s)\,\xi] = 0\,.$$

Offensichtlich ist $\mathscr{C}$ ein π-System und $\mathscr{H}$ ein $\mathscr{L}$-System im Raume Ω_t. Wegen (3.9) enthält $\mathscr{H}$ die charakteristischen Funktionen aller Mengen aus $\mathscr{C}$, nach Lemma 1.2 enthält also $\mathscr{H}$ alle bezüglich $\sigma\,(\mathscr{C}) = \mathscr{N}_t^s$ meßbaren Funktionen. Speziell enthält $\mathscr{H}$ die Differenz $\tilde{\alpha}_t^s - \overline{\alpha}_t^s$. Folglich ist $\mathbf{M}_{s,\,x}\,[\tilde{\alpha}_t^s - \overline{\alpha}_t^s]^2 = 0$ und damit ist Beziehung (3.8) erfüllt.

3.3. Einen Unterprozeß $\check{X} = (\tilde{x}_t,\,\check{\zeta},\,\check{\mathscr{M}}_t^s,\,\check{\mathbf{P}}_{s,\,x})$ eines Markoffprozesses $X = (x_t,\,\zeta,\,\mathscr{M}_t^s,\,\mathbf{P}_{s,\,x})$ wollen wir *kanonisch* nennen, wenn die Bedingungen erfüllt sind:

3.3. A. Der Elementarereignisraum $\check{\Omega}$ des Prozesses $\check{X}$ hängt mit dem Elementarereignisraum Ω des Prozesses X folgendermaßen zusammen: $\check{\Omega} = \Omega \times I$, wobei $I = [0,\,+\infty]$ und $\gamma\,(\omega,\,\lambda) = \omega$ $(\omega \in \Omega,\,\lambda \in I)$.

3.3. B. $\check{\zeta}\,(\omega,\,\lambda) = \min\,[\zeta\,(\omega),\,\lambda]$.

3.3. C. $\tilde{x}_t\,(\omega,\,\lambda) = x_t\,(\omega)$ für $0 \le t < \check{\zeta}\,(\omega,\,\lambda)$.

3.3. D. $\check{\mathscr{M}}_t^s$ besteht aus allen Mengen der Form $A \times (t,\,\infty]$, wobei $A \in \mathscr{M}_t^s$.

3.3. E. $\check{\mathscr{M}}_t^s$ ist eine σ-Algebra im Raume $\check{\Omega}$, erzeugt durch die Mengen

$$A \times I \quad \text{und} \quad \{A,\,\check{\zeta} > t\} = \{A,\,\zeta > t\} \times (t,\,\infty]\ (A \in \mathscr{M}^s,\,t \ge s)\,.$$

Satz 3.1. *Jede Klasse äquivalenter Unterprozesse von X enthält genau einen einzigen kanonischen Unterprozeß $\check{X}$ und fällt mit der Menge aller Markoffschen Prozesse zusammen, die dem Prozeß $\check{X}$ untergeordnet sind.*

Beweis a) Wir zeigen zuerst, daß äquivalente kanonische Unterprozesse zusammenfallen. Es seien $\check{X} = (\tilde{x}_t,\,\check{\zeta},\,\check{\mathscr{M}}_t^s,\,\check{\mathbf{P}}_{s,\,x})$ und $\overline{X} = (\overline{x}_t,\,\overline{\zeta},\,\overline{\mathscr{M}}_t^s,\,\overline{\mathbf{P}}_{s,\,x})$ äquivalente kanonische Unterprozesse von X. Gemäß 3.3. A bis 3.3. E haben diese Prozesse ein und denselben Elementarereignisraum $\Omega \times I$ und für sie gilt

$$\check{\zeta} = \overline{\zeta},\ \tilde{x}_t = \overline{x}_t,\ \check{\mathscr{M}}_t^s = \overline{\mathscr{M}}_t^s\ \text{und}\ \check{\mathscr{M}}^s = \overline{\mathscr{M}}^s\,.$$

Es bleibt zu beweisen, daß für beliebige $B \in \tilde{\mathscr{M}}^s$ gilt

$$\tilde{\mathbf{P}}_{s,x}(B) = \bar{\mathbf{P}}_{s,x}(B) \, . \tag{3.10}$$

Die Mengen B, für die die Gleichung (3.10) erfüllt ist, bilden ein λ-System $\mathscr{F}$ im Raume $\tilde{\Omega} = \bar{\Omega} = \Omega \times I$. Andererseits bilden die Mengen $B = A \times I$ und $B = [A, \zeta > t] \times (t, \infty]$ $(A \in \mathscr{M}^s, t \geqq s)$ ein π-System $\mathscr{C}$, wobei $\sigma(\mathscr{C}) = \tilde{\mathscr{M}}^s$ ist.

Nach Lemma 1.1 genügt es, die Inklusion $\mathscr{F} \supseteq \mathscr{C}$ zu beweisen, d. h. zu zeigen, daß Beziehung (3.10) für die Mengen $B = A \times I$ und $B = [A, \zeta > t] \times (t, \infty]$ $(A \in \mathscr{M}^s, t \geqq s)$ erfüllt ist.

Aus 3.1. D. folgt, daß für beliebige $A \in \mathscr{M}^s$, $x \in E$

$$\tilde{\mathbf{P}}_{s,x}(A \times I) = \bar{\mathbf{P}}_{s,x}(A \times I) = \mathbf{P}_{s,x}(A) \, .$$

Wegen (3.4) haben wir für beliebige $A \in \mathscr{M}^s$, $t \geqq s$ und $x \in E$

$$\tilde{\mathbf{P}}_{s,x}\{[A, \zeta > t] \times (t, \infty]\} = \tilde{\mathbf{P}}_{s,x}\{A, \tilde{\xi} > t\} = \mathbf{M}_{s,x}\chi_A\, \tilde{\alpha}_t^s \, ,$$
$$\bar{\mathbf{P}}_{s,x}\{[A, \zeta > t] \times (t, \infty]\} = \bar{\mathbf{P}}_{s,x}\{A, \bar{\xi} > t\} = \mathbf{M}_{s,x}\chi_A\, \bar{\alpha}_t^s \, ,$$

wobei $\tilde{\alpha}_t^s$ und $\bar{\alpha}_t^s$ Funktionen sind, die der Bedingung 3.1. E, entsprechend für $\tilde{X}$ und $\bar{X}$, genügen. Da die Unterprozesse $\tilde{X}$ und $\bar{X}$ äquivalent sind, ist die Beziehung (3.8) erfüllt, daher gilt

$$\tilde{\mathbf{P}}_{s,x}\{[A, \zeta > t] \times (t, \infty]\} = \bar{\mathbf{P}}_{s,x}\{[A, \zeta > t] \times (t, \infty]\} \, .$$

b) Ist $\tilde{X}$ ein Unterprozeß von X, so sind alle dem Prozeß $\tilde{X}$ untergeordneten Markoffprozesse selbstverständlich auch Unterprozesse von X und äquivalent zu $\tilde{X}$.

Es bleibt zu beweisen, daß man jeden Unterprozeß $\bar{X} = (\bar{x}_t, \bar{\zeta}, \bar{\mathscr{M}}_t^s, \bar{\mathbf{P}}_{s,x})$ von X einem kanonischen Unterprozeß $\tilde{X}$ unterordnen kann.

Wir setzen voraus, daß der Elementarereignisraum $\bar{\Omega}$ des Unterprozesses $\bar{X}$ mit dem Elementarereignisraum Ω des Prozesses X durch die Abbildung $\bar{\gamma} \colon \bar{\Omega} \to \Omega$ zusammenhängt. Dann bestimmt die Formel

$$\tilde{\gamma}(\bar{\omega}) = (\bar{\gamma}(\bar{\omega}), \bar{\xi}(\bar{\omega})) \tag{3.11}$$

eine Abbildung von $\bar{\Omega}$ in $\tilde{\Omega} = \Omega \times I$. Wir bezeichnen mit $\tilde{\zeta}$, $\tilde{x}_t$, $\tilde{\mathscr{M}}_t^s$ und $\tilde{\mathscr{M}}^s$ die durch die Bedingungen 3.3. B—3.3. E bestimmten Elemente. Wenn wir berücksichtigen, daß die Elemente $\bar{\zeta}$, $\bar{x}_t$, $\bar{\mathscr{M}}_t^s$ und $\bar{\mathscr{M}}^s$ mit den Elementen ζ, x_t, $\mathscr{M}_t^s$ und $\mathscr{M}^s$ durch die Formeln 3.1. A'—3.1. D zusammenhängen, so können wir folgende Beziehungen zwischen $\bar{\zeta}$, $\tilde{x}_t$, $\tilde{\mathscr{M}}_t^s$, $\tilde{\mathscr{M}}^s$ und $\bar{\xi}$, $\bar{x}_t$, $\bar{\mathscr{M}}_t^s$, $\bar{\mathscr{M}}^s$ aufstellen:

$$\left.\begin{aligned}
& \bar{\zeta}\,[\tilde{\gamma}(\bar{\omega})] = \bar{\zeta}(\bar{\omega}) \\
& \tilde{x}_t\,[\tilde{\gamma}(\bar{\omega})] = \bar{x}_t(\bar{\omega}) \text{ für } t < \bar{\zeta}\,[\tilde{\gamma}(\bar{\omega})] \\
& \tilde{\gamma}^{-1}(\tilde{\mathscr{M}}_t^s) \subseteq \bar{\mathscr{M}}_t^s \\
& \tilde{\gamma}^{-1}(\tilde{\mathscr{M}}^s) \subseteq \bar{\mathscr{M}}^s
\end{aligned}\right\} \tag{3.12}$$

Wir setzen für jedes $A \in \tilde{\mathscr{M}}^s$

$$\tilde{\mathbf{P}}_{s,x}(A) = \bar{\mathbf{P}}_{s,x}[\tilde{\gamma}^{-1}(A)] \, . \tag{3.13}$$

Unschwer prüft man nach, daß für $(\tilde{x}_t, \tilde{\zeta}, \tilde{\mathscr{M}}_t^s, \tilde{\mathbf{P}}_{s,x})$ alle Bedingungen 2.1. A—2.1. F erfüllt sind. Diese Elemente bestimmen also einen Markoffschen Prozeß $\tilde{X}$. Offensichtlich ist $\tilde{X}$ ein kanonischer Unterprozeß von X.

Wenn wir die Formeln (3.12) und (3.13) mit den Bedingungen 2.11. A bis 2.11. D vergleichen, kommen wir zu dem Schluß, daß der Markoffprozeß $\overline{X}$ dem Prozeß $\tilde{X}$ untergeordnet ist.

3.4. Gemäß 3.1. E' entsprechen jedem Unterprozeß eines Markoffschen Prozesses X die Funktionen $\alpha_t^s(\omega)$ $(0 \leq s \leq t, \omega \in \Omega_t)$. (Die Funktion α_t^s ist meßbar bezüglich der σ-Algebra $\mathscr{R}_t^s$). Dabei kann man jede Funktion α_t^s beliebig auf jeder Menge verändern, die zu $\mathscr{R}_t^s$ gehört und das $\mathbf{P}_{s,x}$-Maß Null für jedes $x \in E$ hat. Wir sagen, daß zwei Systeme $\{\alpha_t^s\}$ und $\{\overline{\alpha}_t^s\}$ *äquivalent* sind, wenn $\alpha_t^s = \overline{\alpha}_t^s$ (f. s. $\Omega_t, \mathbf{P}_{s,x}$) für beliebige $0 \leq s \leq t$, $x \in E$ ist. Nach Lemma 3.2 besteht eine eindeutige Zuordnung zwischen den Klassen äquivalenter Unterprozesse von X und den Klassen äquivalenter Funktionssysteme $\{\alpha_t^s\}$ (falls man nur solche Systeme betrachtet, die irgendeinem Unterprozeß entsprechen). Unser Hauptziel ist jetzt, aufzuklären, welche Systeme $\{\alpha_t^s\}$ den Unterprozessen eines Markoffschen Prozesses X entsprechen. Den ersten Schritt in dieser Richtung machen wir durch folgendes Lemma:

Lemma 3.3. *Es sei* $\tilde{X} = (\tilde{x}_t, \tilde{\zeta}, \tilde{\mathscr{M}}_t^s, \mathbf{P}_{s,x})$ *ein Unterprozeß des Markoffprozesses* $X = (x_t, \zeta, \mathscr{M}_t^s, \mathbf{P}_{s,x})$. *Die durch die Bedingung* 3.1. E (*oder* 3.1. E') *bestimmten Funktionen* α_t^s *besitzen folgende Eigenschaften:*

3.4. A. *Für beliebige* $s \leq t \leq u$, $x \in E$ *gilt*

$$\alpha_u^s = \alpha_t^s \alpha_u^t \quad \text{(f. s. } \Omega_u, \mathbf{P}_{s,x})$$

3.4. B. *Für beliebige* $s \leq t$, $x \in E$ *gilt*

$$0 \leq \alpha_t^s \leq 1 \quad \text{(f. s. } \Omega_t, \mathbf{P}_{s,x}).$$

3.4. C. *Für beliebige* $s \leq t$, $x \in E$ *gilt*

$$\lim_{t_n \downarrow t} \alpha_{t_n}^s = \alpha_t^s \quad \text{(f. s. } \Omega_t, \mathbf{P}_{s,x}).$$

Beweis. Die Eigenschaft 3.4. B folgt aus 1.6. B_1, die Eigenschaft 3.4. C aus 1.6. D. Es bleibt 3.4. A nachzuprüfen.

Wir zeigen: wenn $A \in \mathscr{N}_t^s$, $B \in \mathscr{N}_u^t$ ist, so gilt

$$\tilde{\mathbf{P}}_{s,x}\{A\,B, \tilde{\zeta} > u\} = \mathbf{M}_{s,x}\left[\chi_{A\,B}\,\alpha_t^s \alpha_u^t\right]. \tag{3.14}$$

Wir bemerken zuerst, daß

$$\{B, \tilde{\zeta} > u\} \in \tilde{\mathscr{N}}_u^t, \tag{3.15}$$

wobei $\tilde{\mathscr{N}}_u^t$ die durch die Mengen $\{\tilde{x}_v \in \Gamma\}$ $(v \in [t, u], \Gamma \in \mathscr{B})$ erzeugte σ-Algebra im Raume $\tilde{\Omega}_u = \{\tilde{\zeta} > u\}$ ist. In der Tat, die Gesamtheit aller

Untermengen B von Ω_u, die der Beziehung (3.15) genügen, ist eine σ-Algebra in Ω_u. Wegen (3.6) enthält diese σ-Algebra alle Mengen $\{x_v \in \Gamma\}$ $(v \in [t, u], \Gamma \in \mathscr{B})$. Folglich enthält sie auch $\mathscr{N}_u^t$.

Da $\{A, \tilde{\zeta} > t\} \in \mathscr{M}_t^s$, $\{B, \tilde{\zeta} > u\} \in \mathscr{N}_u^t$, können wir auf den Prozeß $\tilde{X}$ die Formel (2.9) anwenden und erhalten

$$\tilde{\mathbf{P}}_{s,x}\{A\,B, \tilde{\zeta} > u\} = \tilde{\mathbf{P}}_{s,x}\{A, \tilde{\zeta} > t, B, \tilde{\zeta} > u\}$$
$$= \tilde{\mathbf{M}}_{s,x}\{\chi_{A,\tilde{\zeta}>t}\,\tilde{\mathbf{P}}_{t,\tilde{x}_t}(B, \tilde{\zeta} > u)\}\,. \tag{3.16}$$

Wegen (3.3) haben wir weiter

$$\tilde{\mathbf{P}}_{t,y}(B, \tilde{\zeta} > u) = \mathbf{M}_{t,y}(\chi_B\,\alpha_u^t)\,. \tag{3.17}$$

Aus (3.4), (3.17) und (3.16) ergibt sich

$$\tilde{\mathbf{P}}_{s,x}(A\,B, \tilde{\zeta} > u) = \mathbf{M}_{s,x}[\alpha_t^s\,\chi_A\,\mathbf{M}_{t,x_t}(\chi_B\,\alpha_u^t)]\,. \tag{3.18}$$

Falls wir Formel (2.10) auf den Prozeß X anwenden, erhalten wir andererseits

$$\mathbf{M}_{s,x}[\chi_A\,\alpha_t^s\,\chi_B\,\alpha_u^t] = \mathbf{M}_{s,x}[\chi_A\,\alpha_t^s\,\mathbf{M}_{t,x_t}(\chi_B\,\alpha_u^t)]\,. \tag{3.19}$$

Wenn wir (3.18) und (3.19) einander gegenüberstellen, bekommen wir (3.14).

Wir wollen nun mit $\mathscr{F}$ die Gesamtheit derjenigen Ereignisse $D \subseteq \Omega_u$ bezeichnen, für welche gilt

$$\tilde{\mathbf{P}}_{s,x}(D, \tilde{\zeta} > u) = \mathbf{M}_{s,x}[\chi_D\,\alpha_t^s\,\alpha_u^t] \tag{3.20}$$

und mit $\mathscr{C}$ die Gesamtheit aller Ereignisse $A\,B$, wobei $A \in \mathscr{N}_t^s$, $B \in \mathscr{N}_t^s$. Wie wir schon gezeigt haben, ist $\mathscr{F} \supseteq \mathscr{C}$. Es ist klar, daß $\mathscr{C}$ ein π-System und $\mathscr{F}$ ein λ-System in Ω_u ist und daß nach Lemma 1.1 $\mathscr{F} \supseteq \sigma(\mathscr{C})$. Offensichtlich gilt aber $\sigma(\mathscr{C}) = \mathscr{N}_u^s$, daher ist $\mathscr{F} \supseteq \mathscr{N}_u^s$. Da (3.20) für ein beliebiges $D \in \mathscr{N}_u^s$ richtig ist und die Funktion $\alpha_t^s\,\alpha_u^t$ $\mathscr{N}_u^s$-meßbar ist, gilt

$$\tilde{\mathbf{P}}_{s,x}\{\tilde{\zeta} > u \mid \mathscr{N}_u^s\} = \alpha_t^s\,\alpha_u^t \quad \text{(f. s. } \Omega_u, \mathbf{P}_{s,x})\,. \tag{3.21}$$

Andererseits haben wir aber wegen (3.1)

$$\tilde{\mathbf{P}}_{s,x}\{\tilde{\zeta} > u \mid \mathscr{N}_u^s\} = \alpha_u^s \quad \text{(f. s. } \Omega_t, \mathbf{P}_{s,x})\,. \tag{3.22}$$

Aus (3.21) und (3.22) folgt 3.4. A, und damit ist unser Lemma bewiesen.

3.5. Aus den äquivalenten Systemen $\{\alpha_t^s\}$, die mit einem gegebenen Unterprozeß $\tilde{X}$ von X durch die Bedingung 3.1. E' zusammenhängen, wollen wir nun versuchen, ein System auszuzeichnen, für welches die Bedingungen 3.4. A—3.4. C in verstärktem Maße (nicht für fast alle, sondern für alle ω) erfüllt sind.

Wir sagen, daß das Funktionssystem $\alpha_t^s(\omega)$ $(0 \leq s \leq t, \omega \in \Omega_t)$ ein *multiplikatives Funktional* α *des Markoffschen Prozesses* $X = (x_t, \zeta, \mathcal{M}_t^s, \mathbf{P}_{s,x})$ erklärt, wenn die Funktionen $\alpha_t^s(\omega)$ den Bedingungen genügen:

3.5. A. $\alpha_t^s(\omega)$ ist $\mathcal{R}_t^s$-meßbar.

3.5. B. $\alpha_t^s(\omega) \, \alpha_u^t(\omega) = \alpha_u^s(\omega)$ $(s \leq t \leq u, \omega \in \Omega_u)$.

3.5. C. $0 \leq \alpha_t^s(\omega) \leq 1$ $(s \leq t, \omega \in \Omega_t)$.

3.5. D. $\lim\limits_{t_n \downarrow t} \alpha_{t_n}^s(\omega) = \alpha_t^s(\omega)$ $(s \leq t, \omega \in \Omega_t)$.

Wir sagen, daß sich der *Unterprozeß* $\tilde{X}$ *des Markoffschen Prozesses* X und das *multiplikative Funktional* α *gegenseitig entsprechen,* wenn für beliebige $s \leq t$, $x \in E$ gilt

$$\tilde{\mathbf{P}}_{s,x}\{\tilde{\zeta} > t \mid \mathcal{M}^s\} = \alpha_t^s(\omega) \quad \text{(f. s. } \Omega_t, \mathbf{P}_{s,x}). \tag{3.23}$$

Satz 3.2. *Damit einem Unterprozeß* $\tilde{X} = (\tilde{x}_t, \tilde{\zeta}, \tilde{\mathcal{M}}_t^s, \tilde{\mathbf{P}}_{s,x})$ *von* X *ein multiplikatives Funktional entspricht, ist hinreichend, daß eine der beiden folgenden Bedingungen erfüllt ist:*

3.5. α. $\tilde{P}(s, x; s, E) = \tilde{\mathbf{P}}_{s,x}(\tilde{\zeta} > s) = 1$ *für beliebige* $s \geq 0$, $x \in E$.

3.5. β. *Die durch Bedingung* 3.1. E' *bestimmten Funktionen* α_t^s *unterliegen der Beziehung*

$$\lim\limits_{s_n \downarrow s} \alpha_t^{s_n} = \alpha_t^s \quad \text{(f. s. } \Omega_t, \mathbf{P}_{s,x})$$

für beliebige $s < t$, $x \in E$.

Beweis. a) Wenn $\tilde{\mathbf{P}}_{s,x}\{\tilde{\zeta} > s\} = 1$, so ist nach 1.6. B_1

$$\alpha_s^s = \tilde{\mathbf{P}}_{s,x}\{\tilde{\zeta} > s \mid \mathcal{M}^s\} = 1 \quad \text{(f. s. } \Omega_s, \mathbf{P}_{s,x}). \tag{3.24}$$

Es sei nun $s_n \downarrow s$. Wegen 3.4. A, 3.4. C und (3.24) ist für fast alle $\omega \in \Omega_t$ (im Sinne von $\mathbf{P}_{s,x}$) $\alpha_t^s = \alpha_{s_n}^s \alpha_t^{s_n}$, $\alpha_{s_n}^s \to \alpha_s^s$ und $\alpha_s^s = 1$. Daraus folgt die Richtigkeit der Bedingung 3.5. β.

b) Wir zeigen nun, daß aus 3.5. β folgt, daß dem Unterprozeß ein multiplikatives Funktional α entspricht. Wir gehen von irgendeinem, durch die Bedingung 3.1. E' bestimmten Funktionssystem α_t^s aus und konstruieren ein äquivalentes Funktionssystem, das ein multiplikatives Funktional α erklärt.

Die Menge

$$A_t^s = \{\alpha_t^s < 0\} \cup \{\alpha_t^s > 1\}$$

gehört zu $\mathcal{N}_t^s$, und nach 3.4. B haben wir $\mathbf{P}_{s,x}(A_t^s) = 0$. Wir ersetzen alle Werte der Funktion $\alpha_t^s(\omega)$ auf A_t^s durch Null. Dadurch erhalten wir ein äquivalentes Funktionssystem, das der Bedingung 3.5. C genügt. (Es versteht sich, daß dabei die Bedingungen 3.1. E' und 3.4. A—3.4. C erfüllt bleiben.)

Die so veränderten Funktionen wollen wir wieder durch α_t^s bezeichnen. Wir setzen ferner

$$Q_{s,t,u} = \{\alpha_u^s \neq \alpha_t^s \alpha_u^t\} \quad (s \leq t \leq u).$$

Offensichtlich ist $Q_{s,t,u} \in \mathcal{N}^s$. Gemäß (2.9) haben wir für ein beliebiges $q \leqq s$

$$\mathbf{P}_{q,x}\left(Q_{s,t,u}\right) = \int_{\Omega_s} \mathbf{P}_{s,x_s}\left(Q_{s,t,u}\right) \mathbf{P}_{q,x}\left(d\omega\right) .$$

Nach 3.4. A ist $\mathbf{P}_{s,y}(Q_{s,t,u}) = 0$ für beliebige y, und deshalb ist $\mathbf{P}_{q,x}(Q_{s,t,u}) = 0$ für beliebige x.

Wir bezeichnen mit $\eta\,(\omega)$ die obere Grenze derjenigen rationalen s, für die $\omega \in Q_{s,t,u}$ gilt, mit gewissen rationalen $u \geqq t \geqq s$ ($\eta\,(\omega)$ kann auch den Wert $+\infty$ annehmen). Offensichtlich ist

$$\{\eta > q\} = \bigcup_{q < s \leqq t \leqq u} Q_{s,t,u}$$

(die Summation erstreckt sich über rationale s, t, u). Daraus folgt, daß für beliebige $x \in E$ gilt

$$\mathbf{P}_{q,x}\{\eta > q\} = 0 . \tag{3.25}$$

Offensichtlich ist für beliebige rationale $u \geqq t \geqq s$ aus (η, ζ) die Bedingung 3.5. B erfüllt. Deshalb ist für beliebige $\omega \in \Omega_t$ und beliebige rationale $t > 0$ $\alpha_t^s(\omega)$ eine nicht abnehmende Funktion von s (falls s die rationalen Zahlen des Intervalls $(\eta\,(\omega), t)$ durchläuft). Folglich existiert für beliebige reelle $s \geqq \eta\,(\omega)$ der Grenzwert

$$\alpha_t^{s+0}\,(\omega) = \lim_{p \downarrow s} \alpha_t^p\,(\omega) \quad (p \text{ rational}) . \tag{3.26}$$

Es ist klar, daß

$$\alpha_q^{s+0} = \alpha_{q'}^{s+0} \alpha_q^{q'} \ (\eta\,(\omega) \leqq q' \leqq q, q \text{ und } q' \text{ rational}) . \tag{3.27}$$

Damit ist α_t^{s+0} eine nicht wachsende Funktion von t (für rationale $t \in [s, \infty)$). Wir setzen

$$\alpha_{t+0}^{s+0} = \lim_{q \downarrow t} \alpha_q^{s+0} \quad (q \text{ rational}). \tag{3.28}$$

Wenn $s \leqq t \leqq u$ beliebige reelle Zahlen sind, wobei $\eta\,(\omega) \leqq s$, so erhalten wir, falls wir in (3.27) zuerst $q' \downarrow t$ und dann $q \downarrow u$ streben lassen,

$$\alpha_{u+0}^{s+0} = \alpha_{t+0}^{s+0} \alpha_{u+0}^{t+0} .$$

Wir setzen

$$\tilde{\alpha}_t^s\,(\omega) = \begin{cases} \alpha_{t+0}^{s+0}\,(\omega), & \text{falls } \eta\,(\omega) \leqq s , \\ 0, & \text{falls } \eta\,(\omega) > s . \end{cases}$$

Man sieht leicht, daß diese Funktionen den Bedingungen 3.5. B bis 3.5. D genügen. Ferner haben wir

$$\{\tilde{\alpha}_t^s \neq \alpha_t^s\} = C_1 \cup C_2 ,$$

wobei

$$C_1 = \{\eta > s, \alpha_t^s \neq 0\}, \quad C_2 = \{\eta \leqq s, \alpha_{t+0}^{s+0} \neq \alpha_t^s\} .$$

Wegen (3.25) gilt für beliebige $x \in E$

$$\mathbf{P}_{s,\,x}\,(C_1) \leqq \mathbf{P}_{s,\,x}\,\{\eta > s\} = 0\;.$$

Laut (3.28) und (3.26) haben wir

$$C_2 = \left\{ \bigcup_q \left[\Omega_s \cap \left\{ \lim_{p \downarrow s} \alpha_q^p \neq \alpha_q^s \right\} \right] \right\} \cup \left\{ \lim_{q \downarrow t} \alpha_q^s \neq \alpha_t^s \right\}\;.$$

($p \leqq q$ rationale Zahlen). Wegen 3.5. β und 3.4. C schließen wir daraus, daß $\mathbf{P}_{s,\,x}\,(C_2) = 0$, und damit ist

$$\mathbf{P}_{s,\,t}\,\{\tilde{\alpha}_t^s \neq \alpha_t^s\} = 0\;. \tag{3.29}$$

Die Funktion $\tilde{\alpha}_t^s$ ist natürlich $\mathscr{N}^s$-meßbar. Gemäß (3.29) ist sie auch $\mathscr{R}_t^s$-meßbar und genügt der Beziehung (3.23). Der Satz ist also bewiesen.

3.6. Satz 3.3. *Jedem multiplikativen Funktional α des Markoffschen Prozesses $X = (x_t,\, \zeta,\, \mathscr{M}_t^s,\, \mathbf{P}_{s,\,x})$ entspricht ein Unterprozeß $\tilde{X}$ von X.*

Beweis. Wenn dem Funktional α irgendein Unterprozeß entspricht, dann entspricht ihm auch ein äquivalenter kanonischer Unterprozeß — dies folgt aus Satz 3.1. Wir wollen deshalb den Unterprozeß $\tilde{X}$ in kanonischer Form konstruieren. Wir erklären $\tilde{\Omega}$, $\tilde{\zeta}$, $\tilde{x}_t$, $\tilde{\mathscr{M}}_t^s$ und $\tilde{\mathscr{M}}^s$ durch die Bedingungen 3.3. A—3.3. E. Es bleibt noch das Maß $\tilde{\mathbf{P}}_{s,\,x}$ zu bestimmen. Wir halten $\omega \in \Omega$ und $s \geqq 0$ fest und betrachten die Funktion

$$F^s\,(t) = \begin{cases} 0 & \text{für } 0 \leqq t < s\,, \\ 1 - \alpha_t^s\,(\omega) & \text{für } s \leqq t < \zeta\,(\omega)\,, \\ 1 & \text{für } t \geqq \zeta\,(\omega)\,. \end{cases}$$

Gemäß 3.5. C und 3.5. D genügt diese Funktion den Bedingungen 1.11. A—1.11. C, nach P. 1.11 existiert also auf dem Intervall $[0, \infty]$ ein Wahrscheinlichkeitsmaß α_Γ^s $(\Gamma \in \mathscr{B}^0)^*$ mit $\alpha_{[0,\,t]}^s = F^s\,(t)$, und damit gilt $\alpha_{(t,\,\infty]}^s = \alpha_t^s$ für $\omega \in \Omega_t$.

Es sei $A \in \tilde{\mathscr{M}}^s$. Dann ist $A \in \mathscr{M}^s \times \mathscr{B}^0$, und gemäß Lemma 1.4. gehört für jedes $\omega \in \Omega$ die Menge

$$A_\omega = \{\lambda : (\omega,\, \lambda) \in A\}$$

zu $\mathscr{B}^0$. Wir setzen

$$\alpha_A^s\,(\omega) = \alpha_{A_\omega}^s\,(\omega)\;. \tag{3.30}$$

Offensichtlich gilt für $A = [C,\, \zeta > t] \times (t,\, \infty]$ $(C \in \mathscr{M}^s,\, t \geqq s)$

$$\alpha_A^s\,(\omega) = \chi_C\,(\omega)\,\alpha_t^s\,(\omega) \quad (\omega \in \Omega_t)\;. \tag{3.31}$$

Mittels einer Standardanwendung von Lemma 1.2 ergibt sich die Tatsache, daß für beliebige $A \in \tilde{\mathscr{M}}^s$ die Funktion $\alpha_A^s\,(\omega)$ $\mathscr{M}^s$-meßbar ist.

---

* Mit $\mathscr{B}^s$ bezeichnen wir die durch alle Intervalle erzeugte σ-Algebra im Raume $[s,\, +\infty]$.

Wir setzen
$$\tilde{\mathbf{P}}_{s,x}(A) = \mathbf{M}_{s,x}\,\alpha_A^s\,. \tag{3.32}$$
Offensichtlich gilt jedes $A \in \mathscr{M}^s$
$$\tilde{\mathbf{P}}_{s,x}(A \times I) = \mathbf{P}_{s,x}(A)\,.$$
Aus (3.31) folgt, daß
$$\begin{aligned}
\tilde{\mathbf{P}}_{s,x}\{C,\,\zeta > t\} &= \tilde{\mathbf{P}}_{s,x}\{[C,\,\zeta > t] \times (t, \infty]\}\\
&= \mathbf{M}_{s,x}\,\chi_C\,\alpha_t^s \quad (C \in \mathscr{M}^s, t \geqq s)\,.
\end{aligned} \tag{3.33}$$
Das Elementesystem $(\tilde{x}_t,\,\tilde{\zeta},\,\tilde{\mathscr{M}}_t^s,\,\tilde{\mathbf{P}}_{s,x})$ genügt offenbar den Bedingungen 3.1. A—3.1. D. Aus Formel (3.33) folgt, daß
$$\tilde{\mathbf{P}}_{s,x}\{\tilde{\zeta} > t \mid \mathscr{M}^s\} = \alpha_t^s \quad (\text{f. s. } \Omega_t,\,\mathbf{P}_{s,x})\,,$$
so daß damit auch Bedingung 3.1. E und Beziehung (3.23) erfüllt ist.

Es bleibt noch nachzuprüfen, daß die Elemente $(\tilde{x}_t,\,\tilde{\zeta},\,\tilde{\mathscr{M}}_t^s,\,\tilde{\mathbf{P}}_{s,x})$ den Bedingungen 2.1. A—2.1. F genügen. Die Richtigkeit der Bedingungen 2.1. A, 2.1. B und 2.1. C ist offenbar. Aus (3.33) folgt 3.1 $P(s,x;t,\Gamma)$ $= \mathbf{M}_{s,x}\alpha_t^s\,\chi_\Gamma(x_t)$. Da die Funktion $\chi_\Gamma(x_t)\,\alpha_t^s\,\mathscr{N}^s$-meßbar ist, folgt leicht aus Lemma 2.2, daß die Funktion $P(s,x;t,\Gamma)\,\mathscr{B}$-meßbar in x ist; damit ist Bedingung 2.1. D erfüllt. Die Richtigkeit von 2.1. E ist offensichtlich. Es bleibt also nur Bedingung 2.1. F zu verifizieren.

Es ist für uns bequemer, diese Bedingung in der Form 2.1. F' zu verifizieren. Nach 3.3. D hat jede Menge A aus $\tilde{\mathscr{M}}_t^s$ die Form $A = C \times (t, \infty]\ (C \in \mathscr{M}_t^s)$. Laut Formel (3.33) haben wir
$$\begin{aligned}
\tilde{\mathbf{P}}_{s,x}(A,\,\tilde{x}_u \in \Gamma) &= \tilde{\mathbf{P}}_{s,x}\{[C,\,x_u \in \Gamma] \times (u, \infty]\}\\
&= \mathbf{M}_{s,x}\,[\chi_C\,\chi_\Gamma(x_u)\,\alpha_u^s]
\end{aligned} \tag{3.34}$$
Indem wir uns auf 3.5. B und 1.6. H stützen, erhalten wir
$$\begin{aligned}
\mathbf{M}_{s,x}\,[\chi_C\,\chi_\Gamma(x_u)\,\alpha_u^s] &= \mathbf{M}_{s,x}\,[\alpha_t^s\,\chi_C\,\chi_\Gamma(x_u)\,\alpha_u^t]\\
&= \mathbf{M}_{s,x}\,\{\chi_C\,\alpha_t^s\,\mathbf{M}_{s,x}\,[\alpha_u^t\,\chi_\Gamma(x_u) \mid \mathscr{M}_t^s]\}\,.
\end{aligned} \tag{3.35}$$
Die Funktion $\alpha_u^t\,\chi_\Gamma(x_u)$ ist $\mathscr{N}^t$-meßbar. Falls wir also Satz 2.1 auf den Prozeß X anwenden, bekommen wir
$$\begin{aligned}
\mathbf{M}_{s,x}\,[\alpha_u^t\,\chi_\Gamma(x_u) \mid \mathscr{M}_t^s] &= \mathbf{M}_{t,x_t}\,[\alpha_u^t\,\chi_\Gamma(x_u)]\\
&= \tilde{P}(t,\,x_t;\,u,\,\Gamma)\,.
\end{aligned} \tag{3.36}$$
Aus (3.34), (3.35) und (3.36) folgt
$$\tilde{\mathbf{P}}_{s,x}(A,\,\tilde{x}_u \in \Gamma) = \mathbf{M}_{s,x}\,\{\chi_C\,\alpha_t^s\,\tilde{P}(t,\,x_t;\,u,\,\Gamma)\}\,. \tag{3.37}$$
Aus Formel (3.33) folgt offenbar die Richtigkeit von Formel (3.4). Deshalb können wir die Beziehung (3.37) folgendermaßen umschreiben
$$\begin{aligned}
\tilde{\mathbf{P}}_{s,x}(A,\,\tilde{x}_u \in \Gamma) &= \tilde{\mathbf{M}}_{s,x}\,\{\chi_C\,\chi_{\tilde{\zeta} > t}\,\tilde{P}(t,\,x_t;\,u.\,\Gamma)\}\\
&= \tilde{\mathbf{M}}_{s,x}\,[\chi_A\,\tilde{P}(t,\,\tilde{x}_t;\,u,\,\Gamma)]\,,
\end{aligned}$$
womit Bedingung 2.1. F' erfüllt ist. Der obige Satz ist bewiesen.

3.7. Mit jedem multiplikativen Funktional α des Prozesses X kann man ein System von zufälligen Größen $\xi_s \geqq s$ verbinden, welche durch folgende Formel erklärt werden:

$$\xi_s(\omega) = \begin{cases} \inf\{t : \alpha_t^s(\omega) = 0\}, & \text{falls } (\omega \in \Omega_s) \\ s, & \text{falls } (\omega \,\bar{\in}\, \Omega_s) \end{cases} \tag{3.38}$$

(wenn $\alpha_t^s > 0$ für alle $t \in [s, \zeta)$ ist, dann setzen wir $\xi_s(\omega) = \zeta$). Wegen 3.5. D wird die untere Grenze in Formel (3.38) so erreicht, daß $\alpha_{\xi_s}^s = 0$.

Wir führen einige selbstverständliche Eigenschaften der Funktion ξ_s an:

3.7. A. $\xi_s(\omega) \leqq \zeta(\omega)$ $(\omega \in \Omega_s)$.

3.7. B. $\{\xi_s > t\} \in \mathscr{R}_t^s$ $(0 \leqq s \leqq t)$.

3.7. C. $\{\xi_s > t\} \subseteq \{\xi_s = \xi_t\}$ $(0 \leqq s \leqq t)$.

L e m m a 3.4. *Wenn $\tilde{X}$ ein beliebiger Unterprozeß des Prozesses X ist, der dem multiplikativen Funktional α entspricht, so gilt für alle $s \geqq 0$, $x \in E$*

$$\tilde{\mathbf{P}}_{s,x}\{\tilde{\zeta} \leqq \xi_s\} = 1 . \tag{3.39}$$

B e w e i s. Nach 3.7. B, 1.6. F, (3.23) und (3.38) gilt

$$\tilde{\mathbf{P}}_{s,x}\{\tilde{\zeta} > t \geqq \xi_s \mid \mathscr{M}^s\} = \chi_{t \geqq \xi_s} \tilde{\mathbf{P}}_{s,x}\{\tilde{\zeta} > t \mid \mathscr{M}^s\} = 0 .$$
$$(\text{f. s. } \Omega_s, \mathbf{P}_{s,x}) . \tag{3.40}$$

Folglich ist

$$\tilde{\mathbf{P}}_{s,x}\{\tilde{\zeta} > t \geqq \xi_s\} = 0 . \tag{3.41}$$

Es sei Λ eine abzählbare, auf dem Intervall $(s, \infty]$ überall dichte Menge. Dann gilt

$$\{\tilde{\zeta} > \xi_s\} = \bigcup_{t \in \Lambda} \{\tilde{\zeta} > t \geqq \xi_s\} . \tag{3.42}$$

Aus der Gegenüberstellung von (3.41) und (3.42) folgt (3.39).

Wir wollen eingehender den Sonderfall betrachten, wo die Funktion α_t^s, die ein multiplikatives Funktional α bestimmt, nur die zwei Werte 0 und 1 annimmt. In diesem Fall kann man das Funktional α durch die Funktion ξ_s folgendermaßen ausdrücken

$$\alpha_t^s(\omega) = \chi_{\xi_s > t}(\omega) . \tag{3.43}$$

Bilden die $\{\xi_s\}$ ein beliebiges Funktionssystem, das den Bedingungen 3.7. A—3.7. C genügt, so genügen die Funktionen $\alpha_t^s = \chi_{\xi_s > t}$ den Bedingungen 3.5. A—3.5. D. Damit erklären die Formeln (3.38) und (3.43) eine eineindeutige Zuordnung zwischen den multiplikativen Funktionalen mit den Werten 0 und 1 und allen Funktionssystemen ξ_s, die den Bedingungen 3.7. A—3.7. C genügen.

Vergleichen wir (3.5) und (3.43) miteinander, so bemerken wir, daß die Übergangsfunktion des Unterprozesses durch ξ_s mittels der Formel

$$\tilde{P}\,(s,\,x;\,t,\,\Gamma) = \mathbf{P}_{s,\,x}\,\{x_t \in \Gamma,\, \xi_s > t\}\,. \tag{3.44}$$

ausgedrückt werden kann.

Für den betrachteten Sonderfall können wir das Lemma 3.4 folgendermaßen verschärfen:

Lemma 3.5. *Wenn $\tilde{X}$ ein beliebiger Unterprozeß von X ist, der dem System $\{\xi_s\}$ entspricht, dann gilt für alle $s \geq 0$, $x \in E$*

$$\tilde{\mathbf{P}}_{s,\,x}\,\{\xi_s > s,\, \tilde{\zeta} \neq \xi_s\} = 0 \tag{3.45}$$

und für alle $x \in E$

$$\tilde{\mathbf{P}}_{0,\,x}\,\{\tilde{\zeta} \neq \xi_0\} = 0\,. \tag{3.46}$$

Beweis. Für ein beliebiges $t \geq s$ gilt

$$\tilde{\mathbf{P}}_{s,\,x}\,\{\tilde{\zeta} \leq t < \xi_s \mid \mathcal{M}^s\} = \chi_{t < \xi_s}\,\tilde{\mathbf{P}}_{s,\,x}\,\{\tilde{\zeta} \leq t \mid \mathcal{M}^s\}$$
$$= \chi_{t < \xi_s}\,[1 - \chi_{\xi_s > t}] = 0 \tag{3.47}$$
$$(\text{f. s. } \Omega_s,\, \mathbf{P}_{s,\,x})\,.$$

Wenn Λ eine abzählbare, auf dem Intervall $[s, \infty)$ überall dichte Menge ist, so gilt

$$\{\xi_s > s,\, \tilde{\zeta} > \xi_s\} = \bigcup_{t \in \Lambda} \{\tilde{\zeta} \leq t < \xi_s\}\,. \tag{3.48}$$

Aus (3.47) und (3.48) folgt, daß

$$\tilde{\mathbf{P}}_{s,\,x}\,\{\xi_s > s,\, \tilde{\zeta} < \xi_s\} = 0\,,$$

falls wir also (3.39) berücksichtigen, haben wir (3.45).

Wenn $s = 0$ ist, dann ist die Menge $\{\xi_s \leq s,\, \tilde{\zeta} < \xi_s\} = \{\xi_0 = 0,\, \tilde{\zeta} < 0\}$ leer, weswegen die Gleichung (3.46) erfüllt ist.

§ 2. Unterprozesse, die zulässigen Untermengen entsprechen Bildung von Prozeßteilen

3.8. Es sei Γ eine Untermenge des Phasenraumes $(E, \mathcal{B})$. Wir setzen*

$$\xi_s(\Gamma) = \xi_s(\Gamma, \omega) = \inf\,\{t : t \geq s,\, x_t\,(\omega) \,\bar{\in}\, \Gamma\}\ \text{für}\ \omega \in \Omega_s$$
$$\xi\,(\Gamma) = \xi_0(\Gamma) \tag{3.49}$$

(wenn $x_t\,(\omega) \in \Gamma$ für alle $t \in [s, \zeta\,(\omega))$ ist, dann setzen wir $\xi_s\,(\Gamma, \omega) = \zeta\,(\omega)$). Es sei $t < \zeta\,(\omega)$. Das Trajektorienstück $x_u\,(s \leq u \leq t)$ ist dann in Γ enthalten, wenn $t < \xi_s\,(\Gamma)$ ist, und nicht in Γ enthalten, wenn $t > \xi_s\,(\Gamma)$ ist. Es ist deshalb angebracht, $\xi_s\,(\Gamma)$ s-Augenblick bezüglich

---

* $x_t\,(\omega)\,\bar{\in}\,\Gamma$ bedeutet, daß $x_t\,(\omega)$ entweder nicht definiert ist, oder aber zu $E \setminus \Gamma$ gehört.

Γ zu nennen. Die Funktionen $\xi_s = \xi_s\,(\Gamma)$ genügen immer den Bedingungen 3.7. A und 3.7. C. Wenn sie auch der Bedingung 3.7. B genügen, so wollen wir sagen, daß die Menge Γ *zulässig* ist. Jeder zulässigen Menge entspricht ein Unterprozeß von X.

Die Frage, ob eine gegebene Menge für den Prozeß X zulässig ist, erfordert in jedem konkreten Fall besondere Untersuchungen.

Lemma 3.6. *Damit die Menge Γ zulässig für den Prozeß X ist, genügt es, daß die Bedingungen erfüllt sind:*

3.8. A. $\Psi_t^s = \bigcap\limits_{u \in [s,t]} \{x_u \in \Gamma\} \in \mathscr{R}_t^s$.

3.8. B. $\{\xi_t\,(\Gamma) > t\} \in \mathscr{N}^t$ *und* $\tilde{P}\,(t,\,x;\,t,\,E) = \mathbf{P}_{t,\,x}\,\{\xi_t\,(\Gamma) > t\} = 1$ *für alle* $t \geqq 0,\; x \in \Gamma$.

Die Übergangsfunktion des Unterprozesses, der der Menge Γ entspricht, ist durch die Formel gegeben

$$\tilde{P}\,(s,\,x;\,t,\,G) = \mathbf{P}_{s,\,x}\,\{\Psi_t^s,\,x_t \in G\}\,. \tag{3.50}$$

Beweis. Wir haben

$$\{\xi_\Gamma^s > t\} = \{\Psi_t^s,\,\xi_t\,(\Gamma) > t\}\,.$$

Deshalb ist gemäß Satz 2.1

$$\mathbf{P}_{s,\,x}\,\{\xi_s\,(\Gamma) > t\} = \int\limits_{\Psi_t^s} \mathbf{P}_{t,\,x_t}\,\{\xi_t\,(\Gamma) > t\}\,\mathbf{P}_{s,\,x}\,(d\,\omega) = \mathbf{P}_{s,\,x}\,(\Psi_t^s)\,.$$

Damit haben wir

$$\mathbf{P}_{s,\,x}\,\{\Psi_t^s \setminus [\xi_s\,(\Gamma) > t]\} = 0 \tag{3.51}$$

und $\{\xi_s\,(\Gamma) > t\} \in \mathscr{R}_t^s$. Die Formel (3.50) folgt aus (3.44) und (3.51).

Ist der Prozeß X stetig, so gehört für jedes ω, das der Ungleichung $s < \xi_s\,(\Gamma,\,\omega) < \zeta\,(\omega)$ genügt, $x_{\xi_s(\Gamma,\,\omega)}\,(\omega)$ zum Rande von Γ^*. Wenn G eine offene Menge ist, schneidet der Rand von G die Menge G nicht, daher haben wir

$$\{\omega\colon \xi_s\,(G,\,\omega) < \zeta\,(\omega)\} = \{\omega\colon x_{\xi_s(G,\,\omega)} \bar\in G\}\,. \tag{3.52}$$

Es sei η eine beliebige ω-Funktion. Es ist natürlich, die Größe $\xi_\eta\,(\Gamma) = \xi_{\eta(\omega)}\,(\Gamma,\,\omega)$ η-Augenblick bezüglich Γ zu nennen. Wie der Leser leicht nachprüft, ist

$$\{\xi\,(\Gamma) \geqq \eta \geqq s\} = \{\xi_s\,(\Gamma) = \xi_\eta\,(\Gamma)\}\,. \tag{3.53}$$

Wenn $G \subseteqq \Gamma$, ist $s \leqq \xi_s\,(G) \leqq \xi_s\,(\Gamma)$, und aus (3.53) ersieht man, daß

$$\xi_s\,(\Gamma) = \xi_{\xi_s(G)}\,(\Gamma) \quad (\omega \in \Omega)\,. \tag{3.54}$$

Die Frage nach der Zulässigkeit der Menge Γ hängt eng mit der Frage nach der Meßbarkeit der Ereignisse.

---

* Unter dem Rand einer Menge Γ verstehen wir den Durchschnitt der abgeschlossenen Hülle von Γ und der abgeschlossenen Hülle von $E \setminus \Gamma$.

$\Psi_t^s(\Gamma) = \{$der Trajektorienabschnitt x_u mit $s \leq u \leq t$ ist in Γ enthalten$\}$ zusammen. Wenn der Prozeß X in einem topologischen Maßraum gegeben ist, dann ist es angebracht, gleichzeitig mit den Ereignissen $\Psi_t^s(\Gamma)$ die Ereignisse

$\hat{\Psi}_t^s(\Gamma) = \{$die abgeschlossene Hülle des Trajektorienabschnittes x_u mit $s \leq u \leq t$ ist in Γ enthalten$\}$ zu betrachten. Die allgemeine Untersuchung der Meßbarkeitsbedingungen der Ereignisse $\Psi_t^s(\Gamma)$ und $\hat{\Psi}_t^s(\Gamma)$ erfordert eine Anwendung der Theorie der Fortsetzung von Kapazitäten. Wir bringen diese Untersuchung in einem speziellen Anhang.

3.9. Bei der Konstruktion eines, der zulässigen Menge $\tilde{E}$ entsprechenden, Unterprozesses eines Markoffschen Prozesses blieb der Phasenraum ungeändert. Es ist naturgemäß, unsere Konstruktion derart zu modifizieren, daß der Phasenraum auf die Menge $\tilde{E}$ reduziert wird.

So sei also $X = (x_t, \zeta, \mathcal{M}_t^s, \mathbf{P}_{s,x})$ ein Markoffprozeß im Maßraum $(E, \mathcal{B})$, $\tilde{E} \in \mathcal{B}$ und $\tilde{\mathcal{B}} = \mathcal{B}(\tilde{E})$. Wir sagen, daß der Markoffprozeß $\tilde{X} = (\tilde{x}_t, \zeta, \tilde{\mathcal{M}}_t^s, \tilde{\mathbf{P}}_{s,x})$ im Phasenraum $(\tilde{E}, \tilde{\mathcal{B}})$ ein *Teil des Prozesses X* ist, falls eine Abbildung $\gamma : \tilde{\Omega} \to \Omega$ ($\tilde{\Omega}$ und Ω sind die $\tilde{X}$ und X entsprechenden Elementarereignisräume) existiert mit

3.9. A. $\tilde{\zeta}(\tilde{\omega}) = \xi[\tilde{E}, \gamma(\tilde{\omega})]$ $(\tilde{\omega} \in \tilde{\Omega})$.

3.9. B. $\tilde{x}_t(\tilde{\omega}) = x_t[\gamma(\tilde{\omega})]$ $(\tilde{\omega} \in \tilde{\Omega}, 0 \leq t < \tilde{\zeta}(\tilde{\omega}))$.

3.9. C. Wenn $A \in \mathcal{M}_t^s$, dann $\{\gamma^{-1}A, \tilde{\zeta} > t\} \in \tilde{\mathcal{M}}_t^s$.

3.9. D. $\tilde{\mathcal{M}}^s \supseteq \gamma^{-1}(\mathcal{M}^s)$ und $\tilde{\mathbf{P}}_{s,x}(\gamma^{-1}A) = \mathbf{P}_{s,x}(A)$ für $A \in \mathcal{M}^s$, $x \in \tilde{E}$.

Die Übergangsfunktion des Prozesses $\tilde{X}$ wird dabei durch die Formel

$$\tilde{P}(s, x; t, \Gamma) = \mathbf{P}_{s,x}\{x_t \in \Gamma, \xi_s > t\} \quad (x \in \tilde{E}, 0 \leq s \leq t) \qquad (3.55)$$

gegeben.

Satz 3.4. *Auf jeder unerreichbaren Menge, die der Bedingung 3.8. B genügt, kann man einen Teil des Prozesses X bilden.*

Beweis. Da

$$\Psi_t^s = \{x_t \in \tilde{E}\} \in \mathcal{R}_t^s$$

gilt, erfüllt die Menge $\tilde{E}$ die Bedingung 3.8. A. Nach Lemma 3.6 ist sie zulässig. Wir betrachten den Unterprozeß $\overline{X} = (\overline{x}_t, \zeta, \mathcal{M}_t^s, \overline{\mathbf{P}}_{s,x})$ des Prozesses X, der der zulässigen Menge $\tilde{E}$ entspricht. Wir setzen

$$\xi_s = \xi_s(\tilde{E}), \; \xi = \xi(\tilde{E}), \; \tilde{\Omega} = \{\overline{\zeta} = \xi\}, \; \tilde{\gamma}(\tilde{\omega}) = \tilde{\omega} \; (\tilde{\omega} \in \tilde{\Omega}).$$

Wegen der Unerreichbarkeit von $\tilde{E}$ gilt

$$\{\xi_s > s\} \subseteq \{\xi = \xi_s\}.$$

Deshalb ist

$$\tilde{\Omega} \supseteq \{\overline{\zeta} = \xi, \xi_s > s\} = \{\overline{\zeta} = \xi_s > s\}. \qquad (3.56)$$

Es sei $A \in \overline{\mathcal{M}}^s$ und $A \supseteq \tilde{\Omega}$. Dann ist wegen (3.56)

$$A \supseteq \{\overline{\zeta} = \xi_s > s\} = \{\xi_s > s\} \setminus \{\overline{\zeta} \neq \xi_s, \xi_s > s\},$$

und nach 3.8. B und (3.45) gilt $\bar{\mathbf{P}}_{s,x}(A) = 1$ für alle $x \in \tilde{E}$. Das Wahrscheinlichkeitsmaß $\bar{\mathbf{P}}_{s,x}$ $(x \in \tilde{E})$, definiert auf der σ-Algebra $\mathscr{M}^s$, induziert deshalb ein Wahrscheinlichkeitsmaß $\tilde{\mathbf{P}}_{s,x}$ auf der σ-Algebra $\tilde{\mathscr{M}}^s = \tilde{\gamma}^{-1}\mathscr{M}^s$ (im Raume $\tilde{\Omega}$) (siehe Beweis von Satz 2.5). Wir setzen

$$\tilde{\mathscr{M}}_t^s = \tilde{\gamma}^{-1}\mathscr{M}_t^s, \ \tilde{\zeta}(\tilde{\omega}) = \bar{\zeta}[\tilde{\gamma}(\tilde{\omega})], \ \tilde{x}_t(\tilde{\omega}) = \bar{x}_t[\tilde{\gamma}(\tilde{\omega})].$$

Offenbar bilden die Elemente $(\tilde{x}_t, \tilde{\zeta}, \tilde{\mathscr{M}}_t^s, \tilde{\mathbf{P}}_{s,x})$ einen Markoffschen Prozeß im Raume $(\tilde{E}, \tilde{\mathscr{B}})$. Es ist unschwer einzusehen, daß dieser Prozeß ein Teil von X ist. Der Satz ist damit bewiesen.

3.10. Wenn $\tilde{E}$ eine beliebige zulässige Menge für den Prozeß X ist und $\bar{X}$ irgendein Unterprozeß, der dieser Menge entspricht, dann genügt die Übergangsfunktion $\bar{P}(s, x; t, \Gamma)$ wegen (3.44) der Bedingung

$$\bar{P}(s, x; t, \tilde{E}) = 0 \quad (0 \leq s \leq t, x \in E \setminus \tilde{E}).$$

Nach Lemma 2.5 kann man einen Prozeß $\bar{X}$ finden, der dem Prozeß $\bar{X}$ äquivalent ist und für welchen die Menge $\tilde{E}$ unerreichbar ist (Lemma 2.5 haben wir für nicht abbrechende Prozesse bewiesen, es ist aber nicht schwer, es auf abbrechende Prozesse auszudehnen). Wir setzen voraus, die Menge $\tilde{E}$ genüge der Bedingung 3.8. B. Dann kann man nach Satz 3.4 den Teil $\tilde{X}$ des Prozesses $\bar{X}$ auf der Menge $\tilde{E}$ bilden. Die Übergangsfunktion des Prozesses $\tilde{X}$ ist offenbar durch Formel (3.55) gegeben, d. h. sie ist dieselbe wie für den Teil des Prozesses $\bar{X}$ auf der Menge $\tilde{E}$. Allgemein gesprochen braucht aber der Prozeß $\tilde{X}$ kein Teil von X zu sein, weil beim Übergang von $\bar{X}$ zum äquivalenten Prozeß $\bar{X}$ der Elementarereignisraum (und die Trajektorienmenge) erweitert werden muß, während die σ-Grundalgebren $\mathscr{M}_t^s$, $\mathscr{M}^s$ verengert werden. Um also den Teil des Prozesses X auf der Menge $\tilde{E}$ bilden zu können, ist es nötig, den Prozeß X einigen Beschränkungen zu unterwerfen, nämlich zu fordern, daß die Elementarereignismenge nicht zu eng sei und die σ-Grundalgebren nicht zu weit.

Satz 3.5. *Der Markoffsche Prozeß* $X = (x_t, \zeta, \mathscr{M}_t^s, \mathbf{P}_{s,x})$ *im Maßraum* $(E, \mathscr{B})$ *und die Menge* $\tilde{E} \in \mathscr{B}$ *genüge den Bedingungen* 3.8. A—3.8. B, *sowie den Bedingungen:*

3.10. A. $\mathscr{M}^s = \mathscr{N}^s$.

3.10. B. *Wenn* $x_s(\omega) \in \tilde{E}$ *ist, kann man ein derartiges* ω' *finden, daß* $x_u(\omega') \in \tilde{E}$ *für alle* $u \in [0, s]$ *und* $\zeta(\omega') = \zeta(\omega)$, $x_u(\omega') = x_u(\omega)$ *für alle* $u \in [s, \zeta(\omega))$.

Dann kann man den Teil des Prozesses X *auf der Menge* $\tilde{E}$ *bilden.*

Beweis. Nach Lemma 3.6 ist die Menge $\tilde{E}$ zulässig. Es sei $\bar{X} = (\bar{x}_t, \bar{\zeta}, \mathscr{M}_t^s, \bar{\mathbf{P}}_{s,x})$ der kanonische Unterprozeß von X, der $\tilde{E}$ entspricht. Ebenso wie beim Beweis von Satz 3.4 läuft alles darauf hinaus zu zeigen, daß die Menge $\tilde{\Omega} = \{\bar{\zeta} = \xi\}$ der Bedingung genügt: Wenn $A \in \mathscr{M}^s$ und $A \supseteq \tilde{\Omega}$, dann ist $\bar{\mathbf{P}}_{s,x}(A) = 1$ für alle $x \in \tilde{E}$. In unserem Falle ist

$$\bar{\Omega} = \Omega \times I, \ \bar{\zeta} = \min(\lambda, \zeta), \ \tilde{\mathcal{M}}^s \subseteq \mathcal{M}^s \times \mathcal{B}^s = \mathcal{N}^s \times \mathcal{B}^s.$$

Wir setzen $\omega \in A_\lambda$, falls $(\omega, \lambda) \in A$. Nach Lemma 1.4 ist $A_\lambda \in \mathcal{N}^s$. Die Inklusion $A \supseteq \tilde{\Omega}$ ist dem Inklusionssystem

$$A_\lambda \supseteq \{\min(\lambda, \zeta) = \xi\} \quad (\lambda \in I)$$

gleichwertig. Da $\xi \leq \zeta$ ist, sind diese Inklusionen den folgenden gleichwertig

$$A_\lambda \supseteq \{\xi = \lambda\}. \tag{3.56'}$$

Wir setzen $C \in \mathcal{F}$, falls C folgende Eigenschaft besitzt: Wenn $\omega \in C$, $\zeta(\omega) = \zeta(\omega')$ und $x_u(\omega) = x_u(\omega')$ für alle $u \in [s, \zeta(\omega))$ gilt, ist $\omega' \in C$. Offenbar enthält $\mathcal{F}$ alle Mengen $\{x_t \in \Gamma\} \, (t \geq s, \Gamma \in \mathcal{B})$ und stellt eine σ-Algebra dar. Deshalb ist $\mathcal{F} \supseteq \mathcal{N}^s$.

Es sei $\lambda > s$ und $\xi_s(\omega) = \xi_s(\tilde{E}, \omega) = \lambda$. Gemäß Bedingung 3.10. B kann man ein geeignetes ω' finden, so daß $\zeta(\omega') = \zeta(\omega)$, $x_u(\omega') = x_u(\omega)$ für alle $u \in [s, \zeta(\omega))$ ist und $x_u(\omega') \in \tilde{E}$ für alle $u \in [0, s]$.

Augenscheinlich ist $\xi(\omega') = \xi(\tilde{E}, \omega') = \xi_s(\tilde{E}, \omega) = \lambda$. Nach $(3.56')$ haben wir $\omega' \in A_\lambda$, und da $A_\lambda \in \mathcal{N}^s$, erhalten wir $\omega \in A_\lambda$. Wir haben gezeigt, daß für alle $\lambda > s$ gilt

$$A_\lambda \supseteq \{\xi_s = \lambda\}. \tag{3.57}$$

Aus dem Inklusionssystem (3.57) folgt, daß

$$A \supseteq \{\bar{\zeta} = \xi_s > s\}.$$

Deshalb ist

$$\bar{\mathbf{P}}_{s,x}(A) \geq \bar{\mathbf{P}}_{s,x}\{\bar{\zeta} = \xi_s > s\} = \bar{\mathbf{P}}_{s,x}\{\xi_s > s\} - \bar{\mathbf{P}}_{s,x}\{\bar{\zeta} \neq \xi_s, \xi_s > s\} = 1$$

(dies wegen 3.8. B und (3.45)).

§ 3. Unterprozesse, die zulässigen Untermengensystemen entsprechen

3.11. Es sei $\mathcal{F}$ ein Untermengensystem im Maßraum $(E, \mathcal{B})$. Wir setzen

$$\begin{aligned}
\xi_s(\mathcal{F}) &= \xi_s(\mathcal{F}, \omega) = \sup_{\Gamma \in \mathcal{F}} \xi_s(\Gamma, \omega) \quad (\omega \in \Omega_s), \\
\xi(\mathcal{F}) &= \xi_0(\mathcal{F}) = \sup_{\Gamma \in \mathcal{F}} \xi(\Gamma).
\end{aligned} \tag{3.58}$$

Die Vereinigung aller Mengen des Systems $\mathcal{F}$ wollen wir mit $G_{\mathcal{F}}$ bezeichnen. Man sieht leicht ein, daß

$$\xi_s(\mathcal{F}) \leq \xi_s(G_{\mathcal{F}}). \tag{3.59}$$

Wir wollen $\xi_s(\mathcal{F})$ als s-Augenblick bezüglich $\mathcal{F}$ bezeichnen.

Die Funktionen $\xi_s(\mathscr{F}, \omega)$ genügen immer den Bedingungen 3.7. A und 3.7. C. Genügen sie auch der Bedingung 3.7. B, so sagen wir, daß das System $\mathscr{F}$ *zulässig* ist. Nach P. 3.7 entspricht jedem zulässigen System $\mathscr{F}$ eine Klasse äquivalenter Unterprozesse $\tilde{X}$ von X, für welche gilt

$$\tilde{\mathbf{P}}_{s,x}\{\tilde{\zeta} = \xi_s(\mathscr{F})\} = 1 \, . \tag{3.60}$$

Wir sagen, das System $\mathscr{F}$ ist dem System $\mathscr{F}'$ *untergeordnet*, wenn man für jede Menge $\Gamma \in \mathscr{F}$ eine Menge $\Gamma'' \in \mathscr{F}'$ finden kann, die Γ enthält. Daraus folgt offenbar, daß für jedes $s \geq 0$ $\xi_s(\mathscr{F}) \leq \xi_s(\mathscr{F}')$ ist. Wir bemerken, daß alle Untersysteme von $\mathscr{F}$ auch $\mathscr{F}$ untergeordnet sind.

Wir sagen, zwei Systeme $\mathscr{F}$ und $\mathscr{F}'$ sind *äquivalent*, wenn $\mathscr{F}$ zu $\mathscr{F}'$ und $\mathscr{F}'$ zu $\mathscr{F}$ untergeordnet ist. In diesem Fall gilt für ein beliebiges s $\xi_s(\mathscr{F}) = \xi_s(\mathscr{F}')$, zwei äquivalente Systeme bestimmen also ein und dieselbe Klasse von Unterprozessen von X.

Falls man in $\xi_s(\mathscr{F}, \omega)$ an Stelle von s irgendeine ω-Funktion $\eta(\omega)$ setzt, erhält man die Größe $\xi_\eta(\mathscr{F})$, die man naturgemäß η-Augenblick bezüglich $\mathscr{F}$ nennt. Aus (3.53) und (3.58) erhalten wir

$$\{\xi(\mathscr{F}) > \eta\} = \bigcup_s \{\eta = s, \, \xi(\mathscr{F}) > s\} \subseteq \bigcup_s \{\eta = s, \, \xi(\mathscr{F}) = \xi_s(\mathscr{F})\}$$
$$= \{\xi(\mathscr{F}) = \xi_\eta(\mathscr{F})\} \, . \tag{3.61}$$

3.12. Das Untermengensystem $\mathscr{F}$ des topologischen Maßraumes $(E, \mathscr{C}, \mathscr{B})$ wollen wir als *normal* bezeichnen, falls man ein äquivalentes System $\Gamma_1, \ldots, \Gamma_n, \ldots$ finden kann, das den Bedingungen genügt:

3.12. A. $\Gamma_1, \ldots, \Gamma_n, \ldots \in \mathscr{B}$.

3.12. B. $\Gamma_1, \ldots, \Gamma_n, \ldots$ sind abgeschlossen.

3.12. C. Für jedes n kann man ein derartiges $G_n \in \mathscr{C}$ finden, so daß $\Gamma_n \subseteq G_n \subseteq \Gamma_{n+1}$.

Wie wir bemerken, ist

$$\xi_s(\mathscr{F}) = \lim_{n \to \infty} \xi_s(\Gamma_n) \, . \tag{3.62}$$

Wir wollen einige wichtige Beispiele normaler Systeme angeben.

3.12.1. Es sei $(E, \varrho, \mathscr{B})$ ein metrischer Maßraum, und $\mathscr{F}$ sei die Gesamtheit aller beschränkten Mengen dieses Raumes. In E wählen wir einen Punkt a und setzen $\Gamma_n = \{x : \varrho(x, a) \leq n\}$. Offenbar ist die Folge $\{\Gamma_n\}$ dem System $\mathscr{F}$ äquivalent und genügt der Forderung 3.12. B. Falls wir

$$G_n = \left\{x : \varrho(x, a) < n + \frac{1}{2}\right\}$$

setzen, sehen wir, daß auch die Forderung 3.12. C erfüllt ist. Damit auch Forderung 3.12. A erfüllt ist, genügt es vorauszusetzen, daß $\mathscr{B} \geq \mathscr{C}$ ist oder, daß $\varrho(x, a)$ eine $\mathscr{B}$-meßbare Funktion in x ist.

3.12.2. Es sei G eine offene Menge im metrischen Maßraum $(E, \varrho, \mathscr{B})$, und es sei $\mathscr{F}$ die Gesamtheit aller Mengen Γ, für die $\varrho\,(\Gamma, E \setminus G) > 0$ ist. Die Folge

$$\Gamma_n = \left\{ x : \varrho\,(x, E \setminus G \geq \frac{1}{n} \right\}$$

ist zu $\mathscr{F}$ äquivalent und genügt den Bedingungen 3.12. B und 3.12. C (als G_n kann man

$$\left\{ x : \varrho\,(x, E \setminus G) > \frac{2}{2\,n + 1} \right\}$$

wählen). Falls $\mathscr{B} \supseteq \mathscr{C}$, folgt aus der Stetigkeit der Funktion $\varrho\,(x, E \setminus G)$ (siehe P. 1.8) die Richtigkeit der Bedingung 3.12. A.

3.12.3. Der topologische Maßraum $(E, \mathscr{C}, \mathscr{B})$ habe folgende Eigenschaften:

3.12.3. A. Für jeden Punkt x kann man eine meßbare bikompakte Menge Q und eine meßbare, offene Menge U finden derart, daß $x \in U \subseteq Q$.

3.12.3. B. Es existiert eine geeignete Folge von meßbaren, bikompakten Untermengen E_n, so daß $E = \overset{\infty}{\underset{n=1}{\mathsf{U}}} E_n$*.

Wir bezeichnen mit $\mathscr{F}$ das System aller meßbaren, bikompakten Untermengen des Raumes $(E, \mathscr{C}, \mathscr{B})$.

Wie wir bemerken, kann man für jede Menge $\Gamma \in \mathscr{F}\mathscr{B}$ zwei geeignete Mengen $U \in \mathscr{C}\mathscr{B}$ und $Q \in \mathscr{F}\mathscr{B}$ finden, so daß $\Gamma \subseteq U \subseteq Q$. In der Tat, wegen 3.12.3. A kann man für jedes $x \in \Gamma$ ein $U\,(x) \in \mathscr{C}\mathscr{B}$ und ein $Q\,(x) \in \mathscr{F}\mathscr{B}$ finden mit $x \in U\,(x) \subseteq Q\,(x)$. Die Mengen $U\,(x)$ bilden eine Überdeckung von Γ. Aus dieser Überdeckung kann man eine endliche Überdeckung $U\,(x_1), \ldots, U\,(x_m)$ auswählen. Offenbar haben die Mengen

$$U = \overset{m}{\underset{1}{\mathsf{U}}} U\,(x_k) \quad \text{und} \quad Q = \overset{n}{\underset{1}{\mathsf{U}}} Q\,(x_k) \text{ die gewünschten Eigenschaften.}$$

Mittels eines rekurrenten Verfahrens können wir, ausgehend vom System E_n, das in Bedingung 3.12.3. B bestimmt wurde, die Folgen Γ_n und G_n konstruieren. Wir setzen $\Gamma_1 = E_1$. Wir nehmen an, daß wir die Menge Γ_n schon konstruiert haben. Dann wählen wir die Menge $G_n \in \mathscr{C}\mathscr{B}$ und $Q_n \in \mathscr{F}\mathscr{B}$ derart, daß $\Gamma_n \subseteq G_n \subseteq Q_n$ und setzen $\Gamma_{n+1} = Q_n \mathsf{U} E_{n+1}$. Offenbar genügen die Folgen $\{\Gamma_n\}$ und $\{G_n\}$ den Bedingungen 3.12. A bis 3.12. C. Ferner bilden die Mengen G_n eine Überdeckung eines beliebigen $\Gamma \in \mathscr{F}$. Da man aus dieser Überdeckung eine endliche Überdeckung auswählen kann, und da $G_1 \subseteq \cdots \subseteq G_n \subseteq \cdots$, haben wir für ein gewisses n $\Gamma \subseteq G_n \subseteq \Gamma_{n+1}$. Daraus ersieht man, daß $\{\Gamma_n\}$ zu $\mathscr{F}$ äquivalent ist.

---

* Die Eigenschaft 3.12.3. A ist eine verstärkte Modifikation der Bikompaktheit, während Eigenschaft 3.12.3. B eine verstärkte Modifikation der σ-Bikompaktheit ist (siehe P. 1.7).

3.12.4. Es sei G eine Untermenge des topologischen Maßraumes $(E, \mathscr{C}, \mathscr{B})$, die den Bedingungen genügt:

3.12.4. A. Für jedes $x \in G$ kann man eine meßbare offene Menge $U \subseteq G$ und eine meßbare, bikompakte Menge $Q \subseteq G$ finden, so daß $x \in U \subseteq Q$.

3.12.4. B. $G = \overset{\infty}{\underset{n=1}{\mathsf{U}}} E_n$, wobei die E_n meßbare, bikompakte Mengen sind.

Wiederholen wir die Überlegungen von Beispiel 3.12.3, so überzeugen wir uns von der Normalität des Systems aller meßbaren, bikompakten Untermengen von G.

Lemma 3.7. *Es sei $\mathscr{F}$ ein normales Untermengensystem des topologischen Maßraumes $(E, \mathscr{C}, \mathscr{B})$. Dann gilt $G_{\mathscr{F}} \in \mathscr{B}\mathscr{C}$. Falls der Raum $(E, \mathscr{C}, \mathscr{B})$ der Forderung 1.9. B genügt, ist auch die umgekehrte Behauptung richtig: Jede Menge $G \in \mathscr{B}\mathscr{C}$ kann man in der Form $G = G_{\mathscr{F}}$ darstellen, wobei $\mathscr{F}$ irgendein normales System ist.*

Beweis. Die erste Behauptung des Lemmas ist selbstverständlich. Um die zweite Behauptung zu beweisen, betrachten wir die meßbare, stetige Funktion f, für welche gilt $G = \{x : f(x) > 0\}$, und setzen

$$\Gamma_n = \left\{ x : f(x) \geq \frac{1}{n} \right\} \quad (n = 1, 2, \ldots).$$

Wie man leicht einsieht, ist $\mathscr{F} = \{\Gamma_n\}$ ein normales System, das der Bedingung $G_{\mathscr{F}} = G$ genügt (als G_n kann man wählen

$$\left\{ x : f(x) > \frac{2}{2n+1} \right\} \right).$$

Lemma 3.8. *Falls das System $\mathscr{F}$ aus kompakten Mengen besteht, ist es jedem Normalsystem $\tilde{\mathscr{F}}$ untergeordnet, das die Bedingung $G_{\tilde{\mathscr{F}}} \subseteq G_{\mathscr{F}}$ erfüllt.*

Beweis. Es sei Γ_n eine zu $\mathscr{F}$ äquivalente Folge, die den Forderungen 3.12. A—3.12. C unterliegt, und es seien die G_n die in Bedingung 3.12. C erwähnten Mengen. Das System $\{G_n\}$ stellt für jede Menge $\Gamma \in \tilde{\mathscr{F}}$ eine abzählbare Überdeckung dar. Deshalb kann man eine Zahl n derart finden, daß $\Gamma \subseteq G_n \subseteq \Gamma_{n+1}$. Das System $\tilde{\mathscr{F}}$ ist also der Folge $\{\Gamma_n\}$ und damit auch dem System $\mathscr{F}$ untergeordnet.

Folgerung. *Es sei $G \in \mathscr{B}\mathscr{C}$. Alle normalen Systeme $\mathscr{F}$, die aus kompakten Mengen bestehen und der Bedingung $G_{\mathscr{F}} = G$ genügen, sind untereinander äquivalent.*

3.13. Es sei X ein Markoffprozeß im topologischen Maßraum $(E, \mathscr{C}, \mathscr{B})$, der der Bedingung 1.9. B genügen möge, und es sei $G \in \mathscr{C}\mathscr{B}$. Gemäß Lemma 3.7 kann man ein Normalsystem $\mathscr{F}$ konstruieren, für welches gilt $G_{\mathscr{F}} = G$. Wir vereinbaren zu schreiben

$$\tau_s(G) = \xi_s(\mathscr{F}) \tag{3.63}$$

und wollen $\tau_s(G)$ wiederum s-Augenblick bezüglich G nennen. Der Wert $\tau_s(G)$ hängt im allgemeinen nicht nur von G, sondern auch von der Wahl des Systems $\mathscr{F}$ ab.

Wie wir aber eben gesehen haben, führen alle aus kompakten Mengen bestehenden Systeme $\mathscr{F}$ zu ein und demselben Wert $\tau_s(G)$. Etwas später werden wir sehen (siehe Lemma 3.10), daß die Voraussetzung über die Kompaktheit bei einem stetigen Prozeß X unwesentlich ist.

Wir wollen $\tau(G)$ an Stelle von $\tau_0(G)$ und $\tau_\eta(G)$ anstatt $\xi_\eta(\mathscr{F})$ $(G = G_{\mathscr{F}})$ schreiben.

Lemma 3.9. *Es sei X ein rechtsseitig stetiger Markoffprozeß im topologischen Maßraum $(E, \mathscr{C}, \mathscr{B})$. Wenn $U, G \in \mathscr{C}\mathscr{B}$ und die Abschließung von U kompakt und in G enthalten ist, so gilt*

$$\tau_{\tau_s(U)}(G) = \tau_s(G) \,. \tag{3.64}$$

Beweis. Aus (3.61) folgt, daß für beliebige Funktionen $\eta(\omega)$ $(\omega \in \Omega_s)$ gilt

$$\{\tau_s(G) > \eta \geq s\} \subseteq \{\tau_s(G) = \tau_\eta(G)\} \,. \tag{3.65}$$

Es sei $\mathscr{F} = \{\Gamma_n\}$ eine Folge, die den Bedingungen 3.12. A—3.12. C und $G_{\mathscr{F}} = G$ genügt, und die G_n seien Mengen, wie wir sie in Bedingung 3.12. C erwähnt haben. Wie beim Beweis von Lemma 3.8 überzeugen wir uns, daß für ein gewisses n_0 die Menge G_{n_0} die abgeschlossene Hülle von U enthält. Daraus folgt, daß $U \subseteq \Gamma_n$ für alle $n > n_0$. Wir bemerken, daß $x_t \in U$ für alle $s \leq t < \tau(U)$. Wenn $x_{\tau(U)} \in G$, so ist $x_t \in G_n$ für ein gewisses $n > n_0$, und wegen der rechtsseitigen Stetigkeit des Prozesses kann man ein geeignetes $\varepsilon > 0$ finden mit $x_t \in G_n \subseteq \Gamma_{n+1}$ für alle $s \leq t < \tau(U) + \varepsilon$. Folglich ist

$$\{x_{\tau_s(U)} \in G\} \subseteq \{\tau_s(G) > \tau_s(U)\} \,. \tag{3.66}$$

Falls wir in (3.65) $\eta = \tau_s(U)$ setzen und mit (3.66) vergleichen, erhalten wir

$$\{x_{\tau_s(U)} \in G\} \subseteq \{\tau_s(G) = \tau_{\tau_s(U)}(G)\} \,. \tag{3.67}$$

Die Beziehung (3.64) folgt aus (3.67) und der offenbaren Inklusion

$$\{x_{\tau_s(U)} \bar{\in} G\} \subseteq \{\tau_s(G) = \tau_s(U), \tau_{\tau_s(G)}(G) = \tau_s(G)\} \,.$$

3.14. Lemma 3.10. *Ein normales Untermengensystem $\mathscr{F}$ des topologischen Maßraumes $(E, \mathscr{C}, \mathscr{B})$ ist für jeden rechtsseitigen stetigen Markoffprozeß X zulässig. Wenn der Prozeß X stetig ist, so gilt*

$$\xi_s(\mathscr{F}) = \xi_s(G_{\mathscr{F}}) \quad (s \geq 0) \,. \tag{3.68}$$

Beweis. a) Wir betrachten die zu $\mathscr{F}$ äquivalente Folge $\{\Gamma_n\}$, die den Bedingungen 3.12. A—3.12. C genügen möge. Gemäß (3.62) haben wir

$$\{\xi_s(\mathscr{F}) > t\} = \bigcup_{n=1}^{\infty} \{\xi_s(\Gamma_n) > t\} \,. \tag{3.69}$$

In Übereinstimmung mit P. 3.8 setzen wir

$$\Psi_t^s(\Gamma) = \bigcap_{u \in [s,t]} \{x_u \in \Gamma\} \, .$$

Wenn $\omega \in \Psi_t^s(\Gamma_n)$ und damit $x_u(\omega) \in \Gamma_n$ und $u \in [s,t]$, so existiert wegen der rechtsseitigen Stetigkeit von X ein geeignetes $\delta > 0$ mit $x_u(\omega) \in G_n$ für $u \in [s, t+\delta)$. Deshalb gilt $\xi_s(\Gamma_{n+1}, \omega) > t$. Somit haben wir $\Psi_t^s(\Gamma_n) \subseteq \{\xi_s(\Gamma_{n+1}) > t\}$. Aus der Inklusion

$$\Psi_t^s(\Gamma_n) \subseteq \{\xi_s(\Gamma_{n+1}) > t\} \subseteq \Psi_t^s(\Gamma_{n+1})$$

und der Formel (3.69) folgt, daß

$$\{\xi_s(\mathscr{F}) > t\} = \bigcup_{n=1}^\infty \Psi_t^s(\Gamma_n) \, . \tag{3.70}$$

Falls Λ eine beliebige abzählbare, überall dichte Untermenge des Intervalls $[s, t]$ ist, die den Punkt t enthält, so haben wir

$$\Psi_t^s(\Gamma_n) = \bigcap_{u \in \Lambda} \{x_u \in \Gamma\} \in \mathscr{N}_t^s \, . \tag{3.71}$$

Aus (3.70) und (3.71) folgt, daß $\{\xi_s(\mathscr{F}) > t\} \in \mathscr{N}_t^s$, womit der erste Teil unseres Lemmas bewiesen ist.

b) Um (3.68) zu beweisen, genügt es nach (3.59) zu zeigen, daß

$$\xi_s(\mathscr{F}) \geq \xi_s(G) \, . \tag{3.72}$$

Die Ungleichung ist trival, falls $\xi_s(\mathscr{F}, \omega) \geq \zeta(\omega)$. Wenn aber $\xi_s(\mathscr{F}, \omega) < \zeta(\omega)$, so folgt (3.68) daraus, daß in diesem Falle $x_{\xi_s(\mathscr{F})} \bar\in G$. Wir zeigen, daß $\{\xi_s(\mathscr{F}) < \zeta\} \subseteq \{x_{\xi_s(\mathscr{F})} \bar\in G\}$.

Wir setzen in Formel (3.70) $t = s$ und haben

$$\{\xi_s(\mathscr{F}) > s\} = \bigcup_{n=1}^\infty \Psi_s^s(\Gamma_n) = \bigcup_{n=1}^\infty \{x_s \in \Gamma_n\} = \{x_s \in G\} \, .$$

Daraus ersieht man, daß $\{\xi_s(\mathscr{F}) = s\} \subseteq \{x_{\xi_s(\mathscr{F})} \bar\in G\}$. Es bleibt der Fall zu untersuchen, wo $s < \xi_s(\mathscr{F}, \omega) < \zeta(\omega)$.

Gemäß (3.62) gilt, von einem geeigneten n an, $s < \xi_s(\Gamma_n) < \zeta(\omega)$. Wie in P. 3.7 gezeigt wurde, folgt daraus, daß $x_{\xi_s(\Gamma_n)}$ zum Rande von Γ_n gehört und damit wegen 3.12. C $x_{\xi_s(\Gamma_n)} \bar\in G_m$ für $m < n$. Falls wir $n \to \infty$ streben lassen und berücksichtigen, daß $\lim_{n \to \infty} x_{\xi_s(\Gamma_n)} = x_{\xi_s(\mathscr{F})}$, kommen wir zu dem Schluß, daß $x_{\xi_s(\mathscr{F})} \bar\in G_m$ für beliebige m gilt und damit auch $x_{\xi_s(\mathscr{F})} \bar\in G$.

Folgerung. *Es sei X ein stetiger Markoffprozeß im topologischen Maßraum $(E, \mathscr{C}, \mathscr{B})$, der der Bedingung* 1.9. B *genügen möge. Dann ist jede Menge $G \in \mathscr{C}\mathscr{B}$ für den Prozeß X zulässig.*

In der Tat, nach Lemma **3.7** existiert ein Normalsystem $\mathscr{F}$, so daß $G = G_{\mathscr{F}}$. Gemäß Lemma **3.10** ist dieses System zulässig und $\xi_s(\mathscr{F}) = \xi_s(G_{\mathscr{F}})$. Es ist also

$$\{\xi_s(G) > t\} = \{\xi_s(\mathscr{F}) > t\} \in \mathscr{R}_t^s,$$

was zu beweisen war.

3.15. Es sei $X = (x_t, \zeta, \mathscr{M}_t^s, \mathbf{P}_{s,x})$ ein Markoffprozeß im Maßraum $(E, \mathscr{B})$, $\mathscr{F}$ ein Untermengensystem des Raumes E, $G = G_{\mathscr{F}}$ und $\mathscr{B} = \mathscr{B}[G]$. Wir wollen den Prozeß $\tilde{X} = (\tilde{x}_t, \tilde{\zeta}, \tilde{\mathscr{M}}_t^s, \tilde{\mathbf{P}}_{s,x})$ im Raume $(G, \tilde{\mathscr{B}})$ den dem *System $\mathscr{F}$ entsprechenden Teil von X* nennen, wenn eine Abbildung $\gamma : \tilde{\Omega} \to \Omega$ ($\tilde{\Omega}$ und Ω sind die Elementarereignisräume für $\tilde{X}$ und X) existiert mit den Eigenschaften:

3.15. A. $\tilde{\zeta}(\tilde{\omega}) = \xi[\mathscr{F}, \gamma(\tilde{\omega})] \; (\tilde{\omega} \in \tilde{\Omega})$.

3.15. B. $\tilde{x}_t(\tilde{\omega}) = x_t[\gamma(\tilde{\omega})] \; (\tilde{\omega} \in \tilde{\Omega}, 0 \leq t < \tilde{\zeta}(\tilde{\omega}))$.

3.15. C. Wenn $A \in \mathscr{M}_t^s$, dann $\{\gamma^{-1}A, \tilde{\zeta} > t\} \in \tilde{\mathscr{M}}_t^s$.

3.15. D. $\tilde{\mathscr{M}}^s \supseteq \gamma^{-1}(\mathscr{M}^s)$ und $\tilde{\mathbf{P}}_{s,x}(\gamma^{-1}A) = \mathbf{P}_{s,x}(A)$ für $A \in \mathscr{M}^s$, $x \in G$.

Falls $\xi(\mathscr{F}) = \xi(G_{\mathscr{F}})$ ist, geht obige Definition in die Definition des Teils von X auf $G_{\mathscr{F}}$ über, die in P. **3.9** formuliert wurde.

Wenn wir Lemma **3.10** benutzen und beinahe wörtlich den Beweis von Satz **3.5** wiederholen, erhalten wir folgenden Satz:

Satz **3.6.** *Es sei $\mathscr{F}$ ein normales Untermengensystem des topologischen Maßraumes $(E, \mathscr{C}, \mathscr{B})$, wobei alle Mengen aus $\mathscr{F}$ der Bedingung 3.10. B genügen mögen. Dann kann man zu jedem rechtsseitig stetigen Prozeß X im Raume $(E, \mathscr{C}, \mathscr{B})$, der der Forderung 3.10. A unterliegen möge, den dem System $\mathscr{F}$ entsprechenden Teil bilden.*

§ 4. Die multiplikativen Funktionale vom integralen Typ und die ihnen entsprechenden Unterprozesse

3.16. Satz **3.7.** *Der Markoffsche Prozeß $X = (x_t, \zeta, \mathscr{M}_t^s, \mathbf{P}_{s,x})$ im Maßraum $(E, \mathscr{B})$ genüge folgender Bedingung:*

3.16. A. *Für beliebige $0 \leq s \leq t$ sei die durch die Funktion $x_u(\omega)$ erklärte Abbildung von $(I_t^s \times \Omega_t, \mathscr{B}_t^s \times \mathscr{R}_t^s)$ in $(E, \mathscr{B})$ meßbar.*

Es sei $V(u, x)$ $(u \geq 0, x \in E)$ eine nicht negative, $\mathscr{B}_\infty^0 \times \mathscr{B}$-meßbare Funktion und μ ein Maß auf der σ-Algebra $\mathscr{B}_\infty^0$. Dann definiert die Formel

$$\alpha_t^s(\omega) = \exp\left[-\int\limits_{(s,t]} V(u, x_u)\, \mu(du)\right] \qquad (\omega \in \Omega_t) \qquad (3.73)$$

ein multiplikatives Funktional des Prozesses X, wenn nur das Integral in dieser Formel für beliebige $0 \leq s < t < \zeta(\omega)$ konvergiert.

Beweis. Die durch die Funktion $V(u, x_u(\omega))$ erklärte Abbildung des Raumes $(I_t^s \times \Omega_t, \mathscr{B}_t^s \times \mathscr{R}_t^s)$ in $(I_\infty^0, \mathscr{B}_\infty^0)$ kann man als Produkt $V\alpha$ schreiben, wobei α die durch die Formel

$$\alpha(u, \omega) = \{u, x_u(\omega)\}$$

gegebene Abbildung von $(I_t^s \times \Omega_t, \mathscr{B}_t^s \times \mathscr{R}_t^s)$ in $(I_t^s \times E, \mathscr{B}_t^s \times \mathscr{B})$ ist. Wegen 3.16. A und Lemma 1.3 ist die Abbildung α meßbar. Laut Voraussetzung des Satzes ist die Abbildung V ebenfalls meßbar. Folglich ist $V\alpha$ eine meßbare Abbildung von $(I_t^s \times \Omega_t, \mathscr{B}_t^s \times \mathscr{R}_t^s)$ in $(I_\infty^0, \mathscr{B}_\infty^0)$, d. h. die Funktion $V(u, x_u(\omega))$ $(u \in I_t^s, \omega \in \Omega_t)$ ist $\mathscr{B}_t^s \times \mathscr{R}_t^s$-meßbar. Gemäß Lemma 1.7 ergibt sich daraus, daß die Funktion

$$\int\limits_{(s,t]} V(u, x_u) \, \mu \, (du)$$

$\mathscr{R}_t^s$-meßbar ist und folglich auch die Funktion α_t^s. Damit genügt α_t^s der Bedingung 3.5. A. Offensichtlich genügt α_t^s auch den Bedingungen 3.5. B, 3.5. C und 3.5. D, womit der Satz bewiesen ist.

Ein durch die Formel (3.73) definiertes multiplikatives Funktional wollen wir *multiplikatives Funktional vom integralen Typ* nennen.

Wir betrachten den Unterprozeß von X, der dem multiplikativen Funktional (3.73) entspricht. Für ihn gilt

$$\tilde{\mathbf{P}}_{s,x} \{\tilde{\zeta} > s + h \mid \mathscr{N}^s\} = \exp\left[- \int\limits_{(s,s+h]} V(s, x_s) \, \mu \, (ds) \right] \tag{3.74}$$
$$(\text{f. s. } \Omega_{s+h}, \mathbf{P}_{s,x}) \,.$$

Wir setzen voraus, daß für jedes $\omega \in \Omega$ $V(u, x_u)$ eine im Intervall $[0, \zeta(\omega))$ rechtsseitig stetige Funktion von u ist. Dann folgt aus (3.74)

$$\tilde{\mathbf{P}}_{s,x} \{\tilde{\zeta} > s + h \mid \mathscr{N}^s\} = 1 - V(s, x_s) \, \mu \, (s, s + h] \, [1 + \varepsilon(h)]$$
$$(\text{f. s. } \Omega_{s+h}, \mathbf{P}_{s,x}) \,,$$

wobei $\varepsilon(h) \to 0$ für $h \downarrow 0$.

Damit ist, unter der Bedingung, daß der Prozeßverlauf nach dem Zeitmoment s bekannt ist, die Wahrscheinlichkeit, daß der Prozeß während der Zeit $(s, s + h]$ abreißt, mit einer Genauigkeit bis auf unendlich kleine Größen höherer Ordnung gleich $V(s, x_s) \, \mu \, (s, s + h]$.

3.17. Wir nehmen jetzt an, das Maß μ stimme mit dem Lebesgueschen Maß überein* und untersuchen den Zusammenhang zwischen den Übergangsfunktionen des Prozesses X und dessen Unterprozeß, der dem Funktional (3.73) entspricht.

Satz 3.8. *Es sei* $X = (x_t, \zeta, \mathscr{M}_t^s, \mathbf{P}_{s,x})$ *ein Markoffprozeß, der der Bedingung* 3.16. A *genügt, und* $V(u, x)$ $(u \geq 0, x \in E)$ *sei eine nicht negative***

---

* Den Fall, wo das Maß μ absolutstetig bezüglich des Lebesgueschen Maßes ist und die Dichte $\varrho(x)$ hat, kann man auf den Fall des Lebesgueschen Maßes zurückführen, indem man einfach V durch ϱV ersetzt.

** Wie der Leser bei Durchsicht des Beweises feststellt, bleibt die Behauptung unseres Satzes auch für Funktionen $V(u, x)$ richtig, die beliebige komplexe Werte annehmen, wenn nur für alle $0 \leq s \leq t$ gilt

$$\mathbf{M}_{s,x} |\alpha_t^s| < K_1 < \infty \,,$$

$$\int\limits_s^t \left[\int\limits_E P(s, x; u, dy) \, |V(u, y)| \right] du < K_2 < \infty \,.$$

$\mathscr{B}^0_\infty \times \mathscr{B}$-*meßbare Funktion. Wir setzen*

$$\alpha_t^s(\omega) = \exp\left[-\int_s^t V(u, x_u)\, du\right] \quad (\omega \in \Omega_t). \tag{3.75}$$

Wenn das Integral in Formel (3.75) für beliebige $0 \leq s \leq t < \zeta(\omega)$ kon-vergiert, ist die Funktion $\tilde{P}(s, x; t, \Gamma) = \mathbf{M}_{s,x}[\alpha_t^s \chi_\Gamma(x_t)]$ mit der Funktion $P(s, x; t, \Gamma) = \mathbf{P}_{s,x}(x_t \in \Gamma)$ durch die Integralgleichung

$$\tilde{P}(s, x; t, \Gamma) + \int_s^t \int_E P(s, x; u, dy)\, V(u, y)\, \tilde{P}(u, y; t, \Gamma)\, du = P(s, x; t, \Gamma). \tag{3.76}$$

verknüpft.

Beweis. Für ein beliebiges $t > 0$ und ein beliebiges $\omega \in \Omega_t$ ist die Funktion

$$\int_s^t V(u, x_u)\, du$$

und damit auch die Funktion α_t^s absolutstetig in s. Deshalb ist

$$\alpha_t^s = 1 - \int_s^t \frac{d\,\alpha_t^u}{du}\, du = 1 - \int_s^t V(u, x_u)\, \alpha_t^u du\,.$$

Wenn wir beide Seiten mit $\chi_\Gamma(x_t)$ multiplizieren und zu den mathematischen Erwartungen übergehen, erhalten wir

$$\begin{aligned}
&\tilde{P}(s, x; t, \Gamma) \\
&= P(s, x; t, \Gamma) - \mathbf{M}_{s,x}\left[\int_s^t V(u, x_u)\, \alpha_t^u \chi_\Gamma(x_t)\, du\right].
\end{aligned} \tag{3.77}$$

Nach dem Satz von Fubini (siehe 1.4. C) ist das letzte Glied gleich

$$\int_s^t \mathbf{M}_{s,x}[V(u, x_u)\, \alpha_t^u \chi_\Gamma(x_t)]\, du\,. \tag{3.78}$$

Wegen (2.10) und 1.6 haben wir

$$\begin{aligned}
\mathbf{M}_{s,x}[V(u, x_u)\, \alpha_t^u \chi_\Gamma(x_t)] &= \mathbf{M}_{s,x}\{V(u, x_u)\, \mathbf{M}_{u, x_u}[\alpha_t^u \chi_\Gamma(x_t)]\} \\
&= \mathbf{M}_{s,x}[V(u, x_u)\, \tilde{P}(u, x_u; t, \Gamma)] \\
&= \int_E P(s, x; u, dy)\, V(u, y)\, \overline{P}(u, y; t, \Gamma)\,.
\end{aligned} \tag{3.79}$$

Wenn wir (3.77), (3.78) und (3.79) miteinander vergleichen, erhalten wir (3.76).

§ 5. Homogene Unterprozesse
von homogenen Markoffschen Prozessen

3.18. Den beiden Bedeutungen des Ausdrucks „homogener Markoffscher Prozeß" (siehe P. 2.8) entsprechend kann man zwei Varianten der Theorie homogener Unterprozesse konstruieren. Die erste Variante wollen wir in P. 3.18—3.20 darstellen und die zweite in P. 3.21—3.24.

Bei der ersten Modifikation gehen wir von der Vorstellung aus, daß ein homogener Prozeß ein Markoffprozeß $(x_t, \zeta, \mathcal{M}_t^s, \mathbf{P}_{s,x})$ ist, zu welchem ein Operatorensystem θ_t existiert, das den Erfordernissen 2.5. A—2.5. D genügt.

Es sei $\tilde{X} = (\tilde{x}_t, \tilde{\zeta}, \tilde{\mathcal{M}}_t^s, \tilde{\mathbf{P}}_{s,x})$ ein homogener Unterprozeß eines homogenen Markoffprozesses $X = (x_t, \zeta, \mathcal{M}_t^s, \mathbf{P}_{s,x})$, und es seien $\theta_t, \tilde{\theta}_t$ die X und $\tilde{X}$ entsprechenden Operatoren, die die Bedingung 2.5. A—2.5. C erfüllen. Dann gilt, wie man leicht nachprüft (siehe die Herleitung von Formel 2.32 auf Seite 44),

$$\tilde{\theta}_t \{\gamma^{-1} A, \tilde{\zeta} > 0\} = \{\gamma^{-1}\theta_t A, \tilde{\zeta} > t\} \quad (A \in \mathcal{N}^*). \tag{3.80}$$

Falls wir $\gamma^{-1}A$ mit A und $\gamma^{-1}\theta_t A$ mit $\theta_t A$ identifizieren, können wir die Beziehung (3.80) in der folgenden Form schreiben

$$\tilde{\theta}_t \{A, \tilde{\zeta} > 0\} = \{\theta_t A, \tilde{\zeta} > t\} \quad (A \in \mathcal{N}). \tag{3.81}$$

Satz 3.9. *Es sei $\tilde{X}$ ein homogener Unterprozeß des homogenen Markoffprozesses X und es seien α_t^s die durch Bedingung 3.1. E erklärten Funktionen. Dann gilt für beliebige $0 \leqq s \leqq t, x \in E$*

$$\theta_s \alpha_{t-s}^0 = \alpha_t^s \quad (\text{f. s. } \Omega_t, \mathbf{P}_{s,x}). \tag{3.82}$$

Umgekehrt, wenn die Bedingung (3.82) erfüllt ist, kann man in der Klasse äquivalenter Unterprozesse, die dem System α_t^s entsprechen, homogene Unterprozesse finden; genauer: Der in der betrachteten Klasse enthaltene kanonische Unterprozeß ist homogen.

Beweis. a) Es sei $\tilde{X} = (\tilde{x}_t, \tilde{\zeta}, \tilde{\mathcal{M}}_t^s, \tilde{\mathbf{P}}_{s,x})$ ein homogener Unterprozeß des homogenen Prozesses $X = (x_t, \zeta, \mathcal{M}_t^s, \mathbf{P}_{s,x})$. Sei $B \in \mathcal{N}$. Wegen 2.5. A, (3.81) und 2.6. C haben wir

$$\tilde{\theta}_s \{B, \tilde{\zeta} > t - s\} = \tilde{\theta}_s \{B, \tilde{\zeta} > 0\}\, \tilde{\theta}_s \{\tilde{\zeta} > t - s\} = \{\theta_s B, \tilde{\zeta} > s\} \{\tilde{\zeta} > t\}$$
$$= \{\theta_s B, \tilde{\zeta} > t\}.$$

Gemäß 2.5. C folgt daraus, daß

$$\tilde{\mathbf{P}}_{s,x} \{\theta_s B, \tilde{\zeta} > t\} = \tilde{\mathbf{P}}_{s,x} \{B, \tilde{\zeta} > t - s\}.$$

Nach (3.3) kann man letztere Beziehung in der Form schreiben

$$\mathbf{M}_{s,x} \chi_{\theta_s B} \alpha_t^s = \mathbf{M}_{0,x} \chi_B \alpha_{t-s}^0. \tag{3.83}$$

Wir stützen uns auf 2.6. F und 2.6. D und erhalten so

$$\mathbf{M}_{0,x} \chi_B \alpha_{t-s}^0 = \mathbf{M}_{s,x} \theta_s [\chi_B \alpha_{t-s}^0] = \mathbf{M}_{s,x} \chi_{\theta_s B} \theta_s \alpha_{t-s}^0. \tag{3.84}$$

Die Funktionen α_t^s und $\theta_s \alpha_{t-s}^0$ sind $\mathcal{N}_t^s$-meßbar. Da $\mathcal{N}_t^s = \theta_s \mathcal{N}_{t-s}^0 \subseteq \theta_s \mathcal{N}$ gilt, folgt aus (3.83) und (3.84), daß

$$\int_A \alpha_t^s \, \mathbf{P}_{s,x} \, (d\omega) = \int_A \theta_s \alpha_{t-s}^0 \, \mathbf{P}_{s,x} \, (d\omega)$$

für beliebige $A \in \mathcal{N}^s$. Daraus kann man ohne Schwierigkeiten (3.82) herleiten.

b) Es sei $\tilde{X} = (\tilde{x}_t, \zeta, \tilde{\mathcal{M}}_t^s, \tilde{\mathbf{P}}_{s,x})$ der kanonische Unterprozeß von X, und die Funktionen α_t^s mögen den Bedingungen 3.1. E und (3.82) genügen. Wie wir bemerken, ist

$$\tilde{\mathcal{N}}^* \subseteq \mathcal{N}^* \times \mathcal{B}_{(0,+\infty]} \,,$$

wobei $\mathcal{B}_{(0,+\infty]}$ die durch sämtliche Intervalle erzeugte σ-Algebra im Raume $(0, +\infty]$ ist. Jede Menge $A \in \tilde{\mathcal{N}}^*$ kann man eindeutig in der Form

$$A = \bigcup_{0 < \lambda \leq +\infty} A_\lambda \times \lambda \tag{3.85}$$

darstellen, wobei $A_\lambda \in \mathcal{N}^*$. Wir setzen

$$\tilde{\theta}_t A = \bigcup_{0 < \lambda \leq +\infty} \theta_t A_\lambda \times (\lambda + t) \,. \tag{3.86}$$

Insbesondere gilt für beliebige $C \in \mathcal{M}, h \geq 0$

$$\begin{aligned}
\tilde{\theta}_t \{C, \tilde{\zeta} > h\} &= \tilde{\theta}_t \{[C, \zeta > h] \times (h, \infty]\} \\
&= [\theta_t C, \zeta > t + h] \times (t + h, \infty] \tag{3.87} \\
&= \{\theta_t C, \tilde{\zeta} > t + h\} \,.
\end{aligned}$$

Wie man leicht einsieht, erfüllen die Operatoren $\tilde{\theta}_t$ die Bedingungen 2.5. A, 2.5. B und (3.81). Wir prüfen nach, ob sie auch Bedingung 2.5. C erfüllen. Wenn

$$A = \{C, \tilde{\zeta} > h\} \quad (C \in \mathcal{N}, h > 0) \,, \tag{3.88}$$

dann gilt wegen (3.87), (3.3), 2.5. C und (3.82)

$$\begin{aligned}
\tilde{\mathbf{P}}_{t,x} (\tilde{\theta}_t A) &= \tilde{\mathbf{P}}_{t,x} \{\theta_t C, \tilde{\zeta} > t + h\} = \mathbf{M}_{t,x} \chi_{\theta_t C} \alpha_{t+h}^t \\
&= \mathbf{M}_{t,x} \theta_t [\chi_C \alpha_h^0] = \mathbf{M}_{0,x} [\chi_C \alpha_h^0] \tag{3.89} \\
&= \tilde{\mathbf{P}}_{0,x} \{C, \tilde{\zeta} > h\} = \tilde{\mathbf{P}}_{0,x} (A) \,.
\end{aligned}$$

Die Mengen der Gestalt (3.88) bilden ein π-System $\mathscr{C}$. Andererseits ist die Gesamtheit $\mathscr{F}$ aller Mengen A, für welche Bedingung 2.5. D erfüllt ist, ein λ-System im Raume $\tilde{\Omega}_0$. Laut (3.89) ist $\mathscr{F} \supseteq \mathscr{C}$. Nach Lemma 1.1 gilt $\mathscr{F} \supseteq \sigma(C) = \tilde{\mathcal{N}}$. Damit ist der Beweis unseres Satzes beendet.

3.19. Satz 3.10. *Es sei* $\tilde{X} = (\tilde{x}_t, \tilde{\zeta}, \tilde{\mathcal{M}}_t^s, \tilde{\mathbf{P}}_{s,x})$ *ein homogener Unterprozeß des homogenen Prozesses* $X = (x, \zeta, \mathcal{M}_t^s, \mathbf{P}_{s,x})$, *der dem multiplika-*

tiven Funktional $\alpha = \{\alpha_t^s\}$ *entspricht. Dann genügen die durch die Formel* (3.38) *erklärten Zufallsgrößen* ξ_s *der Beziehung*

$$\xi_s = s + \theta_s \xi_0 \quad (\text{f. s. } \Omega_s,\, \mathbf{P}_{s,x}) \,. \tag{3.90}$$

Wenn die ξ_s *ein beliebiges System von Zufallsgrößen sind, das den Bedingungen* 3.7. A—3.7. C *und* (3.90) *genügt, ist der kanonische Unterprozeß, der dem multiplikativen Funktional*

$$\alpha_t^s = \chi_{\xi_s > t} \tag{3.91}$$

entspricht, homogen.

Beweis. Für jedes $r \geqq 0$ haben wir

$$\{\xi_0 < r\} \subseteq \{\alpha_r^0 = 0\} \,,$$

also auch

$$\{\theta_s \xi_0 < r\} \subseteq \{\theta_s \alpha_r^0 = 0\} \subseteq \{\alpha_{s+r}^s = 0\} \cup \{\theta_s \alpha_r^0 < \alpha_{s+r}^s\} \,.$$

Andererseits gilt

$$\{\xi_s - s > r\} = \{\xi_s > s + r\} \subseteq \{\alpha_{s+r}^s > 0\} \,.$$

Deshalb haben wir

$$\{\xi_s - s > r > \theta_s \xi_0\} \subseteq \{\theta_s \alpha_r^0 \neq \alpha_{s+r}^s\}$$

und wegen (3.82)

$$\mathbf{P}_{s,x} \{\xi_s - s > r > \theta_s \xi_0\} = 0 \,. \tag{3.92}$$

Falls Λ die Menge aller nicht negativen, rationalen Zahlen bezeichnet, so ist offensichtlich

$$\{\xi_s - s > \theta_s \xi_0\} = \bigcup_{r \in \Lambda} \{\xi_s - s > r > \theta_s \xi_0\} \,.$$

Deshalb folgt aus (3.92), daß

$$\mathbf{P}_{s,x} \{\xi_s - s > \theta_s \xi_0\} = 0 \,. \tag{3.93}$$

Analog zeigt man, daß

$$\mathbf{P}_{s,x} \{\xi_s - s < \theta_s \xi_0\} = 0 \,. \tag{3.94}$$

Aus (3.93) und (3.94) folgt (3.90).

Falls die Größen ξ_s den Bedingungen 3.7. A—3.7. C genügen, definiert gemäß P. 3.7 die Formel (3.91) ein multiplikatives Funktional von X. Ist außerdem noch die Beziehung (3.90) erfüllt, so gilt

$$\theta_s \alpha_{t-s}^0 = \theta_s \chi_{\xi_0 > t-s} = \chi_{\theta_s(\xi_0 > t-s)} = \chi_{\xi_s > t} = \alpha_t^s \quad (\text{f. s. } \Omega_t,\, \mathbf{P}_{s,x}) \,,$$

d. h. die Bedingung (3.82) ist erfüllt. Nach Satz 3.9 folgt daraus die Homogenität des kanonischen Unterprozesses, der dem Funktional (3.91) entspricht.

3.20. Wir betrachten einige Beispiele.

3.20.1. Es sei Γ eine Untermenge des Maßraumes $(E, \mathscr{B})$, die zulässig für den homogenen Markoffprozeß X ist, und es seien die Zufallsgrößen $\xi_s = \xi_s\,(\Gamma)$ durch die Formel (3.49) erklärt. Wir haben

$$\{\xi_0 > t\} = \bigcup_n \bigcap_{0 \le u \le t + \frac{1}{n}} \{x_u \in \Gamma\}\,.$$

Daraus folgt

$$\{\theta_s\,\xi_0 > t\} = \bigcup_n \bigcap_{0 \le u \le t + \frac{1}{n}} \{x_{u+s} \in \Gamma\} = \{\xi_s > s + t\}\,.$$

Die Zufallsgrößen $\xi_s = \xi_s\,(\Gamma)$ genügen somit der Bedingung (3.90) und gemäß Satz 3.10 können wir den Unterprozeß von X, der der zulässigen Menge Γ entspricht, als homogen ansehen.

Wir überlassen es dem Leser nachzuprüfen, daß dasselbe für jeden Teil eines homogenen Prozesses der Fall ist.

3.20.2. Es sei $\mathscr{F}$ ein Untermengensystem des Phasenraumes, das für den Markoffschen Prozeß X zulässig ist. Unschwer prüft man nach, daß Bedingung (3.90) für die durch Formel (3.58) erklärten Größen erfüllt ist. Damit kann man den Unterprozeß von X, der dem zulässigen System $\mathscr{F}$ entspricht, so auswählen, daß er einen homogenen Unterprozeß darstellt. Dasselbe gilt auch für einen Teil eines homogenen Prozesses, der irgendeinem Untermengensystem $\mathscr{F}$ entspricht.

3.20.3. Wir betrachten einen homogenen Markoffprozeß $X = = (x_t, \zeta, \mathscr{M}_t^s, \mathbf{P}_{s,\,x})$, der der Bedingung 3.16. A genügt, und ein multiplikatives Funktional $\alpha = \{\alpha_t^s\}$ vom integralen Typ, das durch die Formel (3.73) erklärt ist. Falls μ mit dem Lebesgueschen Maß übereinstimmt und die Funktion $V\,(u, x)$ nicht von u abhängt, gilt

$$\alpha_t^s = \theta_t\,\alpha_{t-s}^0\,. \tag{3.95}$$

In der Tat, wir setzen

$$\eta = \int\limits_0^{t-s} V\,(x_u)\,du$$

und bezeichnen mit L_a die Menge aller $\mathscr{B}_{t-s}^0$-meßbaren, μ-summierbaren Funktionen auf dem Intervall $[0, t - s]$, für welche gilt

$$\int\limits_0^{t-s} \varphi\,(u)\,du = a\,.$$

Wir haben

$$\{\eta = a\} = \bigcup_{\varphi \in L_a} \bigcap_{0 \le u \le t - s} \{V\,(x_u) = \varphi\,(u)\}$$

und wegen 2.5. A, 2.6. E und 2.6. G

$$\{\theta_s \eta = a\} = \bigcup_{\varphi \in L_a} \bigcap_{0 \le u \le t-s} \{V(x_{u+s}) = \varphi(u)\}$$
$$= \left\{\int_0^{t-s} V(x_{u+s})\, du = a\right\} = \left\{\int_s^t V(x_v)\, dv = a\right\}. \qquad (3.96)$$

Nach 2.6. B folgt aus (3.96), daß

$$\theta_s \eta = \int_s^t V(x_v)\, dv. \qquad (3.97)$$

Falls wir (3.73), (3.97) und 2.6. E miteinander vergleichen, erhalten wir (3.95).

Auf Grund von Satz 3.9 schließen wir aus der Beziehung (3.95), daß dem Funktional α ein homogener Unterprozeß von X entspricht.

3.21. Wir legen nun unseren Untersuchungen die Vorstellung über einen Markoffprozeß als Elementsystem $(x_t, \zeta, \mathcal{M}_t, \mathbf{P}_x, \theta_t)$, das den Bedingungen 2.8. A—2.8. H genügt, zu Grunde. Von diesem Gesichtspunkt aus betrachtet vereinfacht sich die Theorie der Unterprozesse in einer Reihe von Punkten wesentlich.

Es seien $X = (x_t, \zeta, \mathcal{M}_t, \mathbf{P}_x, \theta_t)$ und $\tilde{X} = (\tilde{x}_t, \tilde{\zeta}, \tilde{\mathcal{M}}_t, \tilde{\mathbf{P}}_x, \tilde{\theta}_t)$ zwei homogene Markoffprozesse in ein und demselben Phasenraum $(E, \mathcal{B})$, und es sei Ω der Elementarereignisraum von X und $\tilde{\Omega}$ der Elementarereignisraum von $\tilde{X}$. Wir sagen, daß $\tilde{X}$ ein Unterprozeß von X ist, wenn eine Abbildung $\gamma : \tilde{\Omega} \to \Omega$ mit den Eigenschaften existiert:

3.21. A. $\tilde{\zeta}(\tilde{\omega}) \le \zeta[\gamma(\tilde{\omega})]$ $(\tilde{\omega} \in \tilde{\Omega})$.

3.21. B. $\tilde{x}_t(\tilde{\omega}) = x_t[\gamma(\tilde{\omega})]$ $(\tilde{\omega} \in \tilde{\Omega}, 0 \le t < \tilde{\zeta}(\tilde{\omega}))$.

3.21. C. Wenn $A \in \mathcal{M}_t$, dann $\{\gamma^{-1} A, \tilde{\zeta} > t\} \in \tilde{\mathcal{M}}_t$.

3.21. D. $\tilde{\mathcal{M}}^0 \supseteq \gamma^{-1} \mathcal{M}^0$ und $\tilde{\mathbf{P}}_x(\gamma^{-1} A) = \mathbf{P}_x(A)$ für $A \in \mathcal{M}^0$.

3.21. E. $\tilde{\mathbf{P}}_x\{\tilde{\zeta} > t \mid \gamma^{-1} \mathcal{M}^0\} = \alpha_t[\gamma(\tilde{\omega})]$ (f. s. $\gamma^{-1} \Omega_t, \tilde{\mathbf{P}}_x$),

wobei $\alpha_t(\omega)$ eine $\mathcal{N}_t$-meßbare Funktion ist.

Falls wir wie gewöhnlich $\varphi[\gamma(\tilde{\omega})]$ $(\tilde{\omega} \in \tilde{\Omega})$ mit $\varphi(\omega)$ $(\omega \in \Omega)$, $\gamma^{-1} A$ mit A und $\gamma^{-1} \mathcal{F} = \{\gamma^{-1} A\}$ mit $\mathcal{F} = \{A\}$ identifizieren, können wir obige Bedingungen in folgender Form schreiben

3.21. A'. $\tilde{\zeta} \le \zeta$.

3.21. B'. $\tilde{x}_t = x_t$ $(0 \le t < \tilde{\zeta})$.

3.21. C'. Wenn $A \in \mathcal{M}_t$, dann $\{A, \tilde{\zeta} > t\} \in \tilde{\mathcal{M}}_t$.

3.21. D'. $\tilde{\mathcal{M}}^0 \supseteq \mathcal{M}^0$ und $\tilde{\mathbf{P}}_x(A) = \mathbf{P}_x(A)$ für $A \in \mathcal{M}^0$.

3.21. E'. $\tilde{\mathbf{P}}_x\{\tilde{\zeta} > t \mid \mathcal{M}^0\} = \alpha_t$ (f. s. $\Omega_t, \mathbf{P}_x$),

wobei α_t eine $\mathcal{N}_t$-meßbare Funktion ist.

Wenn wir durch $\mathcal{R}_t$ die Gesamtheit aller derartigen Mengen $A \in \mathcal{M}$ bezeichnen, für welche $\mathbf{P}_x(A \setminus A B) = \mathbf{P}_x(B \setminus A B) = 0$ für irgendein

$B \in \mathscr{N}_t$ und alle $x \in E$ gilt, dann können wir der Bedingung 3.21. E folgende Form geben

3.21. E''*. $\tilde{\mathbf{P}}_x \{\tilde{\zeta} > t \mid \mathscr{M}^0\} = \alpha_t$ (f. s. Ω_t, $\mathbf{P}_x$),

wobei α_t eine $\mathscr{R}_t$-meßbare Funktion ist.

Wie wir bemerken, stellt der Prozeß $(\tilde{x}_t, \tilde{\zeta}, \tilde{\mathscr{M}}_t^0, \tilde{\mathbf{P}}_{0,x}, \tilde{\theta}_t)$ einen Unterprozeß von $(x_t, \zeta, \mathscr{M}_t^0, \mathbf{P}_{0,x}, \theta_t)$ dar, falls $(\tilde{x}_t, \tilde{\zeta}, \tilde{\mathscr{M}}_t^s, \tilde{\mathbf{P}}_{s,x})$ ein homogener Unterprozeß des homogenen Markoffprozesses $(x_t, \zeta, \mathscr{M}_t^s, \mathbf{P}_{s,x})$ ist (im Sinne von P. 3.18) und falls die Operatoren θ_t, $\tilde{\theta}_t$ so gewählt sind, daß die Bedingungen 2.5. A—2.5. D und (3.80) erfüllt sind. Ist auch das Umgekehrte der Fall? Genauer, kann man behaupten, daß man, falls $\tilde{X} = (\tilde{x}_t, \tilde{\zeta}, \tilde{\mathscr{M}}_t, \tilde{\mathbf{P}}_x, \tilde{\theta}_t)$ ein Unterprozeß von $X = (x_t, \zeta, \mathscr{M}_t, \mathbf{P}_x, \theta_t)$ ist, derartige homogene Markoffprozesse $\tilde{X}' = (\tilde{x}_t, \tilde{\zeta}, \tilde{\mathscr{M}}_t^s, \tilde{\mathbf{P}}_{s,x})$ und $X' = (x_t, \zeta, \mathscr{M}_t^s, \mathbf{P}_{s,x})$ finden kann, daß $\tilde{X}' \leftrightarrow \tilde{X}$, $X' \leftrightarrow X$ und $\tilde{X}'$ ein homogener Unterprozeß von X' im Sinne von P. 3.18 ist? Auf diese Frage kann man, wenigstens unter der Annahme, daß $\tilde{\mathbf{P}}_x \{\tilde{\zeta} > 0\} = 1$ für alle $x \in E$ ist, eine positive Antwort geben. Da wir aber diese Aussage nirgends verwenden werden, wollen wir den Beweis nicht durchführen.

3.22. Den Unterprozeß $\tilde{X} = (\tilde{x}_t, \tilde{\zeta}, \tilde{\mathscr{M}}_t, \tilde{\mathbf{P}}_x, \tilde{\theta}_t)$ des Prozesses $X = (x_t, \zeta, \mathscr{M}_t, \mathbf{P}_x, \theta_t)$ nennen wir *kanonisch*, wenn er folgende Eigenschaften hat:

3.22. A. Der Elementarereignisraum $\tilde{\Omega}$ des Prozesses $\tilde{X}$ ist gleich $\Omega \times I$, wobei Ω der Elementarereignisraum von X ist und $I = [0, +\infty]$; die Abbildung $\gamma : \tilde{\Omega} \to \Omega$ ist durch die Formel

$$\gamma(\omega; \lambda) = \omega \quad (\omega \in \Omega, \lambda \in I)$$

gegeben.

3.22. B. $\tilde{\zeta}(\omega, \lambda) = \min[\zeta(\omega), \lambda]$.

3.22. C. $\tilde{x}_t(\omega, \lambda) = x_t(\omega)$ für $0 \le t < \tilde{\zeta}(\omega, \lambda)$.

3.22. D. $\tilde{\mathscr{M}}_t$ besteht aus allen Mengen der Form $A \times (t, +\infty]$, wobei $A \in \mathscr{M}_t$.

3.22. E. $\tilde{\mathscr{M}}^0$ ist die durch die Mengen

$$\{A, \tilde{\zeta} > t\} = [A, \zeta > t] \times (t, \infty] \ (A \in \mathscr{M}^0, t \ge 0)$$

erzeugte σ-Algebra im Raume $\tilde{\Omega}$.

Wir sagen, das Funktionssystem $\alpha_t(\omega)$ $(t \ge 0, \omega \in \Omega_t)$ bestimmt ein *homogenes multiplikatives Funktional* des Markoffschen Prozesses $X = (x_t, \zeta, \mathscr{M}_t, \mathbf{P}_x, \theta_t)$, wenn:

3.22. α. α_t $\mathscr{R}_t$-meßbar ist.

3.22. β. $\alpha_s \theta_s \alpha_t = \alpha_{s+t}$ (f. s. Ω_{s+t}, $\mathbf{P}_x$) $(s, t \ge 0, x \in E)$.

3.22. γ. $0 \le \alpha_t \le 1$ $(t \ge 0, \omega \in \Omega_t)$.

3.22. δ. $\lim\limits_{t_n \downarrow t} \alpha_{t_n}(\omega) = \alpha_t(\omega)$ $(t \ge 0, \omega \in \Omega_t)$.

---

* Die gesamte Theorie bleibt richtig, wenn man $\mathscr{R}_t = \mathscr{N}^* \cap \mathscr{N}_{t+0} \cap \mathscr{M}_t$ setzt, wobei $\mathscr{N}_{t+0}$ mittels $\mathscr{N}_t$ so erklärt wird, wie $\mathscr{N}_{t+0}^*$ durch $\mathscr{N}_t^*$ (siehe die Fußnote auf Seite 47).

Zwei homogene multiplikative Funktionale α und $\tilde{\alpha}$ heißen *äquivalent*, wenn für beliebige $t \geqq 0$, $x \in E$ gilt

$$\alpha_t = \tilde{\alpha}_t \quad \text{(f. s. } \Omega_t, \mathbf{P}_x\text{)} \,.$$

Wir sagen, daß der Unterprozeß $\tilde{X} = (\tilde{x}_t, \tilde{\zeta}, \tilde{\mathscr{M}}_t, \tilde{\mathbf{P}}_x, \tilde{\theta}_t)$ von $X = (x_t, \zeta, \mathscr{M}_t, \mathbf{P}_x, \theta_t)$ und das multiplikative Funktional $\alpha = \{\alpha_t\}$ einander entsprechen, wenn die Funktion α_t die Bedingung 3.21. E'' erfüllt.

Satz 3.11. *Es besteht eine eineindeutige Zuordnung zwischen den Klassen äquivalenter Unterprozesse eines homogenen Markoffprozesses $X = (x_t, \zeta, \mathscr{M}_t, \mathbf{P}_x, \theta_t)$ und den Klassen äquivalenter, multiplikativer Funktionale von X. Jede Klasse äquivalenter Unterprozesse enthält genau einen einzigen kanonischen Unterprozeß $\tilde{X}$ und besteht aus allen homogenen Prozessen, die $\tilde{X}$ untergeordnet sind. Die Übergangsfunktion eines Prozesses, der dem Funktional $\alpha = \{\alpha_t\}$ entspricht, ist gleich*

$$\tilde{P}(t, x, \Gamma) = \mathbf{M}_x \chi_\Gamma (x_t) \alpha_t \,. \tag{3.98}$$

Beweis. Wiederholen wir mit naturgemäßen Änderungen die Betrachtungen von Lemma 3.3, so überzeugen wir uns, falls $\tilde{X} = (\tilde{x}_t, \tilde{\zeta}, \tilde{\mathscr{M}}_t, \tilde{\mathbf{P}}_x, \tilde{\theta}_t)$ ein Unterprozeß eines homogenen Prozesses X ist, daß die durch Bedingung 3.21. E bestimmten Funktionen α_t den Beziehungen

$$0 \leqq \alpha_t \leqq 1 \quad \text{(f. s. } \Omega_t, \mathbf{P}_x\text{)} \,, \tag{3.99}$$

$$\lim_{t_n \downarrow t} \alpha_{t_n} = \alpha_t \quad \text{(f. s. } \Omega_t, \mathbf{P}_x\text{)} \tag{3.100}$$

und der Beziehung 3.22. β genügen. Wir setzen

$$Q_{p,q} = \{\alpha_p \theta_p \alpha_q \neq \alpha_{p+q}\} \cup \{\alpha_p < 0\} \cup \{\alpha_p > 1\} \cup \{\theta_p \alpha_q < 0\} \cup$$
$$\cup \{\theta_p \alpha_q > 1\} \,.$$

Aus Eigenschaft 3.22. β und (3.99) folgt, daß für beliebige $p, q \geqq 0$ und $x \in E$ gilt $\mathbf{P}_x (Q_{p,q}) = 0$. Wir bezeichnen mit Q die Vereinigung der Mengen $Q_{p,q}$ für alle rationalen p und q. Offenbar ist für alle $x \in E$ $\mathbf{P}_x (Q) = 0$.

Wenn $\omega \bar{\in} Q$, dann ist für beliebige rationale p, q aus $[0, \zeta(\omega))$ die Ungleichung erfüllt

$$0 \leqq \alpha_{p+q} (\omega) \leqq \alpha_p (\omega) \,.$$

Deshalb existiert für ein beliebiges $t \geqq 0$ der Grenzwert von α_p, wenn p alle rationalen Zahlen durchläuft, die größer als t sind und gegen t strebt. Wir setzen

$$\tilde{\alpha}_t (\omega) = \begin{cases} \lim_{p \downarrow t} \alpha_p (\omega) \,, & \text{wenn } \omega \bar{\in} Q \,, \\ 1, & \text{wenn } \omega \in Q \,. \end{cases}$$

Wegen (3.100) haben wir für ein beliebiges $x \in E$

$$\mathbf{P}_x \{\tilde{\alpha}_t \neq \alpha_t\} = 0 \,. \tag{3.101}$$

Die Funktion $\tilde{\alpha}_t(\omega)$ ist offenbar $\mathcal{N}^0$-meßbar. Wegen (3.101) ist sie auch $\mathcal{R}_t$-meßbar. Weiter folgt aus (3.101), daß die Funktion $\tilde{\alpha}_t$ den Bedingungen 3.22. β und 3.21. E″ genügt. Augenscheinlich genügt sie auch der Bedingung 3.22. γ und 3.22. δ.

b) Es sei $\alpha = \{\alpha_t\}$ irgendein beliebiges multiplikatives Funktional des Prozesses X. Wir zeigen, daß dem Funktional α ein kanonischer Unterprozeß $\tilde{X} = (\tilde{x}_t, \tilde{\zeta}, \tilde{\mathcal{M}}_t, \tilde{\mathbf{P}}_x, \tilde{\theta}_t)$ des Prozesses X entspricht. Wir bestimmen $\tilde{\Omega}, \tilde{\zeta}, \tilde{x}_t, \tilde{\mathcal{M}}_t, \tilde{\mathcal{M}}^0$ durch die Bedingungen 3.22. A—3.22. D und ordnen jedem $\omega \in \Omega$ das durch die Forderung

$$\alpha_{(t,\infty]}(\omega) = \begin{cases} \alpha_t(\omega), & \text{wenn } t < \zeta(\omega), \\ 0, & \text{wenn } t \geq \zeta(\omega) \end{cases}$$

bestimmte Wahrscheinlichkeitsmaß $\alpha_\Gamma(\omega)$ auf der σ-Algebra $\mathcal{B}_I$ zu (die Existenz und die Eindeutigkeit dieses Maßes folgt aus der Gegenüberstellung der Eigenschaften 3.22. γ und 3.22. δ der Funktion α_t und der Resultate von P. 1.11). Für jedes $A \in \tilde{\mathcal{M}}^0$ und jedes $\omega \in \Omega$ setzen wir

$$A_\omega = \{\lambda : (\omega, \lambda) \in A\}$$
$$\alpha_A(\omega) = \alpha_{A_\omega}(\omega),$$
$$\tilde{\mathbf{P}}_x(A) = \mathbf{M}_x \alpha_A.$$

Speziell setzen wir für beliebige $C \in \mathcal{M}^0$

$$\tilde{\mathbf{P}}_x\{C, \tilde{\zeta} > t\} = \tilde{\mathbf{P}}_x\{[C, \zeta > t] \times (t, \infty]\} = \mathbf{M}_x \chi_C \alpha_t. \qquad (3.102)$$

Wir erklären die Operatoren $\tilde{\theta}_t$ durch dieselben Formeln, wie im Beweis von Satz 3.9 (siehe (3.85) und (3.86)). Wie der Leser leicht nachprüft, genügt das durch uns konstruierte System $(\tilde{x}_t, \tilde{\zeta}, \tilde{\mathcal{M}}_x, \tilde{\mathbf{P}}_x, \tilde{\theta}_t)$ den Bedingungen 2.8. A—2.8. H und 3.21. A—3.21. E. Folglich bestimmt es einen Unterprozeß von X, der dem Funktional α entspricht.

c) Wiederholen wir die Überlegungen, die für den Beweis von Lemma 3.1 durchgeführt wurden, so überzeugen wir uns von der Richtigkeit der Formel (3.98). Wie aus dieser Formel folgt, sind Unterprozesse, die äquivalenten Funktionalen entsprechen, untereinander äquivalent.

Andererseits zeigen die Überlegungen, die beim Beweis von Lemma 3.2 angestellt wurden, daß, wenn zwei Unterprozesse von X äquivalent sind, sie äquivalenten Funktionalen entsprechen. Endlich, wenn wir fast wörtlich den Beweis von Satz 3.1 wiederholen, kommen wir zu dem Schluß, daß jede Klasse äquivalenter Unterprozesse von X nur einen einzigen kanonischen Unterprozeß $\tilde{X}$ enthält und aus allen zu $\tilde{X}$ untergeordneten Unterprozessen besteht.

Der Beweis des Satzes ist beendet.

3.23. Satz 3.12. *Es sei ein homogener Markoffprozeß* $X = (x_t, \zeta, \mathcal{M}_t,$ $\mathbf{P}_x, \theta_t)$ *gegeben. Es sei* $\alpha = \{\alpha_t\}$ *ein multiplikatives Funktional von* X, *wobei für beliebige* $s, t \geqq 0$ *und* $\omega \in \Omega_{s+t}$ *gelte* $\alpha_s \theta_s \alpha_t = \alpha_{s+t}$ *(eine verstärkte Modifikation von 3.22. β). Wir setzen*

$$\xi(\omega) = \begin{cases} \inf\{t : \alpha_t(\omega) = 0\} & (\omega \in \Omega_0)\,, \\ 0 & (\omega \bar{\in} \Omega_0) \end{cases} \tag{3.103}$$

(wenn $\alpha_t(\omega) > 0$ *für alle* $0 \leqq t < \zeta(\omega)$ *ist, setzen wir* $\xi(\omega) = \zeta(\omega)$*). Die Funktion* $\xi(\omega)$ *besitzt folgende Eigenschaften:*

3.23. A. $0 \leqq \xi(\omega) \leqq \zeta(\omega) \ (\omega \in \Omega_0)$.

3.23. B. *Für jedes* $t \geqq 0$ *ist* $\{\xi > t\} \in \mathcal{R}_t$.

3.23. C. *Für beliebige* $s > 0$ *gilt*

$$\{\xi > s\} \subseteq \{\theta_s \xi = \xi - s\}\,.$$

Wenn $\xi(\omega)$ *eine beliebige Funktion ist, die den Bedingungen 3.23. A bis 3.23. C genügt, dann bestimmt die Formel* $\alpha_t = \chi_{\xi > t}$ *ein multiplikatives Funktional von* X. *Dem Funktional* $\alpha_t = \chi_{\xi > t}$ *entspricht ein Unterprozeß* $\tilde{X} = (\tilde{x}_t, \tilde{\zeta}, \tilde{\mathcal{M}}_t, \tilde{\mathbf{P}}_x, \tilde{\theta}_t)$ *von* X, *nämlich*

$$\left.\begin{aligned} \tilde{\zeta}(\omega) &= \xi(\omega) \quad (\omega \in \Omega_0) \\ \tilde{x}_t(\omega) &= x_t(\omega) \quad (\omega \in \Omega_0,\ 0 \leqq t < \xi(\omega)) \\ \tilde{\mathcal{M}}_t &= \mathcal{M}_t\,[\tilde{\Omega}_t] \\ \tilde{\mathcal{M}}^0 &= \mathcal{M}^0,\ \tilde{\mathbf{P}}_x = \mathbf{P}_x \\ \tilde{\theta}_t A &= \{\theta_t A,\ \xi > t\} \quad (A \in \mathcal{N}^*) \end{aligned}\right\} \tag{3.104}$$

(der Elementarereignisraum des Unterprozesses $\tilde{X}$ *ist derselbe wie für den Prozeß* X*).*

Beweis. Die durch die Formel (3.103) bestimmte Funktion ξ genügt offensichtlich der Ungleichung 3.23. A. Aus der Gleichung

$$\{\xi > t\} = \{\alpha_t > 0\} \tag{3.105}$$

folgt 3.23. B. Weiter ist wegen 3.22. β und (3.105)

$$\{\xi > s,\ \theta_s \xi > t\} = \{\alpha_s > 0,\ \theta_s \alpha_t > 0\} = \{\alpha_s \theta_s \alpha_t > 0\}$$
$$= \{\alpha_{s+t} > 0\} = \{\xi > s + t\}\,,$$

woraus ohne Schwierigkeit Beziehung 3.23. C folgt.

Es sei nun ξ eine beliebige Funktion, die den Bedingungen 3.23. A bis 3.23. C genügt. Dann erfüllt offenbar $\alpha_t = \chi_{\xi > t}$ die Bedingungen 3.22. α, 3.22. γ und 3.22. δ. Ferner haben wir

$$\alpha_s \theta_s \alpha_t = \chi_{\xi > s} \theta_s \chi_{\xi > t} = \chi_{\xi > s,\, \theta_s \xi > t} = \chi_{\xi > s,\, \xi - s > t} = \chi_{\xi > s + t} = \alpha_{s+t}\,,$$

so daß auch Bedingung 3.22. β erfüllt ist.

Schließlich nehmen wir an, daß ξ die Bedingungen 3.23. A—3.23. C erfüllt. Dann besitzt das durch die Formel (3.104) gegebene System

$(\tilde{x}_t, \tilde{\zeta}, \tilde{\mathscr{M}}_t, \tilde{\mathbf{P}}_x, \tilde{\theta}_t)$ offenbar die Eigenschaften 2.8. A—2.8. E und 2.8. G bis 2.8. H. Wie man aus der Gleichung

$$\tilde{\mathbf{P}}_x \left(\tilde{\theta}_t A \mid \tilde{\mathscr{M}}_t \right) = \mathbf{P}_x \left(\theta_t A, \; \xi > t \mid \mathscr{M}_t \right) = \chi_{\xi > t} \mathbf{P}_x \left(\theta_t A \mid \mathscr{M}_t \right)$$

$$= \chi_{\xi > t} \mathbf{P}_{x_t} (A) = \mathbf{P}_{\tilde{x}_t} (A) \quad (\text{f. s. } \tilde{\Omega}_t, \, \tilde{\mathbf{P}}_x)$$

ersieht, besitzt es auch Eigenschaft 2.8. F. Damit erklärt dieses System einen homogenen Markoffschen Prozeß. Man sieht leicht, daß $\tilde{X}$ und X durch die Beziehungen 3.21. A—3.21. F (wobei $\gamma(\omega) = \omega$) miteinander verbunden sind. So ist $\tilde{X}$ in der Tat ein dem Funktional $\{\alpha_t\}$ entsprechender Unterprozeß von X.

3.24. Es sei $X = (x_t, \zeta, \mathscr{M}_t, \mathbf{P}_x, \theta_t)$ ein homogener Markoffprozeß im Maßraum $(E, \mathscr{B})$ mit $\mathscr{R}_t \subseteq \mathscr{M}_t$, und es sei $\Gamma \subseteq E$. In Übereinstimmung mit (3.49) setzen wir

$$\xi(\Gamma) = \inf \{t : x_t \bar{\in} \Gamma\}.$$

Wir sagen, die **Menge** Γ ist **für den Prozeß** X **zulässig**, wenn $\xi(\Gamma)$ der Bedingung 3.23. B genügt. Wie man unschwer einsieht, ist auch in diesem Fall Bedingung 3.23. A und 3.23. C erfüllt. Folglich ist durch Formel (3.104) ein Unterprozeß von X gegeben. Wir nennen ihn *den Unterprozeß, der der zulässigen Menge Γ entspricht**.

Die Übergangsfunktion dieses Unterprozesses ist durch die Formel

$$\check{P}(t, x, G) = \mathbf{P}_x \{x_t \in G, \; \xi(\Gamma) > t\} \tag{3.106}$$

gegeben.

Wir untersuchen nun das durch die Formeln (3.104) gegebene Elementsystem $(\tilde{x}_t, \tilde{\zeta}, \tilde{\mathscr{M}}_t, \tilde{\mathbf{P}}_x, \tilde{\theta}_t)$, wobei wir das Maß $\tilde{\mathbf{P}}_x$ nur für $x \in \Gamma$ betrachten. Wie man leicht einsieht, bestimmt dieses System einen homogenen Markoffprozeß im Maßraum $(\Gamma, \mathscr{B}[\Gamma])$. Wir wollen ihn als *Teil des Prozesses X auf der zulässigen Menge Γ* bezeichnen**.

Satz 3.13. *Im Maßraum $(E, \mathscr{B})$ sei eine Mengenfolge $E_n \in \mathscr{B}$ gegeben mit $E_n \uparrow E$. Weiter setzen wir voraus, daß für jedes n ein homogener Markoffprozeß $X^{(n)} = \{x_t^{(n)}, \zeta^{(n)}, \mathscr{M}_t^{(n)}, \mathbf{P}_x^{(n)}, \theta_t^{(n)}\}$ im Maßraum $(E_n, \mathscr{B}[E_n])$ gegeben ist, wobei $X^{(n)}$ ein Teil von $X^{(n+1)}$ auf der Menge E_n sei. Dann existiert im Raume $(E, \mathscr{B})$ ein Markoffprozeß $X = (x_t, \zeta, \mathscr{M}_t, \mathbf{P}_x, \theta_t)$ mit $\zeta(\omega) = \lim_{n \to \infty} \zeta^{(n)}(\omega)$; dabei ist $X^{(n)}$ ein Teil von X auf der Menge E_n.*

---

* Wir betonen, daß nach dieser Definition der Unterprozeß $\tilde{X}$ von X, der der zulässigen Menge Γ entspricht, eindeutig durch X und Γ bestimmt ist und daß er denselben Elementarereignisraum wie X besitzt.

** Im Unterschied zum Allgemeinfall, der in P. 3.9—3.10 behandelt wurde, kann man für einen homogenen Prozeß $X = (x_t, \zeta, \mathscr{M}_t, \mathbf{P}_x, \theta_t)$ auf *jeder* zulässigen Untermenge Teile bilden.

Beweis. Da $X^{(n)}$ ein Teil von $X^{(n+1)}$ auf der Menge E_n ist, haben wir gemäß (3.104)

$$\zeta^{(n)}(\omega) \leqq \zeta^{(n+1)}(\omega),$$

$$x_t^{(n)}(\omega) = x_t^{(n+1)}(\omega) \quad \text{für } 0 \leqq t < \zeta^{(n)}(\omega),$$

$$\mathcal{M}_t^{(n)} = \mathcal{M}_t^{(n+1)}$$

$$(\mathcal{M}^0)^{(n)} = (\mathcal{M}^0)^{(n+1)} \quad \text{und} \quad \mathbf{P}_x^{(n)} = \mathbf{P}_x^{(n+1)} \quad \text{für } x \in E_n,$$

$$\theta_t^{(n)} A = \{\theta_t^{(n+1)} A, \zeta^{(n)} > t\}.$$

Deshalb existiert der Grenzwert

$$\zeta(\omega) = \lim_{n \to \infty} \zeta^{(n)}(\omega),$$

und die folgenden Ausdrücke haben einen eindeutigen, von n unabhängigen Sinn

$$\left.\begin{aligned}
&x_t(\omega) = x_t^{(n)}(\omega), \quad \text{wenn } 0 \leqq t < \zeta^{(n)}(\omega); \\
&\mathcal{M}_t = \mathcal{M}_t^{(n)}; \\
&\mathcal{M}^0 = (\mathcal{M}^0)^{(n)}; \; \mathbf{P}_x = \mathbf{P}_x^{(n)}, \quad \text{wenn } x \in E_n; \\
&\theta_t A = \{\theta_t^{(n)} A, \zeta > t\}, \quad \text{wenn } A \in \mathcal{M}^0 [\zeta^{(n)} > 0].
\end{aligned}\right\} \quad (3.107)$$

Das Elementsystem $(x_t, \zeta, \mathcal{M}_t, \mathbf{P}_x, \theta_t)$ genügt — wie leicht zu sehen — den Bedingungen 2.8. A—2.8. H und bestimmt folglich einen homogenen Markoffschen Prozeß X. Für diesen Prozeß fällt der Austrittsaugenblick $\xi(E_n)$ der Trajektorien aus der Menge E_n mit $\zeta^{(n)}$ zusammen; dies bedeutet wegen (3.107), daß der Teil von X auf der Menge E_n mit $X^{(n)}$ übereinstimmt*.

Alle Definitionen und Sätze über Unterprozesse und Teile homogener Prozesse, die zulässigen Mengen entsprechen, kann man unschwer auf Unterprozesse und Teile übertragen, die zulässigen Mengensystemen entsprechen.

4. Kapitel

Die Konstruktion Markoffscher Prozesse
aus Übergangsfunktionen

§ 1. Definitionen und Beispiele von Übergangsfunktionen

4.1. Wir betrachten einen beliebigen Maßraum $(E, \mathscr{B})$. Die Funktion $P(s, x; t, \Gamma)$ $(0 \leqq s \leqq t, x \in E, \Gamma \in \mathscr{B})$ heißt *Übergangsfunktion*, wenn sie die folgenden Bedingungen erfüllt:

4.1. A. $P(s, x; t, \Gamma)$ ist ein Maß bezüglich der Menge Γ;

4.1. B. $P(s, x; t, \Gamma)$ ist eine $\mathscr{B}$-meßbare Funktion des Punktes x;

---

* Wie wir bemerken, fällt ζ mit dem Augenblick des ersten Austritts der Trajektorien von X aus der Folge $\{E_n\}$ zusammen.

4.1. C. $P(s, x; t, \Gamma) \leqq 1$;

4.1. D. $P(s, x; s, E \setminus x) = 0$;

4.1. E. $P(s, x; u, \Gamma) = \int\limits_{E} P(s, x; t, dy)\, P(t, y; u, \Gamma)\ (0 \leqq s \leqq t \leqq u)$.

Wir nennen eine Übergangsfunktion $P(s, x; t, \Gamma)$ *regulär*, wenn $P(s, x; s, E) = 1$ für alle $s \geqq 0$, $x \in E$ ist, und *vollständig*, wenn $P(s, x; t, E) = 1$ ist für alle $t \geqq s \geqq 0$, $x \in E$.

Jedem Markoffschen Prozeß entspricht eine Übergangsfunktion

$$P(s, x; t, \Gamma) = \mathbf{P}_{s, x}\{x_t \in \Gamma\}.$$

(Die Eigenschaften 4.1. A—4.1. D folgen aus 2.1. C, 2.1. D, 2.1. E; die Eigenschaft 4.1. E aus (2.12).) Wenn ein Markoffscher Prozeß nicht abbricht, ist die entsprechende Übergangsfunktion vollständig.

Es ist das Ziel dieses Kapitels zu untersuchen, unter welchen Bedingungen eine Übergangsfunktion $P(s, x; t, \Gamma)$ irgendeinem Markoffschen Prozeß entspricht. (Der Zusammenhang zwischen den verschiedenen Markoffschen Prozessen, die die gleiche Übergangsfunktion besitzen, wurde in § 3 Kap. 2 besprochen.)

4.2. Betrachten wir einige Beispiele von Übergangsfunktionen:

4.2.1. Es seien E die Zahlengerade, $\mathscr{B}$ die Gesamtheit aller Borelschen Untermengen von E, v eine willkürliche Konstante.

Die Formel

$$P(s, x; t, \Gamma) = \chi_{\Gamma}\left[x + v(t - s)\right]$$

bestimmt eine vollständige Übergangsfunktion in $(E, \mathscr{B})$. Wir sagen, daß diese Funktion einer *determinierten Bewegung mit der Geschwindigkeit v* entspricht.

4.2.2. Es sei E die Menge aller natürlichen Zahlen und $\mathscr{B}$ die Gesamtheit aller Untermengen dieser Menge.

Ferner sei $p_{ij}(s, t)$ $(i, j = 1, 2, \ldots, n, \ldots; 0 \leqq s \leqq t)$ ein System von Funktionen, das die folgenden Bedingungen erfüllt:

4.2.2. A. $p_{ij}(s, t) \geqq 0$;

4.2.2. B. $\sum\limits_{j=1}^{\infty} p_{ij}(s, t) \leqq 1$;

4.2.2. C. $p_{ij}(s, s) = 0$ für $i \neq j$;

4.2.2. D. $\sum\limits_{j=1}^{\infty} p_{ij}(s, t)\, p_{jk}(t, u) = p_{ik}(s, u)$ $(s \leqq t \leqq u)$.

Die Formel

$$P(s, x; t, \Gamma) = \sum\limits_{y \in \Gamma} p_{xy}(s, t) \quad (x \in E, s \leqq t, \Gamma \in E) \tag{4.1}$$

bestimmt dann eine Übergangsfunktion, und es ist leicht ersichtlich, daß alle Übergangsfunktionen im Raum $E = \{1, 2, \ldots, n, \ldots\}$ auf diese Art erhalten werden können. Die notwendige und hinreichende Bedingung dafür, daß diese Übergangsfunktionen regulär sind, ist: $p_{ii}(s) = 1$. Die Bedingung für die Vollständigkeit beschreiben wir durch

$$\sum_{j=1}^{\infty} p_{ij}(s, t) = 1.$$

Alles Gesagte ist natürlich auch auf den Fall anwendbar, daß E aus endlich vielen Punkten $\{1, 2, \ldots, n\}$ besteht.

4.2.3. E sei der n-dimensionale euklidische Raum R^n und $\mathscr{B}$ die σ-Algebra, die durch alle offenen Mengen dieses Raumes erzeugt wird. Für alle $x \in E$, $\Gamma \in \mathscr{B}$ setzen wir

$$P(s, x; t, \Gamma)$$
$$= \begin{cases} [2\pi(t-s)]^{-\frac{n}{2}} \int\limits_{\Gamma} \exp\left[-\frac{(y-x)^2}{2(t-s)}\right] dy & \text{für } 0 \leq s < t, \\ \chi_{\Gamma}(x) & \text{für } 0 \leq s = t, \end{cases} \tag{4.2}$$

wobei $(y-x)^2$ das skalare Quadrat des Vektors $(y-x)$ bedeutet und die Integration nach dem gewöhnlichen Lebesgueschen Maß im R^n durchgeführt wird. Es ist leicht nachzuprüfen, daß die durch diese Formel bestimmte Funktion $P(s, x; t, \Gamma)$ allen Bedingungen 4.1. A—4.1. E genügt und damit eine Übergangsfunktion darstellt. Wir werden diese Funktion *Wienersche Übergangsfunktion* nennen. Die Wienersche Funktion ist vollständig.

4.2.4. Es sei $E = (0, \infty)$ und $\mathscr{B}$ die σ-Algebra im Raum E, die durch alle Intervalle erzeugt wird.

Betrachten wir die folgende Funktion, die mit der eindimensionalen Wienerschen Funktion eng zusammenhängt

$$P(s, x; t, \Gamma) \tag{4.3}$$
$$= \begin{cases} \dfrac{1}{\sqrt{2\pi(t-s)}} \int\limits_{\Gamma} \left\{\exp\left[-\frac{(y-x)^2}{2(t-s)}\right] - \exp\left[-\frac{(y+x)^2}{2(t-s)}\right]\right\} dy & \text{für } 0 \leq s < t, \\ \chi_{\Gamma}(x) & \text{für } 0 \leq s = t. \end{cases}$$

Es ist klar, daß diese Funktion die Bedingungen 4.1. A—4.1. D erfüllt. Eine kurze Rechnung zeigt, daß sie auch der Bedingung 4.1. E genügt. Die Übergangsfunktion (4.3) ist nicht vollständig, jedoch regulär.

4.2.5. Wir behalten die Bedeutungen für E und $\mathscr{B}$ aus P. 4.2.4 bei und setzen

$$P(s, x; t, \Gamma) \tag{4.4}$$
$$= \begin{cases} \dfrac{1}{\sqrt{2\pi(t-s)}} \int\limits_{\Gamma} \left\{\exp\left[-\frac{(y-x)^2}{2(t-s)}\right] + \exp\left[-\frac{(y+x)^2}{2(t-s)}\right]\right\} dy & \text{für } 0 \leq s < t, \\ \chi_{\Gamma}(x) & \text{für } 0 \leq s = t. \end{cases}$$

Es ist leicht nachzuprüfen, daß $P(s, x; t, \Gamma)$ eine vollständige Übergangsfunktion ist.

4.2.6. $(E, \mathscr{B})$ sei ein beliebiger Maßraum, $\Pi(x, \Gamma)$ $(x \in E, \Gamma \in \mathscr{B})$ eine Funktion, die den folgenden Bedingungen genügt:

a) für ein beliebiges $x \in E$ ist $\Pi(x, \Gamma)$ ein Wahrscheinlichkeitsmaß auf $\mathscr{B}$,

b) für ein beliebiges $\Gamma \in \mathscr{B}$ ist $\Pi(x, \Gamma)$ eine $\mathscr{B}$-meßbare Funktion auf E.

Wir bestimmen die Funktionen $\Pi_n(x, \Gamma)$ durch die folgenden Formeln

$$\Pi_0(x, \Gamma) = \chi_\Gamma(x),$$

$$\Pi_n(x, \Gamma) = \int_E \Pi(x, dy)\, \Pi_{n-1}(y, \Gamma) \quad (n \geq 1).$$

Es ist leicht ersichtlich, daß

1) für beliebige $n \geq 0$, $x \in E$ und $\Gamma \in \mathscr{B}$ gilt $0 \leq \Pi_n(x, \Gamma) \leq 1$;

2) $\Pi_{n+m}(x, \Gamma) = \int_E \Pi_n(x, dy)\, \Pi_m(y, \Gamma)$.

Wir setzen

$$P(s, x; t, \Gamma) = \sum_{n=0}^{\infty} \frac{a^n(t-s)^n}{n!}\, e^{-a(t-s)}\, \Pi_n(x, \Gamma), \tag{4.5}$$

wobei a eine positive Konstante ist. Auf Grund von 1) konvergiert die Reihe im rechten Teil von (4.5). Auf Grund von 2) erfüllt die Funktion $P(s, x; t, \Gamma)$ die Bedingung 4.1. E. Es ist leicht einzusehen, daß sie auch die Bedingungen 4.1. A—4.1. D erfüllt. Also ist sie eine Übergangsfunktion, und zwar, wie leicht ersichtlich, eine vollständige Funktion. Wir nennen derartige Funktionen *Poissonsche Übergangsfunktionen.*

§ 2. Die Konstruktion Markoffscher Prozesse aus Übergangsfunktionen

4.3. Satz 4.1. *Es sei* $(E, \mathscr{C}, \mathscr{B})$ *ein σ-kompakter topologischer Maßraum, der die Bedingung 1.9. A erfüllt. Dann entspricht jeder vollständigen Übergangsfunktion* $P(s, x; t, \Gamma)$ $(0 \leq s \leq t, x \in E, \Gamma \in \mathscr{B})$ *ein nicht abbrechender Markoffscher Prozeß im Phasenraum* $(E, \mathscr{C}, \mathscr{B})$.

Beweis. Wir werden den nicht abbrechenden Markoffschen Prozeß X in seiner kanonischen Form konstruieren, d. h. wir nehmen als Elementarereignisraum E^I $(I = [0, \infty)$, setzen $x_t(\varphi) = \varphi(t)$ $(t \in I, \varphi \in E^I)$ und bezeichnen mit $\mathscr{N}^s$ die σ-Algebra im Raum E^I, die durch die Mengen $\{\varphi: \varphi(u) \in \Gamma\}$ $(u \geq s, \Gamma \in \mathscr{B})$ erzeugt wird, sowie mit $\mathscr{N}_t^s$ die σ-Algebra, die durch die Mengen $\{\varphi: \varphi(u) \in \Gamma\}$ $(s \leq u \leq t, \Gamma \in \mathscr{B})$ erzeugt wird (siehe P. 2.13). Nun müssen noch die Wahrscheinlichkeitsmaße $\mathbf{P}_{s,x}$ auf den σ-Algebren $\mathscr{N}^s$ bestimmt werden. Dies geschieht unter Anwendung von Satz 1.2.

Zunächst konstruieren wir aus der Übergangsfunktion $P(s, x; t, \Gamma)$ mittels der Formel (2.15) die Funktion

$$P(s, x; t_1, \Gamma_1, \ldots, t_n, \Gamma_n)$$

$$(x \in E, s \leq t_1 \leq t_2 \leq \cdots \leq t_n, \Gamma_1, \ldots, \Gamma_n \in \mathscr{B}).$$

Für beliebige $t_1, \ldots, t_n \in [s, \infty)$ setzen wir

$$\Phi_{t_1, \ldots, t_n}(\Gamma_1, \ldots, \Gamma_n) = P(s, x; t_{i_1}, \Gamma_1, \ldots, t_{i_n}, \Gamma_n),$$

wobei $t_{i_1} \leq t_{i_2} \leq \cdots \leq t_{i_n}$ und $(i_1, \ldots, i_n)$ eine Permutation der Zahlen $1, 2, \ldots, n$ bedeutet. Es ist ersichtlich, daß die Funktionen $\Phi_{t_1, \ldots, t_n}$ den Bedingungen 1.12. A—1.12. C genügen. Bedienen wir uns des Satzes 1.2, wobei $T = [0, \infty)$, $\tilde{T} = [s, \infty)$ gesetzt ist. Nach diesem Satz existiert auf der σ-Algebra $\mathscr{N}_{\tilde{T}} = \mathscr{N}^s$ ein Wahrscheinlichkeitsmaß $\mathbf{P}$, das die Bedingung (1.28) erfüllt. Dieses Maß hängt von den Parametern s und x ab. Wir bezeichnen es mit $\mathbf{P}_{s, x}$. Für beliebige $x \in E, 0 \leq s \leq t_1 \leq \cdots \leq t_n$, $\Gamma_1, \ldots, \Gamma_n \in \mathscr{B}$ ist

$$\mathbf{P}_{s, x}\{x_{t_1} \in \Gamma_1, \ldots, x_{t_n} \in \Gamma_n\} = P(s, x; t_1, \Gamma_1, \ldots, t_n, \Gamma_n).$$

Das System $(x_t, \mathscr{N}_t^s, \mathbf{P}_{s, x})$ genügt natürlich den Bedingungen 2.1. A bis 2.1. E. Außerdem genügen die Funktionen $P(s, x; t_1, \Gamma_1, \ldots, t_n, \Gamma_n)$ der Beziehung (2.14), und gemäß Lemma 2.1 erfüllen sie auch die Bedingung 2.1. F. Auf diese Art bestimmt das System $(x_t, \mathscr{N}_t^s, \mathbf{P}_{s, x})$ einen nicht abbrechenden Markoffschen Prozeß. Natürlich stimmt die Übergangsfunktion dieses Prozesses mit $P(s, x; t, \Gamma)$ überein.

4.4. Satz 4.2. *Es sei $(E, \mathscr{C}, \mathscr{B})$ ein σ-kompakter, topologischer Maßraum, der die Bedingung 1.9. A erfüllt. Jeder regulären Übergangsfunktion $P(s, x; t, \Gamma)$ entspricht dann ein Markoffscher Prozeß. Außerdem kann man behaupten, daß diese Funktion einem Teil eines nicht abbrechenden Markoffschen Prozesses entspricht.*

Beweis. Wir bezeichnen mit $\tilde{E}$ eine Menge, die sich aus E durch Hinzunahme eines Punktes a ergibt. Es sei $A \subseteq \tilde{E}$. Wir schreiben $A \in \mathscr{C}$, wenn $AE \in \mathscr{C}$, und $A \in \mathscr{B}$, wenn $AE \in \mathscr{B}$. Es ist leicht ersichtlich, daß $(\tilde{E}, \mathscr{C}, \tilde{\mathscr{B}})$ ein σ-kompakter, topologischer Maßraum ist, der die Bedingung 1.9. A erfüllt. Wir definieren die Funktion $\check{P}(s, x; t, \Gamma)$ im Raum $(\tilde{E}, \mathscr{C}, \tilde{\mathscr{B}})$ mittels folgender Formel:

$$\check{P}(s, x; t, \Gamma)$$
$$= \begin{cases} P(s, x; t, \Gamma E) + \chi_\Gamma(a)\,[1 - P(s, x; t, E)], & \text{wenn } x \neq a, \\ \chi_\Gamma(a), & \text{wenn } x = a. \end{cases} \quad (4.6)$$

Es ist leicht zu verifizieren, daß die Funktion $\check{P}$ die Bedingungen 4.1. A—4.1. E erfüllt, daß sie also eine Übergangsfunktion darstellt. Diese Übergangsfunktion ist vollständig. Gemäß Satz 4.1 existiert ein nicht abbrechender Markoffscher Prozeß $\tilde{X}$ im Phasenraum $(\tilde{E}, \mathscr{C}, \tilde{\mathscr{B}})$, der der Übergangsfunktion $\tilde{P}$ entspricht. Gemäß Lemma 2.4 kann man einen zu dem Prozeß $\tilde{X}$ äquivalenten nicht abbrechenden Prozeß X konstruieren, für den die Menge E von a aus unerreichbar ist. Auf Grund der Regularität der Funktion $P(s, x; t, \Gamma)$ genügt E der Forderung 3.8. B. In Übereinstimmung mit Satz 3.4 dürfen wir den Teil des Prozesses $\tilde{X}$ auf der Menge E bilden. Gestützt auf die Formeln (3.55) und (4.6) bemerken wir, daß die Übergangsfunktion dieses Teiles mit $P(s, x; t, \Gamma)$ zusammenfällt.

§ 3. Homogene Übergangsfunktionen und die ihnen entsprechenden homogenen Markoffschen Prozesse

4.5. Eine Übergangsfunktion $P(s, x; t, \Gamma)$ heißt *homogen*, wenn sie nur von der Differenz $t-s$ abhängt. In diesem Fall schreiben wir $P(t-s, x, \Gamma)$ anstatt $P(s, x; t, \Gamma)$.

Als Beispiele homogener Übergangsfunktionen können die Funktionen dienen, die in den Beispielen 4.4.1, 4.2.3—4.2.6 angeführt sind. Die Funktionen, die im Beispiel 4.2.2 konstruiert wurden, sind dann und nur dann homogen, wenn die Funktionen $p_{ij}(s, t)$ lediglich von der Differenz $t-s$ abhängen. In diesem Fall schreiben wir $p_{ij}(t-s)$ anstatt $p_{ij}(s, t)$.

Wenn man die Bedingungen 4.1. A—4.1. E in Betracht zieht, kann man behaupten, daß die Funktion $P(h, x, \Gamma)$ $(h \geqq 0, x \in E, \Gamma \in \mathscr{B})$ dann und nur dann eine homogene Übergangsfunktion ist, wenn:

4.5. A. $P(h, x, \Gamma)$ ein Maß bezüglich der Menge Γ ist;

4.5. B. $P(h, x, \Gamma)$ eine $\mathscr{B}$-meßbare Funktion des Punktes x ist;

4.5. C. $P(h, x, \Gamma) \leqq 1$;

4.5. D. $P(0, x, E \setminus x) = 0$;

4.5. E. $P(h_1 + h_2, x, \Gamma) = \int\limits_{E} P(h_1, x, dy) P(h_2, y, \Gamma) \; (h_1, h_2, \geqq 0)$.

Die Regularitätsbedingung homogener Übergangsfunktionen beschreibt man durch die Formel

$$P(0, x, E) = 1 \quad (x \in E) . \tag{4.7}$$

Die Vollständigkeit beschreibt man durch die Formel

$$P(t, x, E) = 1 \quad (t \geqq 0, x \in E) . \tag{4.8}$$

In Übereinstimmung mit Satz 2.10 enthält die Klasse der äquivalenten Markoffschen Prozesse homogene Prozesse dann und nur dann, wenn die dieser Klasse entsprechende Übergangsfunktion homogen ist.

4.6. Wir geben ein Verfahren an, welches jede Übergangsfunktion mit einer homogenen Übergangsfunktion in einem komplizierteren Phasenraum verknüpft. Auf Grund des Zusammenhanges zwischen den Übergangsfunktionen und den Markoffschen Prozessen erlaubt dieses Verfahren, das Studium der nichthomogenen Prozesse auf die Betrachtung der homogenen Prozesse zurückzuführen.

Es sei $P(s, x; t, \Gamma)$ $(0 \leq s \leq t, x \in E, \Gamma \in \mathscr{B})$ irgendeine Übergangsfunktion. Betrachten wir den Maßraum $(\tilde{E}, \tilde{\mathscr{B}})$, wobei $\tilde{E} = I \times E$, $\tilde{\mathscr{B}} = \mathscr{B}^0_\infty \times \mathscr{B}$ $(I = [0, \infty)$, $\mathscr{B}^0_\infty$ bedeutet die durch alle Intervalle erzeugte σ-Algebra im Raum I); weiter definieren wir die Funktion $\check{P}(h, y, B)$ $(h \geq 0, y \in \tilde{E}, B \in \tilde{\mathscr{B}})$ durch die Formel

$$\check{P}(h, y, B) = P(t, x; t + h, \Gamma),\qquad (4.9)$$

wobei $y = (t, x)$ und die Menge Γ durch die Bedingung definiert ist: $z \in \Gamma$, wenn $(t + h, z) \in B$. (Aus Lemma 1.4 folgt, daß $\Gamma \in \mathscr{B}$. Aus diesem Grunde ist die Formel (4.9) für ein beliebiges $h \geq 0$ und ein beliebiges $B \in \mathscr{B}$ sinnvoll.) Aus 4.1. A—4.1. E folgt, daß die Funktion $\check{P}(h, y, B)$ die Bedingungen 4.5. A, 4.5. C, 4.5. D und 4.5. E erfüllt. Damit auch die Bedingung 4.5. B erfüllt ist, muß man zusätzlich fordern, daß die Funktion $P(s, x; t, \Gamma)$ in s, x und t meßbar ist.

5. Kapitel

Streng Markoffsche Prozesse

§ 1. Zufallsgrößen, die vom Zukünftigen und s-Vergangenen unabhängig sind
Lemmata über die Meßbarkeit

5.1. Aus allen Markoffschen Prozessen wählen wir eine wichtige Klasse von Prozessen aus, für die das Prinzip der Unabhängigkeit des Zukünftigen vom Vergangenen bei bekanntem Gegenwärtigen in einer verstärkten Form wirksam ist. Genau gesagt geht es bei der Formulierung Markoffscher Bedingungen um den festen, vom Zufall unabhängigen Zeitmoment t; für Prozesse, die wir im 5. Kapitel untersuchen werden, ist eine analoge Bedingung sogar für einen bestimmten Typ von Zufallsgrößen erfüllt (für Zufallsgrößen, die von der Zukunft und s-Vergangenheit unabhängig sind).

Es sei $X = (x_t, \zeta, \mathscr{M}^s_t, \mathbf{P}_{s, x})$ ein beliebiger Markoffscher Prozeß. Wir bezeichnen die nichtnegative Funktion $\tau(\omega)$ als eine von der *Zukunft und s-Vergangenheit unabhängige Zufallsgröße*, wenn

5.1. A. $s \leq \tau(\omega) \leq \max[s, \zeta(\omega)]$ $(\omega \in \Omega)$.

5.1. B. $\{\omega : \tau(\omega) \leq t < \zeta(\omega)\} \in \mathscr{M}^s_t$ $(s \leq t)$.

Auf Grund von 5.1. A ist $\{\tau > t\} \cup \{\tau \leq t < \zeta\} = \{\zeta > t\} \in \mathscr{M}^s_t$ und danach 5.1. B gleichbedeutend mit der folgenden Bedingung:

5.1. B'. $\{\omega : \tau(\omega) > t\} \in \mathscr{M}^s_t$ $(s \leq t)$.

Anschaulich bedeutet die Bedingung 5.1. B', daß die Antwort auf die Frage, ob τ oder t größer ist, nur von den im Zeitraum $[s, \min(t, \zeta)]$ beobachteten Erscheinungen abhängt.

Wir setzen $\Omega_\tau = \{\omega : \tau(\omega) < \zeta(\omega)\}$. Diejenigen Untermengen $A \subseteq \Omega_\tau$, bei denen im Fall $t \geqq s$ gilt $\{A, \tau \leqq t < \zeta\} \in \mathscr{M}_t^s$, bilden, wie leicht ersichtlich, eine σ-Algebra im Raum Ω_τ. Wir werden diese σ-Algebra mit $\mathscr{M}_\tau^s$ bezeichnen. Naturgemäß stellt man sich $\mathscr{M}_\tau^s$ als die Gesamtheit aller Ereignisse vor, welche man im Zeitraum $[s, \tau]$ beobachtet.

Wenn die Zufallsgröße τ nur eine endliche oder abzählbare Menge verschiedener Werte $t_1, t_2, \ldots \in [s, \infty)$ annimmt, erweist sie sich dann und nur dann als Zufallsgröße, die vom Zukünftigen und s-Vergangenen unabhängig ist, wenn $\{\tau = t_k\} \in \mathscr{M}_{t_k}^s$ für alle $k = 1, 2, \ldots$ Dabei gilt $A \in \mathscr{M}_\tau^s$ dann und nur dann, wenn für alle k $\{A, \tau = t_k\} \in \mathscr{M}_{t_k}^s$.

Als Beispiel einer Zufallsgröße, die vom Zukünftigen und s-Vergangenen unabhängig ist, kann die Funktion

$$\tau(\omega) = \begin{cases} t, & \text{wenn } \zeta(\omega) > t\,, \\ \zeta(\omega), & \text{wenn } s < \zeta(\omega) \leqq t\,, \\ s, & \text{wenn } \zeta(\omega) \leqq s\,, \end{cases}$$

dienen. Für sie ist $\Omega_\tau = \Omega_t$. Ein anderes Beispiel ist die Funktion $\tau(\omega) = \max[\zeta(\omega), s]$ (für sie ist $\Omega_\tau = \vartheta$). Weitere Beispiele stellen die Zufallsgrößen aus P. 3.7 dar: wenn man voraussetzt, daß $\mathscr{R}_t^s \subseteq \mathscr{M}_t^s{}^*$, folgen aus den Bedingungen 3.7. A und 3.7. B sofort die Eigenschaften 5.1. A und 5.1. B, so daß $\xi_s(\omega)$ eine Zufallsgröße darstellt, die vom Zukünftigen und s-Vergangenen unabhängig ist. Das Gesagte ist insbesondere anwendbar auf den s-Augenblick der Trajektorien bezüglich Γ (siehe P. 3.8) oder bezüglich des Mengensystems $\mathscr{F}$ (P. 3.11).

Die auf Ω_τ definierte Funktion $\xi(\omega)$ ist meßbar bezüglich $\mathscr{M}_\tau^s$ dann und nur dann, wenn für ein beliebiges $t \geqq s$ die Funktion, die ξ auf der Menge $\{\tau \leqq t < \zeta\}$ induziert, bezüglich $\mathscr{M}_t^s$ meßbar ist. Die Meßbarkeit der Funktion ξ bezüglich der σ-Algebra $\mathscr{M}_\tau^s$ bedeutet anschaulich gesprochen, daß ξ nur von Erscheinungen abhängt, die man während der Zeit $[s, \tau]$ beobachtet hat.

Wir bemerken, daß die Funktion $\tau(\omega)$, die der Bedingung 5.1. A genügt, dann und nur dann eine vom Zukünftigen und s-Vergangenen unabhängige Zufallsgröße ist, wenn ihre Restriktion auf der Menge Ω_τ bezüglich $\mathscr{M}_\tau^s$ meßbar ist.

Lemma 5.1. *Es sei τ eine vom Zukünftigen und s-Vergangenen unabhängige Zufallsgröße für den Markoffschen Prozeß X, außerdem sei*

---

* Diese Voraussetzung beschränkt die Allgemeinheit nicht wesentlich, da man in Übereinstimmung mit P. 2.2 die σ-Algebren $\mathscr{M}_t^s$ zu $\mathscr{M}_t^s \supseteq \mathscr{R}_t^s$ erweitern kann, ohne die Forderungen 2.1. A—2.1. F zu verletzen.

$\Omega' \in \mathscr{M}_\tau^s$. *Nehmen wir weiter an, daß die Funktion* $\eta\,(\omega)$ $(\omega \in \Omega_\tau)$ $\mathscr{M}_\tau^s$*-meß-bar sei und der Ungleichung* $\eta \geqq \tau$ *genüge. Dann ist die Funktion*

$$\eta^*\,(\omega) = \begin{cases} \eta\,(\omega) & \text{für } \omega \in \Omega_{\eta^*} = \{\Omega', \eta < \zeta\}\,, \\ \max\,[s, \zeta\,(\omega)] & \text{für } \omega \bar\in \Omega_{\eta^*}\,, \end{cases}$$

eine vom Zukünftigen und s-Vergangenen unabhängige Zufallsgröße und $A\,\Omega_{\eta^*} \in \mathscr{M}_{\eta^*}^s$ *für ein beliebiges* $A \in \mathscr{M}_\tau^s$.

Beweis. Da $\eta \geqq \tau$, gilt für ein beliebiges $t \geqq s$

$$\{\eta \leqq t\} \subseteq \{\tau \leqq t\}$$

und

$$\{\eta^* \leqq t < \zeta\} = \{\Omega', \tau \leqq t < \zeta\}\,\{\eta \leqq t, \tau \leqq t < \zeta\} \in \mathscr{M}_t^s\,.$$

Die erste Behauptung des Lemmas haben wir damit verifiziert. Außerdem gilt, wenn $A \in \mathscr{M}_\tau^s$,

$$\{A\,\Omega_{\eta^*}, \eta^* \leqq t < \zeta\} = \{A, \tau \leqq t < \zeta\}\,\{\eta^* \leqq t < \zeta\} \in \mathscr{M}_t^s\,.$$

Das Lemma ist also bewiesen.

5.2. Wir setzen zur Abkürzung $I_t^s = [s, t]$, $I^s = [s, \infty)$, $I_t = [0, t]$ und bezeichnen mit $\mathscr{B}_t^s$, $\mathscr{B}^s$ und $\mathscr{B}_t$ die aus allen Intervallen von I_t^s bzw. I^s bzw. I_t erzeugten σ-Algebren.

Die Funktion $x\,(u, \omega) = x_u\,(\omega)$ induziert eine Abbildung des Maß-raumes $(I_t^s \times \Omega_t, \mathscr{B}_t^s \times \mathscr{M}_t^s)$ in den Maßraum $(E, \mathscr{B})$. Ein Markoffscher Prozeß heißt *meßbar*, wenn diese Abbildung für beliebige $0 \leqq s \leqq t$ meßbar ist*.

Lemma 5.2. $X = (x_t, \zeta, \mathscr{M}_t^s, \mathbf{P}_{s,\,x})$ *sei ein meßbarer Markoffscher Prozeß und* $\tau\,(\omega)$ *eine vom Zukünftigen und s-Vergangenen unabhängige Zufallsgröße. Die Funktion* $\beta\,(\omega) = x\,[\tau\,(\omega), \omega]$ *bestimmt dann eine meßbare Abbildung von* $(\Omega_\tau, \mathscr{M}_\tau^s)$ *in* $(E, \mathscr{B})$.

Beweis. Wir setzen $C_t = \{\tau \leqq t < \zeta\}$. Wir wollen nachweisen, daß für ein beliebiges $t \geqq s$ die durch β induzierte Abbildung von $(C_t, \mathscr{M}_t^s)$ in $(E, \mathscr{B})$ meßbar ist. Denn wenn τ eine meßbare Abbildung von $(C_t, \mathscr{M}_t^s)$ in $(I_t^s, \mathscr{B}_t^s)$ bestimmt, definiert die Gleichung $\alpha_1\,(\omega) = \{\tau\,(\omega), \omega\}$ eine meßbare Abbildung von $(C_t, \mathscr{M}_t^s)$ in $(I_t^s \times \Omega_t, \mathscr{B}_t^s \times \mathscr{N}_t^s)$ (Lemma 1.3). Auf Grund der Meßbarkeit des Prozesses ist andererseits die durch die Funktion $x\,(t, \omega)$ induzierte Abbildung α_2 von $(I_t^s \times \Omega_t, \mathscr{B}_t^s \times \mathscr{M}_t^s)$ in $(E, \mathscr{B})$ meßbar. Also ist die Abbildung $\alpha_2\alpha_1$ von $(C_t, \mathscr{M}_t^s)$ in $(E, \mathscr{B})$ meßbar. Natürlich stimmt $\alpha_2\alpha_1$ mit der durch β auf C_t induzierten Abbildung überein.

---

* Verschärfte Meßbarkeitsbedingungen wurden schon in § 4, Kap. 3 behandelt (siehe P. 3.16. A).

Lemma 5.3. *Es sei* $X = (x_t, \zeta, \mathcal{M}_t^s, \mathbf{P}_{s,x})$ *ein meßbarer Markoffscher Prozeß und für beliebige* $t \geqq 0$, $\Gamma \in \mathcal{B}$ *sei die Funktion*

$$P(s, x; t, \Gamma) = \mathbf{P}_{s,x}\{x_t \in \Gamma\} \quad (s \in I_t, x \in E)$$

meßbar bezüglich $\mathcal{B}_t \times \mathcal{B}$. *Dann ist*

a) *für beliebige* $r > 0$ *und* $A \in \mathcal{N}^r$ *die Funktion*

$$\mathbf{P}_{s,x}(A) \quad (s \in I_r, x \in E)$$

$\mathcal{B}_r \times \mathcal{B}$-*meßbar;*

b) *für ein beliebiges* $n \geqq 1$ *und für beliebige* $\Gamma_1, \ldots, \Gamma_n \in \mathcal{B}$ *die Funktion*

$$P(s, x; t_1, \Gamma_1, \ldots, t_n, \Gamma_n) = \mathbf{P}_{s,x}\{x_{t_1} \in \Gamma_1, \ldots, x_{t_n} \in \Gamma_n\}$$
$$(s \leqq t_1, \ldots, t_n, x \in E)$$

$\mathcal{B}^0 \times \mathcal{B} \times [\mathcal{B}^0]^n$-*meßbar.*

Beweis. Um a) zu beweisen, genügt es, den Beweis für Lemma 2.2 (mit geringfügigen Abänderungen) zu wiederholen.

Und nun der Beweis für b). Betrachten wir die Funktion

$$\varphi(s, x, t) = \begin{cases} P(s, x; t, E) = \mathbf{P}_{s,x}\{\zeta > t\}, & \text{wenn } s \leqq t, \\ 0, & \text{wenn } s > t. \end{cases}$$

Bei festem s und x ist $\varphi(s, x, t)$ eine rechtsseitig stetige Funktion von t. Bei festem t ist sie eine $\mathcal{B}^0 \times \mathcal{B}$-meßbare Funktion von s und x. Nach Lemma 1.10 folgt daraus, daß $\varphi(s, x, t)$ und entsprechend $P(s, x; t, E)$ eine $\mathcal{B}^0 \times \mathcal{B} \times \mathcal{B}^0$-meßbare Funktion von s, x und t ist. Wir erweitern die Definition der Funktion $\chi_\Gamma[x_t(\omega)]$, indem wir $\chi_\Gamma[x_t(\omega)] = 0$ setzen, wenn $\omega \bar{\in} \Omega_t$.

Es ist nun klar, daß

$$P(s, x; t_1, \Gamma_1, \ldots, t_n, \Gamma_n)$$
$$= \int_\Omega \chi_{\Gamma_1}[x_{t_1}(\omega)] \ldots \chi_{\Gamma_n}[x_{t_n}(\omega)] \, \mathbf{P}_{s,x}(d\omega). \tag{5.1}$$

Wir wählen ein beliebiges $r \geqq 0$. Auf Grund der Meßbarkeit dieses Prozesses bei beliebigem $k = 1, 2, \ldots, n$ ist die Funktion $\chi_{\Gamma_k}[x_{t_k}(\omega)]$ $(t_k \in I^r, \omega \in \Omega)$ $\mathcal{B}^r \times \mathcal{M}^r$-meßbar. Folglich ist die Funktion

$$\chi_{\Gamma_1}[x_{t_1}(\omega)] \ldots \chi_{\Gamma_n}[x_{t_n}(\omega)] \quad (t_1, \ldots, t_n \in I^r, \omega \in \Omega)$$

meßbar bezüglich $[\mathcal{B}^r]^n \times \mathcal{M}^r$. Auf Grund von a) ist die Funktion $\mathbf{P}_{s,x}(A)$ für beliebige $A \in \mathcal{M}^r$ $\mathcal{B}_r \times \mathcal{B}$-meßbar. Deshalb ist nach Lemma 1.7 die durch Formel (5.1) definierte Funktion auf der Menge $s \in I_r$, $x \in E$, $t_1, \ldots, t_n \in I^r$ $\mathcal{B}_r \times \mathcal{B} \times [\mathcal{B}^r]^n$-meßbar.

Wir bemerken, daß für den Fall, wenn $C \in \mathcal{B}_1^0$ und A eine Menge von $(n + 2)$-Tupeln $(s, x, t_1, \ldots, t_n)$ ist, für die

$$s \leqq t_1, \ldots, t_n; P(s, x; t_1, \Gamma_1, \ldots, t_n, \Gamma_n) \in C$$

gilt, die Beziehung

$$A = \left[\bigcup_r \{A, I_r \times E \times [I^r]^n\} \right] \cup \{A, t_1 = s\} \cup \cdots \cup \{A, t_n = s\} \qquad (5.2)$$

gültig ist, wobei r alle nicht negativen rationalen Zahlen durchläuft. Dem Bewiesenen zufolge gilt

$$\{A, I_r \times E \times [I^r]^n\} \in \mathscr{B}_r \times \mathscr{B} \times [\mathscr{B}^r]^n \subseteq \mathscr{B}^0 \times \mathscr{B} \times [\mathscr{B}^0]^n . \qquad (5.3)$$

Wir bemerken nun, daß auf Grund von 2.1. E

$$P\,(s,\,x;\,s,\,\Gamma) = \chi_\Gamma\,(x)\,P\,(s,\,x;\,s,\,E) . \qquad (5.4)$$

Also ist

$$\{A, t_1 = s\} = \{t_1 = s,\ \chi_{\Gamma_1}\,(x)\,P\,(s,\,x;\,t_1,\,E) \in C\} \in \mathscr{B}^0 \times \mathscr{B} \times \mathscr{B}^0 , \qquad (5.5)$$

und die Bestätigung von b) folgt aus (5.2), (5.3), (5.5). Wenn $n > 1$ ist, gilt auf Grund von (2.14) und (5.4) für $k = 1, 2, \ldots, n$

$$\{A, t_k = s\} = \{t_k = s;\ s \leqq t_1, \ldots, t_{k-1}, t_{k+1}, \ldots, t_n;$$
$$\chi_{\Gamma_k}\,(x)\,P\,(s,\,x;\,t_k,\,E)\,P\,(s,\,x;\,t_1,\,\Gamma_1, \ldots, t_{k-1}, \Gamma_{k-1}, \ldots, t_{k+1},$$
$$\Gamma_{k+1}, \ldots, t_n, \Gamma_n) \in C\} .$$

Wenn wir annehmen, daß b) bereits für den Fall $n - 1$ bewiesen ist, folgt daraus, daß

$$\{A, t_k = s\} \subseteq \mathscr{B}^0 \times \mathscr{B} \times [\mathscr{B}^0]^n . \qquad (5.6)$$

Wenn man (5.2), (5.3) und (5.6) vergleicht, darf man folgern, daß b) auch für n gilt.

Bemerkung. Die Funktion $P\,(s,\,x;\,t,\,\Gamma)$ ist immer meßbar bezüglich x; außerdem zeigen die beim Beweis von Lemma 5.2 durchgeführten Überlegungen, daß für einen beliebigen meßbaren Markoffschen Prozeß die Funktion $P\,(s,\,x;\,t,\,\Gamma)$ bezüglich der Gesamtheit der x- und t-Werte meßbar ist. Für einen homogenen Prozeß $X = (x_t, \zeta, \mathscr{M}_t^s, \mathbf{P}_{s,x})$ gilt auf Grund des Satzes 2.9 $P\,(s,\,x;\,t,\,\Gamma) = P\,(0,\,x,\,t - s,\,\Gamma)$. Folglich ist für einen beliebigen homogenen, meßbaren Markoffschen Prozeß die Funktion $P\,(s,\,x;\,t,\,\Gamma)$ in s, x und t meßbar.

§ 2. Die Definition eines streng Markoffschen Prozesses

5.3. Definition. *Wir nennen einen Markoffschen Prozeß $X = (x_t, \zeta, \mathscr{M}_t^s, \mathbf{P}_{s,x})$ im Phasenraum $(E, \mathscr{B})$ streng Markoffsch, wenn er meßbar ist und den folgenden Forderungen genügt:*

5.3. A. *Für beliebige $t \geqq 0$, $\Gamma \in \mathscr{B}$ ist*

$$P\,(s,\,x;\,t,\,\Gamma) = \mathbf{P}_{s,x}\{x_t \in \Gamma\}$$

eine $\mathscr{B}_t \times \mathscr{B}$-meßbare Funktion von s und x ($\mathscr{B}_t$ ist die σ-Algebra der Untermengen des Raumes $I_t = [0, t]$, erzeugt von allen Intervallen, die in I_t enthalten sind.)

5.3. B. *Wenn τ eine vom Zukünftigen und s-Vergangenen unabhängige Zufallsgröße ist, gilt für beliebige $\mathcal{M}_\tau^s$-meßbare Funktionen $\eta\,(\omega) \geqq \tau\,(\omega)$ und für beliebige $x \in E,\, \Gamma \in \mathcal{B}$*

$$\mathbf{P}_{s,x}\{x_\eta \in \Gamma \mid \mathcal{M}_\tau^s\} = P\,(\tau,\, x_\tau;\, \eta,\, \Gamma) \quad \text{(f. s. } \Omega_\tau,\, \mathbf{P}_{s,x}).\tag{5.7}$$

Die Forderung 5.3. B kann auch folgende Form annehmen:

5.3. B′. Für beliebige $x \in E,\, s \geqq 0,\, \Gamma \in \mathcal{B}$ sei τ eine vom Zukünftigen und s-Vergangenen unabhängige Zufallsgröße, und $\eta\,(\omega)$ eine $\mathcal{M}_\tau^s$-meßbare Funktion, wobei $\eta\,(\omega) \geqq \tau\,(\omega)$; dann gilt für ein beliebiges $A \in \mathcal{M}_\tau^s$ die Gleichung

$$\mathbf{P}_{s,x}\,(A,\, x_\eta \in \Gamma) = \int\limits_A P\,(\tau,\, x_\tau;\, \eta,\, \Gamma)\,\mathbf{P}_{s,x}(d\omega).\tag{5.8}$$

In der Tat ist nach der Definition der bedingten Wahrscheinlichkeit die Forderung 5.3. B gleichwertig 5.3. B′ und der Forderung, daß die ω-Funktion $P\,(\tau,\, x_\tau;\, \eta,\, \Gamma)$ $\mathcal{M}_\tau^s$-meßbar ist. Aus der Forderung 5.3. A folgt gemäß Lemma 5.3 (P. b), daß die Funktion $P\,(s,\, x;\, t,\, \Gamma)$ $\mathcal{B}^0 \times \times \mathcal{B} \times \mathcal{B}^0$-meßbar ist. Die $\mathcal{M}_\tau^s$-Meßbarkeit der Funktion $P\,(\tau,\, x_\tau;\, \eta,\, \Gamma)$ folgt also aus den Lemmata 5.2 und 1.3.

5.4. Im folgenden werden wir Beispiele Markoffscher Prozesse konstruieren, die nicht streng Markoffsch sind (siehe P. 6.18). Für diese Prozesse sind die Forderungen 5.3. B und 5.3. B′ nicht erfüllt. Wir werden jedoch gleich zeigen, daß eine Abschwächung dieser Forderungen für einen beliebigen Markoffschen Prozeß erfüllt ist.

Lemma 5.4. *Für einen beliebigen Markoffschen Prozeß X sind die Forderungen 5.3. B und 5.3. B′ erfüllt, wenn die Zufallsgrößen τ und η nur eine endliche oder abzählbare Menge von Werten annehmen.*

Beweis. τ nehme die Werte $t_1, t_2, \ldots,$ an, η die Werte $u_1, u_2, \ldots$ Es gehöre $A \in \mathcal{M}_\tau^s,\, \Gamma \in \mathcal{B}$. Es ist klar, daß

$$A_{ik} = \{A,\, \tau = t_i,\, \eta = u_k\} = \{A,\, \tau = t_i\}\,\{\eta = u_k,\, \tau = t_i\} \in \mathcal{M}_{t_i}^s$$
$$(i,\, k = 1,\, 2,\, \ldots).$$

Auf Grund von 2.1. F′ gilt für $t_i \leqq u_k$

$$\mathbf{P}_{s,x}\,(A_{ik},\, x_\eta \in \Gamma) = \mathbf{P}_{s,x}\,(A_{ik},\, x_{u_k} \in \Gamma) = \int\limits_{A_{ik}} P\,(t_i,\, x_{t_i};\, u_k,\, \Gamma)\,\mathbf{P}_{s,x}(d\omega)$$
$$= \int\limits_{A_{ik}} P\,(\tau,\, x_\tau;\, \eta,\, \Gamma)\,\mathbf{P}_{s,x}(d\omega).$$

Summiert man diese Beziehungen über alle Paare $i,\, k$, für die $t_i \leqq u_k$ ist, so erhalten wir die Gleichung (5.8).

Wir bemerken nun, daß die Funktion $\psi\,(\omega) = P\,(\tau,\, x_\tau;\, \eta,\, \Gamma)$ auf der Menge A_{ik} die Funktion $P\,(t_i,\, x_{t_i};\, u_k,\, \Gamma)$ induziert, die natürlich $\mathcal{M}_{t_i}^s$-meßbar ist. Ist $t_i \leqq t$, so erhalten wir dann für jede Zahl a

$$\{A_{ik},\, \psi\,(\omega) < a,\, \tau \leqq t < \zeta\} = \{P(t_i,\, x_{t_i};\, u_k,\, \Gamma) < a,\, t < \zeta\} \cap \{A_{ik},\, t < \zeta\} \in \mathcal{M}_t^s.$$

Die Vereinigung aller dieser Mengen ist $\{\psi(\omega) < a, \tau \leqq t < \zeta$. Die letzte Menge gehört also zu $\mathscr{M}_t^s$. Folglich ist die Funktion $\psi(\omega)$ $\mathscr{M}_\tau^s$-meßbar und aus (5.8) folgt (5.7).

5.5. Die streng Markoffsche Bedingung 5.3. B oder 5.3. B' ist als eine Variante des Prinzips der Unabhängigkeit des „Zukünftigen" (x_η) vom „Vergangenen" $(\mathscr{M}_\tau^s)$ bei bekanntem „Gegenwärtigen" (x_τ) zu verstehen. Wir wollen nun zeigen, daß dieses Prinzip auch bei einer weiteren Fassung des Zukünftigen seine Gültigkeit behält (für ein beliebiges Ereignis, das durch die Größen $x_{\eta_1}, \ldots, x_{\eta_n}$ bestimmt ist, wobei $\eta_1, \ldots, \eta_n$ Zufallsgrößen sind, die nur von Ereignissen abhängen, die im Zeitraum $[s, \tau]$ beobachtet werden). Eine genaue Formulierung gibt der Satz 5.1, dessen Beweis so durchgeführt wird wie in Satz 2.1, nur daß einige zusätzliche technische Schwierigkeiten bewältigt werden müssen.

Vorher beweisen wir noch ein Lemma.

Lemma 5.5. *Es sei* $X = (x_t, \zeta, \mathscr{M}_t^s, \mathbf{P}_{s,x})$ *ein streng Markoffscher Prozeß,* τ *eine vom Zukünftigen und s-Vergangenen unabhängige Zufallsgröße,* $\eta \geqq \tau$ *eine* $\mathscr{M}_\tau^s$-*meßbare Funktion,* $\Phi(\omega, x)$ $(\omega \in \Omega_\tau, x \in E)$ *eine* $\mathscr{M}_\tau^s \times \mathscr{B}$-*meßbare Funktion, für die* $\mathbf{M}_{s,x}\Phi(\omega, x_\eta)$ *existiert. Es gilt dann*

$$\mathbf{M}_{s,x}\{\Phi(\omega, x_\eta) \mid \mathscr{M}_\tau^s\} = \psi(\omega, \tau, x_\tau, \eta) \quad (\text{f. s. } \Omega_\tau, \mathbf{P}_{s,x}), \tag{5.9}$$

wobei

$$\psi(\omega_0, u, y, v) = \int\limits_{\Omega_v} \Phi[\omega_0, x_v(\omega)] \, \mathbf{P}_{u,y}(d\omega). \tag{5.10}$$

Beweis. Wir wollen zuerst setzen

$$\Phi(\omega, x) = \chi_C(\omega) \, \chi_\Gamma(x) \quad (C \in \mathscr{M}_\tau^s, \Gamma \in \mathscr{B}).$$

Dann gilt auf Grund von 1.6. F

$$\mathbf{M}_{s,x}\{\Phi(\omega, x_\eta) \mid \mathscr{M}_\tau^s\} = \chi_C(\omega) \, \mathbf{M}_{s,x}\{\chi_\Gamma(x_\eta) \mid \mathscr{M}_\tau^s\}$$
$$= \chi_C(\omega) \, \mathbf{P}_{s,x}\{x_\eta \in \Gamma \mid \mathscr{M}_\tau^s\} \tag{5.11}$$
$$(\text{f. s. } \Omega_\tau, \mathbf{P}_{s,x})$$

und mit Rücksicht auf (5.7)

$$\mathbf{M}_{s,x}\{\Phi(\omega, x_\eta) \mid \mathscr{M}_\tau^s\} = \chi_C(\omega) \, P(\tau, x_\tau; \eta, \Gamma)$$
$$(\text{f. s. } \Omega_\tau, \mathbf{P}_{s,x}). \tag{5.12}$$

Andererseits ist

$$\psi(\omega_0, u, y, v) = \chi_C(\omega_0) \, P(u, y; v, \Gamma). \tag{5.13}$$

Aus (5.12) und (5.13) folgt (5.9).

Wir bezeichnen mit $\mathscr{L}$ die Gesamtheit aller solcher Funktionen $\bar{\Phi}(\omega, x)$ $(\omega \in \Omega_\tau, x \in E)$, für die $\mathbf{M}_{s,x}\Phi(\omega, x_\eta)$ existiert. Die Gesamtheit $\mathscr{H}$ aller Funktionen $\Phi(\omega, x)$, die die Forderungen (5.9) und (5.10) erfüllen, bildet natürlich ein $\mathscr{L}$-System. Die Mengen $C \times \Gamma$ bilden ein π-System $\mathscr{C}$. Gemäß Lemma 1.2 enthält das $\mathscr{L}$-System $\mathscr{H}$ alle Funktionen Φ aus

$\mathscr{L}$, die bezüglich der σ-Algebra $\sigma\,(\mathscr{C}) = \mathscr{M}_\tau^s \times \mathscr{B}$ meßbar sind. Das Lemma ist damit bewiesen.

5.6. Satz 5.1. *Es sei $X = (x_t, \zeta, \mathscr{M}_t^s, \mathbf{P}_{s,x})$ ein streng Markoffscher Prozeß, τ eine vom Zukünftigen und s-Vergangenen unabhängige Zufallsgröße, $\tau \le \eta_1, \ldots, \eta_n$ ein System von $\mathscr{M}_\tau^s$-meßbaren Funktionen. Für beliebige $\Gamma_1, \ldots, \Gamma_n \in \mathscr{B}$ gilt dann*

$$\mathbf{P}_{s,x}\{x_{\eta_1} \in \Gamma_1, \ldots x_{\eta_n} \in \Gamma_n \mid \mathscr{M}_\tau^s\} = P\,(\tau, x_\tau;\, \eta_1, \Gamma_1, \ldots, \eta_n, \Gamma_n) \tag{5.14}$$
$$(\text{f. s. } \Omega_\tau, \mathbf{P}_{s,x})\,,$$

wobei $P\,(s, x;\, t_1, \Gamma_1, \ldots, t_n, \Gamma_n)$ durch die Formel (2.13) gegeben ist.

Beweis. Für $n = 1$ führt (5.14) zur Bedingung 5.3. B. Wir setzen voraus, daß die Forderung (5.14) für $n - 1$ gilt und beweisen sie für n. Es sei

$$\eta\,(\omega) = \min\,(\eta_1\,(\omega), \ldots, \eta_n\,(\omega))\,,$$
$$A_k = \{\eta_1 > \eta, \ldots, \eta_{k-1} > \eta, \eta_k = \eta\}\,.$$

Wir bemerken, daß $A_k \in \mathscr{M}_\tau^s$, $\tau \le \eta \le \eta_1, \eta_2, \ldots, \eta_n$ und η bezüglich $\mathscr{M}_\tau^s$ meßbar ist. Wir halten den Wert k $(1 \le k \le n)$ fest und setzen

$$\eta^*\,(\omega) = \begin{cases} \eta\,(\omega) & \text{für } \omega \in \Omega_{\eta^*} = \{A_k, \eta < \zeta\}\,, \\ \max\,(s, \zeta) & \text{für } \omega \bar\in \Omega_{\eta^*}\,, \end{cases}$$

und bezeichnen die Zufallsgrößen $\eta_1, \ldots, \eta_n$, die wir nur auf der Menge Ω_{η^*} betrachten, mit $\eta_1^*, \ldots, \eta_n^*$. Aus Lemma 5.1 folgt, daß η^* vom Zukünftigen und s-Vergangenen unabhängig und $\eta_1^*\,(\omega), \ldots, \eta_n^*\,(\omega)$ $(\omega \in \Omega_{\eta^*})$ $\mathscr{M}_{\eta^*}^s$-meßbar ist. Da außerdem die Ungleichung $\eta_i^* \ge \eta^*$ erfüllt ist, gilt nach der Induktionsvoraussetzung

$$\begin{aligned}
\mathbf{P}_{s,x}\,(C_k \mid \mathscr{M}_{\eta^*}^s) &= H_k\,(\eta^*, x_{\eta^*};\, \eta_1^*, \ldots, \eta_{k-1}^*, \eta_{k+1}^*, \ldots, \eta_n^*) \\
&= H_k\,(\eta, x_\eta;\, \eta_1, \ldots, \eta_{k-1}, \eta_{k+1}, \ldots, \eta_n) \tag{5.15} \\
& (\text{f. s. } \Omega_{\eta^*}, \mathbf{P}_{s,x})\,,
\end{aligned}$$

wobei

$$\left.\begin{aligned}
C_k &= \{x_{\eta_1^*} \in \Gamma_1, \ldots, x_{\eta_{k-1}^*} \in \Gamma_{k-1}, x_{\eta_{k+1}^*} \in \Gamma_{k+1}, \ldots, x_{\eta_n^*} \in \Gamma_n\} \\
H_k\,&(u, y;\, v_1, \ldots, v_{n-1}) \\
&= P\,(u, y;\, v_1, \Gamma_1, \ldots, v_{k-1}, \Gamma_{k-1}, v_{k+1}, \Gamma_{k+1}, \ldots, v_{n-1}, \Gamma_n)\,.
\end{aligned}\right\} \tag{5.16}$$

Wir setzen

$$B = \{x_{\eta_1} \in \Gamma_1, \ldots, x_{\eta_n} \in \Gamma_n\}\,.$$

Es ist klar, daß

$$B = \bigcup_{k=1}^{n} \{A_k, x_{\eta_k} \in \Gamma_k, C_k\}\,. \tag{5.17}$$

Auf Grund von (5.15) und (5.17) gilt für beliebige $A \in \mathcal{M}_\tau^s$

$$
\begin{aligned}
\mathbf{P}_{s,x}(A\,B) &= \sum_{k=1}^{n} \mathbf{P}_{s,x}\{A\,A_k,\, x_{\eta_k} \in \Gamma_k,\, C_k\} \\
&= \sum_{k=1}^{n} \int\limits_{\{A A_k,\, x_{\eta_k} \in \Gamma_k\}} H_k(\eta,\, x_\eta;\, \eta_1,\, \ldots,\, \eta_{k-1},\, \eta_{k+1},\, \ldots,\, \eta_n)\, \mathbf{P}_{s,x}(d\omega) \\
&= \sum_{k=1}^{n} \mathbf{M}_{s,x}[\Phi_k(\omega,\, x_\eta)\, \chi_A] \\
&= \sum_{k=1}^{n} \mathbf{M}_{s,x}\{\chi_A\, \mathbf{M}_{s,x}[\Phi_k(\omega,\, x_\eta) \mid \mathcal{M}_\tau^s]\},
\end{aligned}
\tag{5.18}
$$

wobei

$$
\Phi_k(\omega,\, x) = \chi_{A_k}(\omega)\, \chi_{\Gamma_k}(x)\, H_k(\eta,\, x;\, \eta_1,\, \ldots,\, \eta_{k-1},\, \eta_{k+1},\, \ldots,\, \eta_n). \tag{5.19}
$$

Die Abbildung $\Omega_\tau \times E \to I_1^0$, die durch die Funktion $\Phi_k(\omega,\, x)$ bestimmt ist, kann man in Form eines Produktes $\beta\,\alpha$ darstellen, wobei man die Abbildungen $\alpha: \Omega_\tau \times E \to [I^0]^n \times E$ und $\beta: [I^0]^n \times E \to I_1^0$ mittels der Formeln

$$
\alpha(\omega,\, x) = \{\eta(\omega),\, \eta_1(\omega),\, \ldots,\, \eta_{k-1}(\omega),\, \eta_{k+1}(\omega),\, \ldots,\, \eta_n(\omega),\, x\},
$$

$$
\beta(v,\, v_1,\, \ldots,\, v_{n-1},\, x) = H_k(v,\, x;\, v_1,\, \ldots,\, v_{n-1})
$$

beschreibt. Aus Lemma 1.3 folgt, daß α eine meßbare Abbildung von

$$
(\Omega_\tau \times E,\, \mathcal{M}_\tau^s \times \mathcal{B}) \quad \text{in} \quad ([I^0]^n \times E,\, [\mathcal{B}^0]^n \times \mathcal{B})
$$

ist. In Übereinstimmung mit Lemma 5.3 ist β eine meßbare Abbildung von $([I^0]^n \times E,\, [\mathcal{B}^0]^n \times \mathcal{B})$ in $(I_1^0,\, \mathcal{B}_1^0)$. Deshalb ist die Funktion $\Phi_k(\omega,\, x)$ $\mathcal{M}_\tau^s \times \mathcal{B}$-meßbar und wir dürfen Lemma 5.5 anwenden. In unserem Fall ist

$$
\begin{aligned}
\psi(\omega_0,\, u,\, y,\, v) &= \int\limits_{\Omega_v} \Phi_k[\omega_0,\, x_v(\omega)]\, \mathbf{P}_{u,v}(d\omega) \\
&= \int\limits_{\Omega_v} \chi_{A_k}(\omega_0)\, \chi_{\Gamma_k}[x_v(\omega)]\, H_k[\eta(\omega_0),\, x_v(\omega); \\
&\qquad \eta_1(\omega_0),\, \ldots,\, \eta_{k-1}(\omega_0),\, \eta_{k+1}(\omega_0),\, \ldots,\, \eta_n(\omega_0)]\, \mathbf{P}_{u,v}(d\omega) \\
&= \chi_{A_k}(\omega_0) \int\limits_{\Gamma_k} P(u,\, y;\, v,\, dz)\, H_k[\eta(\omega_0),\, z; \\
&\qquad \eta_1(\omega_0),\, \ldots,\, \eta_{k-1}(\omega_0),\, \eta_{k+1}(\omega_0),\, \ldots,\, \eta_n(\omega_0)]
\end{aligned}
$$

und auf Grund von (5.16) und (2.14)

$$
\begin{aligned}
\psi(\omega_0,\, u,\, y,\, \eta(\omega_0)) &= \chi_{A_k}(\omega_0)\, P(u,\, y;\, \eta(\omega_0),\, \Gamma_k,\, \eta_1(\omega_0),\, \Gamma_1,\, \ldots,\, \eta_{k-1}(\omega_0), \\
&\qquad \Gamma_{k-1},\, \eta_{k+1}(\omega_0),\, \Gamma_{k+1},\, \ldots,\, \eta_n(\omega_0),\, \Gamma_n) \\
&= \chi_{A_k}(\omega_0)\, P(u,\, y;\, \eta_1(\omega_0),\, \Gamma_1,\, \ldots,\, \eta_n(\omega_0),\, \Gamma_n).
\end{aligned}
$$

Folglich ist

$$\psi(\omega, \tau, x_\tau, \eta) = \chi_{A_k}(\omega)\, P(\tau, x_\tau; \eta_1, \Gamma_1, \ldots, \eta_n, \Gamma_n)\,. \qquad (5.20)$$

Wenn wir (5.9) und (5.20) vergleichen, erhalten wir

$$\mathbf{M}_{s,x}\{\Phi_k(\omega, x_\eta) \mid \mathscr{M}_\tau^s\} = \chi_{A_k}(\omega)\, P(\tau, x_\tau; \eta_1, \Gamma_1, \ldots, \eta_n, \Gamma_n) \atop (\text{f. s. } \Omega_\tau, \mathbf{P}_{s,x})\,. \qquad (5.21)$$

Aus (5.18) und (5.21) folgt, daß

$$\mathbf{P}_{s,x}(A\,B) = \mathbf{M}_{s,x}[\chi_A P(\tau, x_\tau; \eta_1, \Gamma_1, \ldots, \eta_n, \Gamma_n)]\,. \qquad (5.22)$$

Da die Funktion $P(\tau, x_\tau; \eta_1, \Gamma_1, \ldots, \eta_n, \Gamma_n)$ $\mathscr{M}_\tau^s$-meßbar ist (dies folgt aus Lemma 5.2 und 5.3), ist (5.22) mit (5.14) gleichwertig.

Folgerung. *Es sei X ein streng Markoffscher Prozeß. Wenn $\tau, \eta_1, \ldots, \eta_n, \ldots$ ein System der in Satz 5.1 beschriebenen ω-Funktionen ist, wenn außerdem $f(x_1, \ldots, x_n, \ldots)$ eine beliebige $\mathscr{B}^\infty$-meßbare Funktion im Raum E^∞ ist derart, daß $\mathbf{M}_{s,x}f(x_{\eta_1}, \ldots, x_{\eta_n}, \ldots)$ existiert, so gilt*

$$\mathbf{M}_{s,x}\{f(x_{\eta_1}, \ldots, x_{\eta_n}, \ldots) \mid \mathscr{M}_\tau^s\} = F(\tau, x_\tau; \eta_1, \ldots, \eta_n, \ldots) \atop (\text{f. s. } \Omega_\tau, \mathbf{P}_{s,x})\,, \qquad (5.23)$$

wobei

$$F(u, y; v_1, \ldots, v_n, \ldots) = \mathbf{M}_{u,y}f(x_{v_1}, \ldots, x_{v_n}, \ldots)\,. \qquad (5.24)$$

Beweis. Bezeichnen wir mit $\mathscr{L}$ das System aller Funktionen f, für die $\mathbf{M}_{s,x}f(x_{\eta_1}, \ldots, x_{\eta_n}, \ldots)$ existiert, sowie mit $\mathscr{H}$ die Gesamtheit aller Funktionen f, für die die Gleichungen (5.23) und (5.24) gelten. Gemäß Satz 5.1 enthält $\mathscr{H}$ die charakteristischen Funktionen der Mengen $\Gamma_1 \times \ldots \times \Gamma_n$ ($n = 1, 2, \ldots; \Gamma_1, \ldots, \Gamma_n \in \mathscr{B}$). Diese Mengen bilden ein π-System, das $\mathscr{B}^\infty$ erzeugt. Es ist klar, daß $\mathscr{H}$ ein $\mathscr{L}$-System ist und daß nach Lemma 1.2 $\mathscr{H}$ alle $\mathscr{B}^\infty$-meßbaren Funktionen aus $\mathscr{L}$ enthält.

5.7. Wir führen nun noch eine wichtige Formulierung des Prinzips der Unabhängigkeit des „Zukünftigen" vom „Vergangenen" bei bekanntem „Gegenwärtigen" ein. Vorerst einige Bezeichnungen.

Bezeichnen wir mit $\mathscr{T}^s$ die σ-Algebra im Raum $\Omega \times I^s$, erzeugt durch die Mengen $\Omega \times I_T^s$ ($T \geq s$) und

$$\{(\omega, t): x_{\varphi(t)}(\omega) \in \Gamma\}$$

($\Gamma \in \mathscr{B}$, $\varphi(t)$ ist eine beliebige $\mathscr{B}^s$-meßbare Funktion im Intervall I^s derart, daß für alle t $\varphi(t) \geq t$ ist.) Natürlich kann man $\mathscr{T}^s$ auch als minimale σ-Algebra im Raum $\Omega \times I^s$ auffassen, bezüglich der die Funktionen $f(t, \omega) = t$ und $\Phi(t, \omega) = x_{\varphi(t)}(\omega)$ meßbar sind.

Lemma 5.6. *Wenn $T \geq s$ und $\xi(\omega)$ eine beliebige $\mathscr{N}^T$-meßbare Funktion ist, dann ist die Funktion $\chi_{[s,T]}(t)\,\xi(\omega)$ $\mathscr{T}^s$-meßbar. Alle Mengen der Art*

$$\{x_n \in \Gamma\} \times [s, T] \quad (n \geq T, \Gamma \in \mathscr{B}) \qquad (5.25)$$

gehören zur σ*-Algebra* $\mathscr{T}^s$. *Zusammen mit den Mengen* $\Omega \times I_T^s$ $(T \geqq s)$ *bilden sie die* σ*-Algebra* $\mathscr{T}^s$ *in dem Fall, wo* X *ein rechtsseitig stetiger Prozeß in einem topologischen Maßraum ist, der den Bedingungen* 1.9. A *und* 1.9. B *genügt.*

Beweis. Laut Lemma 1.5 ist

$$\xi(\omega) = f(x_{t_1}, \ldots, x_{t_n}, \ldots),$$

wobei $t_1, \ldots, t_n, \ldots \geqq T$ und f eine im Raum E^∞ $\mathscr{B}^\infty$-meßbare Funktion ist. Betrachten wir irgendwelche $\mathscr{B}_\infty^s$-meßbare Funktionen $\varphi_i(t)$, die den Bedingungen

$$\varphi_i(t) = \begin{cases} t_i & \text{wenn } s \leq t \leq T, \\ \geqq t & \text{wenn } t > T \end{cases}$$

genügen. Natürlich ist

$$\chi_{[s,T]}(t)\,\xi(\omega) = \chi_{[s,T]}(t)\,f(x_{\varphi_1(t)}, \ldots, x_{\varphi_n(t)}, \ldots),$$

folglich ist $\chi_{[s,T]}(t)\,\xi(\omega)$ $\mathscr{T}^s$-meßbar. Wenn wir $\xi = \chi_\Gamma(x_u)$ $(u \geqq T)$ setzen, folgt, daß $\{x_u \in \Gamma\} \times [s, T] \in \mathscr{T}^s$.

Wir nehmen nun an, daß X ein rechtsseitig stetiger Prozeß in dem topologischen Maßraum $(E, \mathscr{C}, \mathscr{B})$ ist, der den Bedingungen 1.9. A und 1.9. B genügt. Wir bezeichnen mit $\tilde{\mathscr{T}}^s$ die σ-Algebra in $\Omega \times I^s$, die durch die Mengen $\Omega \times I_T^s$ $(T \geqq s)$ und durch die Mengen (5.25) erzeugt wird. Es sei $\varphi(t)$ eine beliebige $\mathscr{B}_\infty^s$-meßbare Funktion, die der Ungleichung $\varphi(t) \geqq t$ genügt; die Punkte t_k^n mögen eine kanonische Unterteilungsfolge $\{\Delta_k^n\}$ des Intervalls I^s bestimmen. Wir setzen

$$\varphi_n(t) = t_k^n, \text{ wenn } \varphi(t) \in \Delta_k^n.$$

Für beliebige $\Gamma \in \mathscr{B}$ ist

$$\{(t, \omega) : x_{\varphi_n(t)}(\omega) \in \Gamma\} = \bigcup_k \{x_{t_k^n} \in \Gamma\} \times \{\varphi(t) \in \Delta_k^n\} \in \tilde{\mathscr{T}}^s.$$

Folglich ist die Funktion $x_{\varphi_n(t)}(\omega)$ $\tilde{\mathscr{T}}^s$-meßbar. Wenn $n \to \infty$ strebt, gilt $\varphi_n(t) \downarrow \varphi(t)$, und auf Grund der rechtsseitigen Stetigkeit des Prozesses X strebt $x_{\varphi_n(t)} \to x_{\varphi(t)}$. Übereinstimmend mit Lemma 1.9 ist $x_{\varphi_n(t)}(\omega)$ auch $\tilde{\mathscr{T}}^s$-meßbar. Also ist $\tilde{\mathscr{T}}^s = \mathscr{T}^s$.

5.8. Satz 5.2. *Es sei* X *ein streng Markoffscher Prozeß,* τ *eine vom Zukünftigen und* s*-Vergangenen unabhängige Zufallsgröße. Ferner sei* $\Phi(\omega, t)$ $(\omega \in \Omega, t \in I^s)$ *eine derartige* $\mathscr{T}^s$*-meßbare Funktion, so daß* $\Phi(\omega, \tau)$ $\mathbf{P}_{s,x}$*-summierbar ist. Dann gilt*

$$\mathbf{M}_{s,x}\{\Phi(\omega, \tau) \mid \mathscr{M}_\tau^s\} = F(\tau, x_\tau) \quad (\text{f. s. } \Omega_\tau, \mathbf{P}_{s,x}), \tag{5.26}$$

wobei

$$F(t, y) = \mathbf{M}_{t,y}\,\Phi(\omega, t). \tag{5.27}$$

Beweis. Es sei

$$B = \{(\omega, t) : s \leq t \leq T, x_{\varphi_1(t)} \in \Gamma_1, \ldots, x_{\varphi_n(t)} \in \Gamma_n\}, \tag{5.28}$$

wobei

$$T \geqq s, \Gamma_1, \ldots, \Gamma_n \in \mathscr{B} \quad \text{und} \quad \varphi_1, \ldots, \varphi_n$$

solche $\mathscr{B}^s$-meßbare Funktionen sind, daß $\varphi(t) \geqq t$ ist. Wenn

$$\Phi(\omega, t) = \chi_B,$$

dann

$$\Phi(\omega, t) = \chi_{[s,T]}(t)\, \chi_{\Gamma_1}[x_{\varphi_1(t)}] \cdots \chi_{\Gamma_n}[x_{\varphi_n(t)}].$$

Folglich gilt (siehe 1.6. F)

$$\mathbf{M}_{s,x}\{\Phi(\omega,\tau) \mid \mathscr{M}_\tau^s\} = \chi_{\tau \leqq T}\, \mathbf{P}_{s,x}\{x_{\eta_1} \in \Gamma_1, \ldots, x_{\eta_n} \in \Gamma_n \mid \mathscr{M}_\tau^s\}$$
$$(\text{f. s. } \Omega_\tau, \mathbf{P}_{s,v}),$$

wobei

$$\eta_i = \varphi_i(\tau).$$

Auf Grund von Satz 5.1 folgt daraus, daß

$$\mathbf{M}_{s,x}\{\Phi(\omega,\tau) \mid \mathscr{M}_\tau^s\} = \chi_{\tau \leqq T}\, P(\tau, x_\tau; \eta_1, \Gamma_1, \ldots, \eta_n, \Gamma_n) \ (\text{f. s.} \Omega_\tau, \mathbf{P}_{s,x}). \quad (5.29)$$

Andererseits ist

$$\mathbf{M}_{t,y}\, \Phi(\omega, t) = \chi_{[s,T]}(t)\, P(t, y; \varphi_1(t), \Gamma_1, \ldots, \varphi_n(t), \Gamma_n). \quad (5.30)$$

Wenn wir (5.29) und (5.30) miteinander vergleichen, schließen wir, daß die Bedingung (5.26) für $\Phi(\omega, t) = \chi_B$ erfüllt ist. Die Mengen B, die die Form (5.28) haben, bilden ein π-System $\mathscr{C}$. Die Funktionen Φ, die die Bedingung (5.26) erfüllen, bilden ein $\mathscr{L}$-System. (Mit $\mathscr{L}$ bezeichnen wir die Gesamtheit aller solcher Funktionen Φ, für die $\Phi(\omega, \tau)$ $\mathbf{P}_{s,x}$-summierbar ist.) Laut Lemma 1.2 enthält dieses System alle Funktionen aus $\mathscr{L}$, die bezüglich $\sigma(\mathscr{C}) = \mathscr{T}^s$ meßbar sind.

Folgerung. *Es sei X ein streng Markoffscher Prozeß und die vom Zukünftigen und s-Vergangenen unabhängige Zufallsgröße τ genüge der Ungleichung $\tau \leqq T$. Dann gilt für eine beliebige $\mathscr{N}^T$-meßbare und $\mathbf{P}_{s,x}$-summierbare Funktion ξ*

$$\mathbf{M}_{s,x}(\xi \mid \mathscr{M}_\tau^s) = \mathbf{M}_{\tau, x_\tau}\, \xi \quad (\text{f. s. } \Omega_\tau, \mathbf{P}_{s,x}). \quad (5.31)$$

Um sich davon zu überzeugen, genügt es, Satz 5.2 auf die $\mathscr{T}^s$-meßbare Funktion $\chi_{[s,T]}(t)\, \xi(\omega)$ anzuwenden.

5.9. Als Anwendung der bewiesenen allgemeinen Sätze wollen wir einige Eigenschaften der Zufallsgrößen $\xi_s(\Gamma)$, $\xi_s(\mathscr{F})$, $\tau_s(G)$, die in Kap. 3, § 2—3 definiert wurden, herleiten.

Lemma 5.7. *Es sei X ein rechtsseitig stetiger, streng Markoffscher Prozeß im topologischen Maßraum $(E, \mathscr{C}, \mathscr{B})$, der den Forderungen 1.9. A und 1.9. B genügt. $\mathscr{F}$ sei ein normales System von Untermengen von $(E, \mathscr{C}, \mathscr{B})$, und $\xi_t(F)$ sei der t-Augenblick bezüglich $\mathscr{F}$ (siehe P. 3.11). Dann sind die Funktionen $\xi_t(\mathscr{F}, \omega)$ $(\zeta(\omega) > t \geqq s)$ und $x_{\xi_t(\mathscr{F}, \omega)}(\omega)$ $\mathscr{T}^s$-meßbar.*

Beweis. Es sei $\{\Gamma_n\}$ eine Folge, die den Bedingungen 3.12. A bis 3.12. C genügt und $\mathscr{F}$ äquivalent ist.

Wir bemerken, daß

$$\xi_t(\mathscr{F}, \omega) = \lim_{n \to \infty} \inf_{r \in \Lambda} (t + r) f_{n,r}(\omega, t) \quad (\zeta(\omega) > t \geq s),$$

wobei Λ die Menge aller nicht negativen rationalen Zahlen ist und

$$f_{n,r}(\omega, t) = \begin{cases} +\infty, & \text{wenn } x_{r+t}(\omega) \in \Gamma_n, \\ 1 & \text{für die übrigen } (\omega, t). \end{cases}$$

Es ist leicht ersichtlich, daß die Funktionen $f_{n,r}(\omega, t)$ $\mathscr{T}^s$-meßbar sind, folglich sind auch die Funktionen $(t + r) f_{n,r}(\omega, t)$ $\mathscr{T}^s$-meßbar sowie die Funktion $\xi_t(\mathscr{F}, \omega)$.

Da die Abbildung des Raumes $(\Omega \times I^s, \mathscr{T}^s)$ in $(E, \mathscr{B})$, bestimmt durch die Funktion $x_t(\omega)$, meßbar ist, genügt es sich für den Beweis der Meßbarkeit von $x_{\xi_t(\mathscr{F}, \omega)}(\omega)$ davon zu überzeugen, daß die Abbildung β des Raumes $(\Omega \times I^s, \mathscr{T}^s)$ in sich durch die Formel

$$\beta(\omega, t) = (\omega, \xi_t(\mathscr{F}, \omega))$$

gegeben ist. Übereinstimmend mit Lemma 5.6 genügt es nachzuweisen, daß

$$\beta^{-1}\{\Omega \times I^s_T\} \in \mathscr{T}^s \quad (T \geq s),$$
$$\beta^{-1}\{[x_u \in \Gamma] \times I^s_T\} \in \mathscr{T}^s \quad (u \geq T \geq s).$$

Die erste dieser Inklusionen folgt aus der schon bewiesenen $\mathscr{T}^s$-Meßbarkeit der Funktion $\xi_t(\mathscr{F}, \omega)$, die zweite folgt aus der Relation

$$\beta^{-1}\{[x_u \in \Gamma] \times I^s_T\} = \{x_u \in \Gamma, \xi_t(\mathscr{F}) \leq T\},$$
$$= \{x_u \in \Gamma \times I^s_T\} \cap \{\xi_t(\mathscr{F}) \leq T\}.$$

Das Lemma ist damit bewiesen.

Satz 5.3. *Es sei X ein rechtsseitig stetiger Markoffscher Prozeß im topologischen Maßraum $(E, \mathscr{C}, \mathscr{B})$, der die Bedingungen 1.9. A und 1.9. B erfüllt. Wir setzen*

$$\Pi_G(s, x; \Delta, \Gamma) = \mathbf{P}_{s,x}\{\tau_s(G) \in \Delta, \quad x_{\tau_s(G)} \in \Gamma\}, \tag{5.32}$$

wobei $G \in \mathscr{C} \cap \mathscr{B}$ und $\tau_s(G)$ die in P. 3.13 definierte Zufallsgröße ist. Für eine beliebige, vom Zukünftigen und s-Vergangenen unabhängige Zufallsgröße η gilt dann

$$\mathbf{P}_{s,x}\{\tau_\eta(G) \in \Delta, x_{\tau_\eta(G)} \in \Gamma \mid \mathscr{M}^s_\eta\} = \Pi_G(\eta, x_\eta; \Delta, \Gamma) \tag{5.33}$$
$$(\text{f. s. } \Omega_\eta, \mathbf{P}_{s,x}).$$

Wenn $U \in \mathscr{C} \cap \mathscr{B}$, wobei die abgeschlossene Hülle von U kompakt und in G enthalten ist, dann ist

$$\mathbf{P}_{s,x}\{\tau_s(G) \in \Delta, x_{\tau_s(G)} \in \Gamma \mid \mathscr{M}^s_{\tau_s(U)}\} = \Pi_G(\tau_s(U), x_{\tau_s(U)}; \Delta, \Gamma) \tag{5.34}$$
$$(\text{f. s. } \Omega_{\tau_s(U)}, \mathbf{P}_{s,x})$$

und

$$\Pi_G (s, x; \varDelta, \Gamma) = \int_{\dot{E}} \int_0^\infty \Pi_U (s, x; dt, dy) \, \Pi_G (t, y; \varDelta, \Gamma) \,. \qquad (5.35)$$

In dem Fall, daß der Prozeß X stetig ist, werden die Bedingungen (5.34) und (5.35) für beliebige offene, meßbare Mengen $U \subset G$ erfüllt.

Beweis. Auf Grund von Lemma 5.7 ist die Funktion

$$\Phi (t, \omega) = \chi_\varDelta \left[\tau_t (G, \omega) \right] \chi_\Gamma \left[x_{\tau_t (G, \omega)} (\omega) \right]$$

$\mathscr{T}^s$-meßbar. Wenn man Satz 5.2 auf sie anwendet, gelangt man zu der Beziehung (5.33). Aus Lemma 3.9 und aus (5.33) folgt (5.34). Auf Grund von 1.6. I folgt (5.35) aus (5.34). In dem Fall, daß der Prozeß stetig ist, kann man anstatt Lemma 3.9 Lemma 3.10 und (3.54) benutzen.

Bemerkung. In einem wichtigen Spezialfall sind die Sätze 5.1 und 5.2 und ihre Folgerungen nicht nur auf einen streng Markoffschen Prozeß, sondern auch auf einen beliebigen Markoffschen Prozeß anwendbar. Dies ist der Fall, wenn die Funktionen $\tau, \eta_1, \ldots, \eta_n$ nur eine endliche oder abzählbare Menge von Werten annehmen. Tatsächlich werden für solche Funktionen gemäß Lemma 5.4 die Forderungen 5.3. B und 5.3. B' erfüllt und deshalb gelten alle Beweise, die in 5.5—5.8 angeführt sind.

§ 3. Homogene streng Markoffsche Prozesse

5.10. Es seien $X = (x_t, \zeta, \mathscr{M}_t^s, \mathbf{P}_{s,x})$ ein homogener Markoffscher Prozeß und θ_t Operatoren, die den Bedingungen 2.5. A—2.5. D genügen. Betrachten wir irgendeine nicht negative Funktion $\tau (\omega)$, und setzen wir für jedes $A \in \mathscr{N}^*$

$$\theta_\tau A = \bigcup_{t \geq 0} \{\theta_t A, \tau (\omega) = t\} \,. \qquad (5.36)$$

Aus 2.5. A und 2.5. B folgt, daß der Operator θ_τ folgende Eigenschaften besitzt:

5.10. A.

$$\theta_\tau \varOmega_0 = \varOmega_\tau, \ \theta_\tau (A \setminus B) = \theta_\tau A \setminus \theta_\tau B \,,$$

$$\theta_\tau \left(\bigcup A_\alpha \right) = \bigcup \theta_\tau A_\alpha, \ \theta_\tau \left(\bigcap A_\alpha \right) = \bigcap \theta_\tau A_\alpha$$

(α durchläuft eine beliebige Indexmenge).

5.10. B.

$$\theta_\tau \{x_h \in \Gamma\} = \{x_{\tau+h} \in \Gamma\} \,.$$

Es sei $\xi (\omega)$ eine $\mathscr{N}^*$-meßbare Funktion. Wir definieren die Funktion $\theta_\tau \xi$ durch die Formel

$$\theta_\tau \xi (\omega) = \theta_t \xi (\omega) \,, \quad \text{wenn } \tau (\omega) = t \,. \qquad (5.37)$$

Es ist leicht zu sehen, daß die Eigenschaften 2.6. A—2.6. E und 2.6. G der Operatoren θ_t beim Ersetzen von t durch τ erhalten bleiben.

Speziell ist

$$\theta_\tau \zeta = \zeta - \tau \, . \tag{5.38}$$

Lemma 5.8. *Es sei X ein homogener Markoffscher Prozeß und $\xi(\omega)$ ($\omega \in \Omega_0$) eine beliebige $\mathcal{N}$-meßbare Funktion. Die Funktion $\Phi(\omega, t)$ $= \theta_t \xi(\omega)$ ist dann $\mathcal{T}^s$-meßbar.*

Beweis. Bezeichnen wir mit $\mathcal{L}$ die Gesamtheit aller Funktionen $\xi(\omega)$ ($\omega \in \Omega_0$). Natürlich ist die Menge $\mathcal{H}$ aller Funktionen ξ, für die die Behauptung des Lemmas richtig ist, ein $\mathcal{L}$-System. Außerdem gehört die charakteristische Funktion χ_B einer beliebigen Menge

$$B = \{x_{t_1} \in \Gamma_1, \ldots, x_{t_n} \in \Gamma_n\} \quad (t_1, \ldots, t_n \geq 0; \; \Gamma_1, \ldots, \Gamma_n \in \mathcal{B})$$

zu $\mathcal{H}$. Diese Mengen bilden ein π-System, das die σ-Algebra $\mathcal{N}$ erzeugt. Die Behauptung von Lemma 5.8 folgt also aus Lemma 1.2.

Wenn wir Lemma 5.8 mit Satz 5.2 vergleichen und 2.5. D berücksichtigen, gelangen wir zu folgendem Satz:

Satz 5.4. *Es sei $X = (x_t, \zeta, \mathcal{M}_t^s, \mathbf{P}_{s,x})$ ein homogener, streng Markoffscher Prozeß, τ eine vom Zukünftigen und s-Vergangenen unabhängige Zufallsgröße. ξ sei eine derartige $\mathcal{N}$-meßbare Funktion, daß $\mathbf{M}_{s,x}\theta_\tau \xi$ existiert. Dann gilt*

$$\mathbf{M}_{s,x}(\theta_\tau \xi \mid \mathcal{M}_\tau^s) = \mathbf{M}_{x_\tau} \xi * \quad (\text{f. s. } \Omega_\tau, \mathbf{P}_{s,x}) \, . \tag{5.39}$$

Für ein beliebiges $B \in \mathcal{N}$ haben wir

$$\mathbf{P}_{s,x}(\theta_\tau B \mid \mathcal{M}_\tau^s) = \mathbf{P}_{x_\tau}(B) \quad (\text{f. s. } \Omega_\tau, \mathbf{P}_{s,x}) \, . \tag{5.40}$$

Folgerung 1. *Die Voraussetzungen des Satzes 5.4 seien erfüllt. Für beliebige $A \in \mathcal{M}_\tau^s$, $B \in \mathcal{N}$ gilt dann*

$$\mathbf{P}_{s,x}(A, \theta_\tau B) = \int_A \mathbf{P}_{x_\tau}(B) \, \mathbf{P}_{s,x}(d\omega) \, . \tag{5.41}$$

Wenn die Funktion $\xi(\omega)$ $\mathcal{N}$-meßbar, die Funktion $\eta(\omega)$ $\mathcal{M}_\tau^s$-meßbar, $\eta\,\theta_\tau \xi$ und $\theta_\tau \xi\;\mathbf{P}_{s,x}$-summierbar ist, dann gilt

$$\mathbf{M}_{s,x}(\eta\,\theta_\tau \xi) = \mathbf{M}_{s,x}(\eta\,\mathbf{M}_{x_\tau} \xi) \, . \tag{5.42}$$

Folgerung 2. *Wenn $\psi(\omega, t)$ ($\omega \in \Omega_0, t \in [0, \infty)$) eine beliebige Funktion ist und $\Phi(\omega, t) = \theta_t \psi(\omega, t)$ gilt, hat man für eine beliebige, vom Zukünftigen und s-Vergangenen unabhängige Zufallsgröße τ*

$$\mathbf{M}_{s,x}\{\Phi(\omega, \tau) \mid \mathcal{M}_\tau^s\} = F(\tau, x_\tau) \quad (\text{f. s. } \Omega_\tau, \mathbf{P}_{s,x}) \, ,$$

wobei

$$F(t, y) = \mathbf{M}_y \psi(\omega, t) \, .$$

Diese Formeln folgen aus (5.39) durch eine Standardanwendung von Lemma 1.2.

Satz 5.4. *Die Formeln (5.39)—(5.42) sind auch dann gültig, wenn $B \in \mathcal{N}$ und ξ $\mathcal{N}$-meßbar ist.* (Die Maße $\mathbf{P}_x$ erweitert man dabei auf $\mathcal{M}^0$ so, wie in P. 2.2 beschrieben.)

---

* Wir schreiben $\mathbf{M}_x \xi$ statt $\mathbf{M}_{0,x} \xi$ und $\mathbf{P}_x(B)$ statt $\mathbf{P}_{0,x}(B)$.

Der Beweis dieses Satzes ist dem des Satzes 2.1 sehr ähnlich. Deshalb verfolgen wir nur die grundlegenden Schritte und lassen Einzelheiten fort. Es gehöre $A \in \mathcal{M}_\tau^s$, $B \in \mathcal{N}$. Betrachten wir auf $\mathcal{B}$ das Maß

$$\mu\,(\Gamma) = \mathbf{P}_x\,(A,\, x_\tau \in \Gamma)\quad (\Gamma \in \mathcal{B})\,,$$

und wählen wir B_1, B_2 aus $\mathcal{N}$ so aus, daß $B_1 \subseteq B \subseteq B_2$ und $\mathbf{P}_\mu\,(B_1) = \mathbf{P}_\mu\,(B_2)$. Wenn wir auf A und B_i Formel (5.41) anwenden, erhalten wir

$$\mathbf{P}_x\,(A\,\theta_\tau B_i) = \int_A \mathbf{P}_{x_\tau}\,(B_i)\,\mathbf{P}_x\,(d\omega) = \int_E \mathbf{P}_y\,(B_i)\,\mu\,(dy) = \mathbf{P}_\mu\,(B_i)\,.$$

Daraus folgern wir, daß

$$\mathbf{P}_x\,(A\,\theta_\tau B) = \mathbf{P}_\mu\,(B_i)\,.$$

Andererseits ist

$$\mathbf{P}_\mu\,(B_i) = \int_A \mathbf{P}_{x_\tau}\,(B)\,\mathbf{P}_x\,(d\omega)\,.$$

Die Formel (5.41) ist also für die Mengen A und B bewiesen. Die Ableitung der Formeln (5.39), (5.40) und (5.42) aus (5.41) führt man mit Hilfe der mehrmals wiederholten Standardüberlegungen durch.

5.11. Es mögen ξ_s Zufallsgrößen sein, die den Bedingungen 3.7. A bis 3.7. C und (3.90) genügen. Wir haben

$$\theta_\tau\,\xi_0 = \xi_\tau - \tau\quad (\omega \in \Omega_\tau)\,. \tag{5.43}$$

Weiter gilt für beliebige $a \in E$

$$\theta_\tau\,\{x_{\xi_0} = a\} = \theta_\tau \bigcup_u \{\xi_0 = u,\, x_u = a\} = \bigcup_u \{\theta_\tau\,\xi_0 = u,\, \theta_\tau x_u = a\}$$
$$= \bigcup_u \{\xi_\tau - \tau = u,\, x_{\tau+u} = a\} = \{x_{\xi_\tau} = a\}\,,$$

also ist

$$\theta_\tau x_{\xi_0} = x_{\xi_\tau}\quad (\omega \in \Omega_\tau)\,. \tag{5.44}$$

Es sei $f\,(t,\,x)$ $(t \geq 0,\, x \in E)$ eine beliebige $\mathcal{B}_{(0,\infty)} \times \mathcal{B}$-meßbare Funktion. Aus (5.43) und (5.44) und 2.6. E folgt, daß

$$\theta_\tau f\,(\xi_0,\, x_{\xi_0}) = f\,(\xi_\tau - \tau,\, x_{\xi_\tau})\,. \tag{5.45}$$

Nehmen wir nun an, daß X ein streng Markoffscher Prozeß, τ eine vom Zukünftigen und s-Vergangenen unabhängige Zufallsgröße und die Funktion $\mathbf{M}_{s,x} f\,(\xi_\tau - \tau,\, x_{\xi_\tau})$ $\mathbf{P}_{s,x}$-summierbar sei. Aus Satz 5.4 und (5.45) folgt, daß *:

$$\mathbf{M}_{s,x}\,\{f\,(\xi_\tau - \tau,\, x_{\xi_\tau}) \mid \mathcal{M}_\tau^s\} = \mathbf{M}_{x_\tau} f\,(\xi_0,\, x_{\xi_\tau})\quad (\text{f. s. } \Omega_\tau,\, \mathbf{P}_{s,x})\,. \tag{5.46}$$

---

* Um Satz 5.4 anzuwenden, muß man sich davon überzeugen, daß die Funktion $f\,(\xi_0,\, x_{\xi_0})$ $(\omega \in \Omega_0)$ $\mathcal{N}$-meßbar ist. Auf Grund von 3.7. B gilt für beliebige $t \geq 0$ $\{\xi_0 > t\} \in \mathcal{R}_t^0$. Also ist die Funktion $\xi_0\,(\omega)$ $(\omega \in \Omega_0)$ eine vom Zukünftigen und 0-Vergangenen unabhängige Zufallsgröße für den Prozeß $(x_t,\, \xi,\, \mathcal{R}_t^s,\, \mathbf{P}_{s,x})$. Laut Lemma 5.2 ist x_{ξ_0} meßbar bezüglich $\mathcal{R}_\tau^0$. Da $\mathcal{R}_t^0$ und $\mathcal{R}_\tau^0$ in $\mathcal{N}^0$ enthalten sind, sind ξ_0 und x_{ξ_0} meßbar bezüglich $\mathcal{N} = \mathcal{N}^0\,[\Omega_0]$. Daraus ist die $\mathcal{N}$-Meßbarkeit von $f\,(\xi_0,\, x_{\xi_0})$ leicht abzuleiten.

Es sei G eine für den Prozeß X zulässige Menge. Wir führen folgende Bezeichnungen ein:

$$\pi_G^\lambda(x,\, \Gamma) = \int\limits_{x_{\xi(G)} \in \Gamma} e^{-\lambda \xi(G) \mathbf{P}_x(d\omega)} \quad (\lambda \geqq 0)\,,$$

$$\Pi_G^\lambda f(x) = \mathbf{M}_x e^{-\lambda \xi(G)} f\left[x_{\xi(G)}\right] = \int\limits_E \pi_G^\lambda(x,\, dy)\, f(y)\,,$$

$$\pi_G(x,\, \Gamma) = \pi_G^0(x,\, \Gamma) = \mathbf{P}_x\left\{x_{\xi(G)} \in \Gamma\right\}\,,$$

$$\Pi_G f(x) = \Pi_G^0 f(x) = \mathbf{M}_x f\left[x_{\xi(G)}\right] = \int\limits_E \pi_G(x,\, dy)\, f(y)\,,$$

$$m_G(x) = \mathbf{M}_x\, \xi_G\,.$$

Satz 5.5. *$U,\, G$ mögen zwei für den homogenen, streng Markoffschen Prozeß X zulässige Mengen sein, wobei $U \subseteq G$. Dann gilt*

$$\Pi_G^\lambda f(x) = \Pi_U^\lambda\, \Pi_G^\lambda f(x)\,, \tag{5.47}$$

wenn $e^{-\lambda \xi(G)} f\left[x_{\xi(G)}\right] \mathbf{P}_x$-summierbar ist und

$$\pi_G^\lambda(x,\, \Gamma) = \int\limits_E \pi_U^\lambda(x,\, dy)\, \pi_G^\lambda(y,\, \Gamma)\,, \tag{5.48}$$

$$m_G(x) = m_U(x) + \mathbf{M}_x m_G\left[x_{\xi(U)}\right]$$
$$= m_U(x) + \int\limits_E m_G(y)\, \pi_U(x,\, dy)\,, \tag{5.49}$$

wenn $m_G(x) < \infty$.

Beweis. Setzen wir in der Formel (5.46) $s = 0$, $f(t,\, x) = e^{-\lambda t} f(x)$, $\xi_t = \xi_t(G)$, $\tau = \xi(U)$. Wenn wir berücksichtigen, daß auf Grund von (3.54) $\xi_\tau = \xi(G)$ ist, erhalten wir

$$\mathbf{M}_x\left\{e^{-\lambda[\xi(G) - \xi(U)]} f\left[x_{\xi(G)}\right] \mid \mathscr{M}_{\xi(U)}^0\right\} = \Pi_G^\lambda f\left[x_{\xi(U)}\right] \quad (\text{f. s. } \Omega_{\xi(U)},\, \mathbf{P}_x)\,.$$

Da die Funktion $e^{\lambda \xi(U)}\, \mathscr{M}_{\xi(U)}^0$-meßbar ist, folgern wir, daß

$$\mathbf{M}_x\left\{e^{-\lambda \xi(G)} f\left[x_{\xi(G)}\right] \mid \mathscr{M}_{\xi(U)}^0\right\} = e^{-\lambda \xi(U)}\, \Pi_G^\lambda f\left[x_{\xi(U)}\right] \quad (\text{f. s. } \Omega_{\xi(U)},\, \mathbf{P}_x)\,.$$

Wenn wir von beiden Seiten die mathematische Erwartung bilden, erhalten wir (5.47). Ist $f(x) = \chi_\Gamma(x)$, so geht die Beziehung (5.47) in (5.48) über.

Die Beziehung (5.49) geht aus der folgenden Gleichung hervor:

$$\mathbf{M}_x\, \xi(G) - \mathbf{M}_x\, \xi(U) = \int\limits_{\Omega_{\tau(U)}} \left[\xi(G) - \xi(U)\right] \mathbf{P}_x(d\omega)$$
$$= \int\limits_{\Omega_{\tau(U)}} \theta_{\xi(U)}\, \xi(G)\, \mathbf{P}_x(d\omega) = \mathbf{M}_x \mathbf{M}_{x_{\xi(U)}}\, \xi(G)\,.$$

Bemerkung. Es sei X ein rechtsseitig stetiger, homogener, streng Markoffscher Prozeß im topologischen Maßraum $(E,\, \mathscr{C},\, \mathscr{B})$, der die Bedingung 1.9. B erfüllt; $U,\, G$ mögen zwei offene, meßbare Mengen in

$(E, \mathscr{C}, \mathscr{B})$ sein, wobei die abgeschlossene Hülle von U kompakt und in G enthalten sein möge. Wenn wir in der Definition der Funktionen $\Pi_G^\lambda f(x)$, $\pi_G^\lambda(x, \Gamma)$ und $m_G(x)$ für $\xi_s(G)$ einsetzen $\tau_s(G)$, bleiben die Beziehungen (5.47)—(5.49) erhalten (dies folgt aus Lemma 3.7 und 3.9).

5.12. Wir werden kurz darlegen, wie sich unsere Definitionen und Resultate ändern, wenn man einen homogenen Prozeß als ein System von Elementen $(x_t, \zeta, \mathscr{M}_t, \mathbf{P}_x, \theta_t)$ auffaßt, die den Bedingungen 2.8. A bis 2.8. C genügen.

Wir sagen, daß der Prozeß $X = (x_t, \zeta, \mathscr{M}_t, \mathbf{P}_x, \theta_t)$ meßbar ist, wenn für beliebige t die durch die Funktion $x_u(\omega)$ bestimmte Abbildung des Raumes $(\Omega_t \times I_t, \mathscr{M}_t \times \mathscr{B}_t)$ in $(E, \mathscr{B})$ meßbar ist. Die nicht negative Funktion $\tau(\omega)$ $(\omega \in \Omega_\tau)$ werden wir eine vom Zukünftigen unabhängige Zufallsgröße nennen, wenn $\tau(\omega) \leq \zeta(\omega)$ und wenn für beliebige t $\{\tau \leq t < \zeta\} \in \mathscr{M}_t$ ist. Wenn $A \subseteq \Omega_\tau = \{\tau < \zeta\}$ und für beliebige t $\{A, \tau \leq t < \zeta\} \in \mathscr{M}_t$ ist, setzen wir $A \in \mathscr{M}_\tau$. Auf den betrachteten Fall kann man naturgemäß alle Lemmata aus § 1 übertragen. Im Besonderen kann man feststellen (vgl. die Bemerkung am Ende von P. 5.2), daß für einen meßbaren, homogenen Prozeß die Übergangsfunktion $P(t, x, \Gamma)$ immer für alle t und x meßbar ist.

Wir werden den Prozeß $X = (x_t, \zeta, \mathscr{M}_t, \mathbf{P}_x, \theta_t)$ einen streng Markoffschen Prozeß nennen, wenn für eine beliebige, vom Zukünftigen unabhängige Zufallsgröße τ, sowie für eine beliebige, nicht negative $\mathscr{M}_\tau$-meßbare Funktion $\delta(\omega)$ $(\omega \in \Omega_\tau)$ und für beliebige $\Gamma \in \mathscr{B}$ die Gleichung

$$\mathbf{P}_x \{x_{\tau+\delta} \in \Gamma \mid \mathscr{M}_\tau\} = P(\delta, x_\tau, \Gamma) \tag{5.50}$$

gültig ist. Daraus folgt, daß für beliebige $B \in \mathscr{N}$

$$\mathbf{P}_x \{\theta_\tau B \mid \mathscr{M}_\tau\} = \mathbf{P}_{x_\tau}(B) \quad \text{(f. s. } \Omega_\tau, \mathbf{P}_x) \tag{5.51}$$

gilt und für eine beliebige $\mathscr{N}$-meßbare Funktion ξ mit der Eigenschaft, daß $\theta_\tau \xi$ $\mathbf{P}_x$-summierbar ist, die Formel

$$\mathbf{M}_x \{\theta_\tau \xi \mid \mathscr{M}_\tau\} = \mathbf{M}_{x_\tau} \xi \quad \text{(f. s. } \Omega_\tau, \mathbf{P}_x) \tag{5.52}$$

gültig ist.

Es sei $X = (x_t, \zeta, \mathscr{M}_t^s, \mathbf{P}_{s,x})$ irgendein homogener Markoffscher Prozeß in der ersten Bedeutung und $X' = (x_t, \zeta, \mathscr{M}_t, \mathbf{P}_x, \theta_t)$ der ihm entsprechende Markoffsche Prozeß in der zweiten Bedeutung. Es ist leicht festzustellen, daß der Prozeß X' dann und nur dann meßbar ist, wenn der Prozeß X meßbar ist. Es ist auch klar, daß mit X (im Sinne von P. 5.3) auch der Prozeß X' ein streng Markoffscher Prozeß ist. Die umgekehrte Behauptung (d. h. der streng Markoffsche Charakter des Prozesses X) kann nur unter der Voraussetzung bewiesen werden, daß nicht nur der Prozeß X' ein streng Markoffscher Prozeß ist, sondern auch $X'' = (x_t, \zeta, \mathscr{M}_{t+0}, \mathbf{P}_x, \theta_t)$, wobei $\mathscr{M}_{t+0} = \bigcap_{u>t} \mathscr{M}_u$. (In diesem Fall ist eine beliebige, für den Prozeß X vom Zukünftigen und s-Vergangenen unabhängige Zufallsgröße τ darstellbar in der Form $\tau = s + \theta_s \tilde{\tau}$, wobei $\tilde{\tau}$ eine vom Zukünftigen für den Prozeß X'' unabhängige Zufallsgröße ist.) Wir werden diese letzte Tatsache nicht beweisen, da wir uns im folgenden nicht auf sie stützen werden.

Bemerken wir zum Schluß, daß alle in § 3 für homogene, streng Markoffsche Prozesse abgeleiteten Formeln ihre Gültigkeit für beliebige Markoffsche Prozesse behalten, wenn die Zufallsgröße τ nur eine endliche oder abzählbare Menge von Werten annimmt.

§ 4. Abgeschwächte Formen der streng Markoffschen Bedingung für rechtsseitig stetige Markoffsche Prozesse

5.13. *Im folgenden Teil des Kapitels 5 werden wir rechtsseitig stetige Markoffsche Prozesse im topologischen Maßraum $(E, \mathscr{C}, \mathscr{B})$ betrachten, der den Bedingungen* 1.9. A *und* 1.9. B *genügt. In* § 4 *werden wir nachweisen, daß man für diese Prozesse die Formulierung der streng Markoffschen Eigenschaft* 5.3. B *abschwächen kann, indem man die Klassen der Zufallsgrößen* τ *und* η, *die in dieser Formulierung auftreten, einschränkt. Gleichzeitig wird die streng Markoffsche Formulierung noch einer weniger wichtigen, aber für die weiteren Ausführungen bequemen Transformation unterzogen: anstatt der bedingten Wahrscheinlichkeit des Ereignisses* $\{x_t \in \Gamma\}$ *werden wir die bedingte mathematische Erwartung der Zufallsgröße* $f(x_t)$ *betrachten, wobei* f *eine beschränkte, stetige und meßbare Funktion ist. Die Gesamtheit aller beschränkten, stetigen, meßbaren Funktionen* $f(x)$ *auf dem Raum* $(E, \mathscr{C}, \mathscr{B})$ *werden wir mit dem Buchstaben* C *bezeichnen.*

Lemma 5.9. *Der rechtsseitig stetige Markoffsche Prozeß* $X = (x_t, \zeta, \mathscr{M}_t^s, \mathbf{P}_{s,x})$ *ist meßbar.*

Um dies zu beweisen, genügt es, Lemma 1.10 auf das Intervall $\varDelta = [s, t]$, auf den Maßraum $(\Omega_t, \mathscr{M}_t^s)$, auf den topologischen Maßraum $(E, \mathscr{C}, \mathscr{B})$ und auf die Abbildung $x_u(\omega)$ anzuwenden.

Satz 5.6. *Es sei* $X = (x_t, \zeta, \mathscr{M}_t^s, \mathbf{P}_{s,x})$ *ein rechtsseitig stetiger Markoffscher Prozeß, der der Bedingung* 5.3. A *und der folgenden genügt:*

5.13. A. *Für beliebige* $x \in E, 0 \leqq s \leqq t, f \in C$ *und für eine beliebige, vom Zukünftigen und* s-*Vergangenen unabhängige Zufallsgröße* $\tau \leqq t$ *gelte die Gleichung*

$$\mathbf{M}_{s,x}\{f(x_t) \mid \mathscr{M}_\tau^s\} = \mathbf{M}_{\tau, x_\tau} f(x_t) \quad \text{(f. s. } \Omega_\tau, \mathbf{P}_{s,x}) \, . \tag{5.53}$$

Dann ist X *ein streng Markoffscher Prozeß.*

Beweis. Gemäß Lemma 5.9 ist der Prozeß meßbar. Es gehöre $f \in C$, τ sei eine vom Zukünftigen und s-Vergangenen unabhängige Zufallsgröße, η eine $\mathscr{M}_\tau^s$-meßbare Funktion, die der Ungleichung $\eta \geqq \tau$ genügt.

Die Punkte t_k^n mögen eine kanonische Unterteilungsfolge $\{\Delta_k^n\}$ des Intervalls $[s, \infty)$ bilden. Wir setzen

$$\tau_i^n(\omega) = \begin{cases} \tau(\omega), & \text{wenn } \tau(\omega) \leq t_i^n, \\ t_i^n, & \text{wenn } \tau(\omega) > t_i^n. \end{cases}$$

Auf Grund der Bedingung 5.13. A gilt für beliebige $i \leq k$

$$\mathbf{M}_{s,x}\{f(x_{t_k^n}) \mid \mathcal{M}_{\tau_i^n}^s\} = F[\tau_i^n, x_{\tau_i^n}, t_k^n] \quad \text{(f. s. } \Omega_{\tau_i^n}, \mathbf{P}_{s,x}), \tag{5.54}$$

wobei

$$F(u, y, v) = \mathbf{M}_{u,y} f(x_v). \tag{5.55}$$

Es gehöre $A \in \mathcal{M}_\tau^s$. Die ω-Menge

$$A_{ik}^n = \{A, \tau \in \Delta_i^n, \eta \in \Delta_k^n\}$$

gehört dann zu $\mathcal{M}_{\tau_i^n}^s$. Es ist offensichtlich, daß $A_{ik}^n \in \mathcal{M}_\tau^s$ und für $\omega \in A_{ik}^n$ $\tau_i^n(\omega) = \tau(\omega)$.

Folglich ist

$$\{A_{ik}^n, \tau_i^n \leq t < \zeta\} = \{A_{ik}^n, \tau \leq t < \zeta\} \in \mathcal{M}_t^s.$$

Da $A_{ik}^n \in \mathcal{M}_{\tau_i^n}^s$, folgt aus (5.54), daß

$$\int\limits_{A_{ik}^n} f(x_{t_k^n}) \mathbf{P}_{s,x}(d\omega) = \int\limits_{A_{ik}^n} F(\tau_i^n, x_{\tau_i^n}, t_k^n) \mathbf{P}_{s,x}(d\omega). \tag{5.56}$$

Wir setzen $\eta_n(\omega) = t_k^n$, wenn $\eta(\omega) \in \Delta_k^n$.

Offensichtlich ist für $\omega \in A_{ik}^n$ $\eta_n(\omega) = t_k^n, \tau(\omega) = \tau_i^n(\omega)$. Folglich kann man die Beziehung (5.56) darstellen als

$$\int\limits_{A_{ik}^n} f(x_{\eta_n}) \mathbf{P}_{s,x}(d\omega) = \int\limits_{A_{ik}^n} F(\tau, x_\tau, \eta_n) \mathbf{P}_{s,x}(d\omega).$$

Wenn man über alle Wertepaare $i \leq k$ summiert, erhält man

$$\int\limits_A f(x_{\eta_n}) \mathbf{P}_{s,x}(d\omega) = \int\limits_A F(\tau, x_\tau, \eta_n) \mathbf{P}_{s,x}(d\omega). \tag{5.57}$$

Wir bemerken nun, daß die rechtsseitige Stetigkeit des Prozesses, sowie die Stetigkeit und Beschränktheit von $f(x)$ die rechtsseitige Stetigkeit der Funktion (5.55) bezüglich v zur Folge hat. Andererseits gilt für $n \to \infty$ $\eta_n \downarrow \eta$, also auch $f(x_{\eta_n}) \to f(x_\eta)$. Wenn wir nun zur Grenze in (5.57) für $n \to \infty$ übergehen, haben wir

$$\int\limits_A f(x_\eta) \mathbf{P}_{s,x}(d\omega) = \int\limits_A F(\tau, x_\tau, \eta) \mathbf{P}_{s,x}(d\omega). \tag{5.58}$$

Bezeichnen wir mit $\mathscr{L}$ die Gesamtheit aller beschränkten $\mathscr{B}$-meßbaren Funktionen und setzen wir $f \in \mathscr{H}$, wenn f die Bedingungen (5.55) und (5.58) erfüllt. Es folgt aus Lemma 1.8, daß $\mathscr{H} \supseteq \mathscr{L}$. Folglich gelten die

Bedingungen (5.55) und (5.58) für beliebige Funktionen $f \in \mathscr{L}$. Wenn man speziell $f = \chi_\Gamma$ setzt, erhält man die Gleichung (5.8).

5.14. Satz 5.7. $X = (x_t, \zeta, \mathscr{M}_t^s, \mathbf{P}_{s,x})$ *sei ein rechtsseitig stetiger Markoffscher Prozeß, der die Bedingung 5.3. A erfüllt sowie die Bedingung:*

5.14. A. *Für beliebige* $x \in E$, $s \geq 0$, $h \geq 0$, $f \in C$ *und eine beliebige vom Zukünftigen und s-Vergangenen unabhängige Zufallsgröße* τ *gilt die Gleichung*

$$\mathbf{M}_{s,x}\{f(x_{\tau+h}) \mid \mathscr{M}_\tau^s\} = F(\tau, x_\tau, \tau+h) \quad \text{(f. s. } \Omega, \mathbf{P}_{s,x}), \qquad (5.59)$$

wobei

$$F(u, y, v) = \mathbf{M}_{u,y} f(x_v). \qquad (5.60)$$

X ist dann ein streng Markoffscher Prozeß.

Beweis. Es genügt zu zeigen, daß aus der Bedingung 5.14. A die Bedingung 5.13. A folgt.

Es gehöre $f \in C$, und τ sei eine vom Zukünftigen und s-Vergangenen unabhängige Zufallsgröße, die der Ungleichung $\tau \leq t$ genügt. Betrachten wir die kanonische Unterteilungsfolge $\{\Delta_k^n\}$ des Intervalls $[s, t]$, die durch die Punkte

$$t_k^n = s + \frac{k}{n}(t-s) \quad (k = 1, 2, \ldots n)\ (n = 1, 2, \ldots)$$

definiert wird. Wir setzen

$$h_k^n = t - t_{k-1}^n,$$
$$\beta_n(u) = u + h_k^n, \quad \text{wenn } u \in \Delta_k^n.$$

Übereinstimmend mit (5.59) ist

$$\mathbf{M}_{s,x}\{f(x_{\tau+h_k^n}) \mid \mathscr{M}_\tau^s\} = F(\tau, x_\tau, \tau+h_k^n) \quad \text{(f. s. } \Omega, \mathbf{P}_{s,x}). \qquad (5.61)$$

Es gehöre $A \in \mathscr{M}_\tau^s$. Dann gilt $A_k^n = \{A, \tau \in \Delta_k^n\} \in \mathscr{M}_\tau^s$ und auf Grund von (5.61)

$$\int_{A_k^n} f(x_{\tau+h_k^n}) \mathbf{P}_{s,x}(d\omega) = \int_{A_k^n} F(\tau, x_\tau, \tau+h_k^n) \mathbf{P}_{s,x}(d\omega). \qquad (5.62)$$

Aus $\omega \in A_k^n$ folgt $\beta_n(\tau) = \tau + h_k^n$. Wenn wir diesen Wert in (5.62) einsetzen und bezüglich k summieren, erhalten wir

$$\int_A f[x_{\beta_n(\tau)}] \mathbf{P}_{s,x}(d\omega) = \int_A F[\tau, x_\tau, \beta_n(\tau)] \mathbf{P}_{s,x}(d\omega). \qquad (5.63)$$

Wir bemerken, daß für $n \to \infty$ $\beta_n(u) \downarrow t$. Wenn wir in der Beziehung (5.63) zur Grenze übergehen, erhalten wir

$$\int_A f(x_t) \mathbf{P}_{s,x}(d\omega) = \int_A F(\tau, x_\tau, t) \mathbf{P}_{s,x}(d\omega). \qquad (5.64)$$

Aus 5.3. A folgt, daß die Funktion $F(u, y, t)$ für beliebige t bezüglich u und y meßbar ist, folglich ist $F(\tau, x_\tau, t) = \mathbf{M}_{\tau,x_\tau} f(x_t)$ eine $\mathscr{M}_\tau^s$-meßbare ω-Funktion. Die Beziehung (5.64) ist also mit (5.53) gleichwertig.

Bemerkung. Q sei eine beliebige Familie monotoner Transformationen des Intervalls $[0, \infty)$ in sich, die den Bedingungen genügt:

5.14. a. Für beliebige $\varphi \in Q, t \geq 0$ ist $\varphi(t) \geq t$.

5.14. b. Es existiert eine Konstante, so daß für beliebige $\varphi \in Q, s, t \geq 0$

$$|\varphi(t) - \varphi(s)| < K |t - s| \, .$$

5.14. c. Für beliebige $0 \leq s \leq t$ gibt es ein $\varphi \in Q$, so daß $\varphi(s) = t$.

Der Satz 5.7 behält vollständig seine Gültigkeit, und sein Beweis bedarf keinerlei wesentlicher Änderungen, wenn man die Bedingung 5.14. A durch die folgende ersetzt:

5.14. A'. Für beliebige $\varphi \in Q$ ist

$$\mathbf{M}_{s, x} \{f[x_{\varphi(\tau)}] \mid \mathscr{M}_\tau^s\} = F(\tau, x_\tau, \varphi(\tau)) \quad (\text{f. s. } \Omega, \mathbf{P}_{s, x})$$

(τ, f, F besitzen dieselbe Bedeutung, wie in der Formulierung der Bedingung 5.14. A).

Die Bedingung 5.14. A' geht in die Bedingung 5.14. A über, wenn die Familie Q aus den Funktionen $\varphi(t) = t + h$ besteht (h ist eine beliebige nicht negative Konstante).

Wir bemerken noch, daß die Bedingung 5.14. A' mit der Forderung identisch ist, daß die Bedingung 5.3. B für die Zufallsgrößen $\eta = \varphi(\tau)$ ($\varphi \in Q$) erfüllt ist.

§ 5. Die streng Markoffsche Eigenschaft von Unterprozessen

5.15. Bleibt die streng Markoffsche Eigenschaft auch bei Transformationen von Prozessen, wie sie in § 3, Kap. 2 und Kap. 3 beschrieben wurden, erhalten? Es ist leicht nachzuweisen, daß X ein streng Markoffscher Prozeß ist, wenn der streng Markoffsche Prozeß $\tilde{X}$ dem meßbaren Markoffschen Prozeß X untergeordnet ist (P. 2.11). Die umgekehrte Behauptung ist nicht richtig: In P. 5.22 werden wir einen nicht streng Markoffschen Prozeß konstruieren, der durch eine Erweiterung der σ-Grundalgebren aus einem streng Markoffschen Prozeß erhalten wurde. Um so weniger kann man die streng Markoffsche Eigenschaft bei beliebigen Unterprozessen streng Markoffscher Prozesse erwarten. Wir werden jedoch nachweisen, daß man bei sehr weitgehenden Annahmen in der Klasse der äquivalenten Unterprozesse eines streng Markoffschen Prozesses einen streng Markoffschen Prozeß findet. (Ein solcher Prozeß ist namentlich der kanonische Unterprozeß, den wir in P. 3.3 beschrieben haben.)

Das grundlegende Resultat von § 5 ist in Satz 5.8 formuliert. Vorher werden wir einige Lemmata beweisen.

5.16. Lemma 5.10. *Wenn ein Markoffscher Prozeß X die Bedingung 5.3. A erfüllt, wird diese Bedingung von jedem Unterprozeß von X erfüllt, der der Forderung 3.5. β genügt.*

Beweis. Es sei $\Gamma \in \mathscr{B}$, $0 \le s \le u$; $s \le t$, $x \in E$. Wir setzen

$$F(s,\,x,\,t) = \begin{cases} \mathbf{M}_{s,\,x}\,\alpha_u^t\,\chi_\Gamma\,(x_u), & \text{wenn } t \le u\,, \\[2mm] \mathbf{M}_{u,\,x}\,\alpha_u^u\,\chi_\Gamma\,(x_u), & \text{wenn } t > u\,. \end{cases}$$

h sei eine beliebige positive Zahl. Wir wählen nun solche Punkte $r_0 = 0$, $r_1, \ldots, r_k = u$, so daß

$$r_2 - r_1 = r_3 - r_2 = \cdots = r_k - r_{k-1} = h, \quad 0 < r_1 - r_0 \le h\,.$$

Betrachten wir die Funktion $F\,(s,\,x,\,t)$ auf der Menge $I_{r_{i+1}}^{r_i} \times E \times I_{r_{i+2}}^{r_{i+1}}\,$*. Sie ist rechtsseitig stetig in t (auf Grund von 3.5. β), $\mathscr{B}_{r_{i+1}}^{r_i} \times \mathscr{B}$-meßbar bezüglich s und x (gemäß Lemma 5.3). Folglich ist sie (auf Grund von Lemma 1.10) in s, x, t $\mathscr{B}_{r_{i+1}}^{r_i} \times \mathscr{B} \times \mathscr{B}_{r_{i+2}}^{r_{i+1}}$-meßbar. Gestützt auf Lemma 1.3 folgern wir daraus, daß die Funktion $F\,(s,\,x,\,s+h)$ eine $\mathscr{B}_{r_{i+1}}^{r_i} \times \mathscr{B}$-meßbare Funktion von s und x auf der Menge $I_{r_{i+1}}^{r_i} \times E$ $(i = 0, 1, 2, \ldots, k-2)$ ist. Auf der Menge $I_{r_k}^{r_{k-1}} \times E$ ist diese Funktion unabhängig von s und natürlich auch meßbar (siehe Lemma 2.2). Also ist die Funktion $F\,(s,\,x,\,s+h)$ auf der ganzen Menge $I_u^0 \times E$ $\mathscr{B}_u^0 \times \mathscr{B}$-meßbar. Auf Grund von Lemma 3.1 ist

$$\tilde{P}\,(s,\,x;\,u,\,\Gamma) = F\,(s,\,x,\,s) = \lim_{h \downarrow 0} F\,(s,\,x,\,s+h) \quad (s \in I_u^0,\ x \in E)\,.$$

Also ist $\tilde{P}(s,\,x;\,u,\,\Gamma)$ eine $\mathscr{B}_u^0 \times \mathscr{B}$-meßbare Funktion von s und x, der Unterprozeß genügt damit der Bedingung 5.3. A.

Es sei $\tilde{X}$ ein Unterprozeß des Markoffschen Prozesses X, τ sei eine für den Prozeß X vom Zukünftigen und s-Vergangenen unabhängige Zufallsgröße. Wir zeigen jetzt, daß $\tilde{\tau} = \min\,(\tau,\,\tilde{\zeta})$ eine für den Unterprozeß $\tilde{X}$ vom Zukünftigen und s-Vergangenen unabhängige Zufallsgröße ist. Tatsächlich ist, übereinstimmend mit 3.1. B′,

$$\{\tilde{\tau} \le t < \tilde{\zeta}\} = \{\tau \le t < \zeta,\, t < \tilde{\zeta}\} \in \tilde{\mathscr{M}}_t^s\,,$$

so daß die Bedingung 5.1. B erfüllt ist. Natürlich ist auch die Bedingung 5.1. A erfüllt. Wir bemerken, daß $A\,\Omega_{\tilde{\tau}} \in \tilde{\mathscr{M}}_{\tilde{\tau}}^s$, wenn $A \in \mathscr{M}_\tau^s$. In der Tat ist für beliebige $t \ge 0$

$$\{A,\,\Omega_{\tilde{\tau}},\,\tilde{\tau} \le t < \tilde{\zeta}\} = \{A,\,\tau \le t < \zeta,\,\zeta > t\} \in \tilde{\mathscr{M}}_t^s\,.$$

Lemma 5.11. *Es sei $\tilde{X}$ ein kanonischer Unterprozeß des Markoffschen Prozesses X (siehe P. 3.3). Eine beliebige, für den Unterprozeß $\tilde{X}$ vom Zukünftigen und s-Vergangenen unabhängige Zufallsgröße $\tilde{\tau}$ ist dann gleich $\min\,(\tau,\,\tilde{\zeta})$, wobei τ eine gewisse für den Prozeß X vom Zukünftigen und s-Vergangenen unabhängige Zufallsgröße ist. Ein beliebiges Ereignis $\tilde{A} \in \tilde{\mathscr{M}}_{\tilde{\tau}}^s$ kann als $\tilde{A} = A\,\Omega_{\tilde{\tau}}$ geschrieben werden, wobei $A \in \mathscr{M}_\tau^s$.*

---

* Wir setzen $I_t^s = [s,\,t]$ und bezeichnen mit $\mathscr{B}_t^s$ die σ-Algebra im Raum I_t^s, erzeugt durch alle in I_t^s enthaltenen Intervalle.

Beweis. Für den kanonischen Unterprozeß sind $\tilde{\Omega}$, $\tilde{\zeta}$, $\tilde{x}_t$, $\tilde{\mathcal{M}}_t^s$ und $\tilde{\mathcal{M}}^s$ durch die Bedingungen 3.1. A—3.1. E bestimmt. Wir bezeichnen mit C_ω die Gesamtheit aller solcher $\lambda \in [0, \infty)$, so daß $(\omega, \lambda) \in \Omega_{\tilde{\tau}}$, und mit Ω_τ die Menge aller $\omega \in \Omega$, für die C_ω nicht leer ist. Wir setzen

$$\tau(\omega) = \begin{cases} \sup\limits_{\lambda \in C_\omega} \tilde{\tau}(\omega, \lambda) & \text{für } \omega \in \Omega_\tau\,, \\ \max\left[\zeta(\omega),\, s\right] & \text{für } \omega \bar\in \Omega_\tau\,. \end{cases} \tag{5.65}$$

Für jedes $t \geqq s$ ist

$$\{\tilde{\tau} \leqq t < \tilde{\zeta}\} \in \tilde{\mathcal{M}}_t^s$$

und folglich

$$\{\tilde{\tau} \leqq t < \tilde{\zeta}\} = B \times (t, \infty]\,, \tag{5.66}$$

wobei $B \in \mathcal{M}_t^s$. Stellen wir diese Gleichung der offensichtlichen Inklusion

$$\{\tau \leqq t < \zeta\} \times (t, \infty] \subseteq \{\tilde{\tau} \leqq t < \tilde{\zeta}\}$$

gegenüber, so ist

$$\{\tau \leqq t < \zeta\} \subseteq B\,.$$

Andererseits ist aus (5.66) ersichtlich, daß $\omega_0 \in B$ für alle $\lambda > t$ $\tilde{\tau}(\omega_0, \lambda) \leqq t < \tilde{\zeta}(\omega_0, \lambda)$ zur Folge hat. Auf Grund von (5.65) und 3.3. B folgern wir hieraus, daß $\tau(\omega_0) \leqq t < \zeta(\omega_0)$, also

$$\{\tau \leqq t < \zeta\} = B \in \mathcal{M}_t^s\,. \tag{5.67}$$

Aus (5.66) und (5.67) erhalten wir für beliebige $t \geqq s$

$$\{\tilde{\tau} \leqq t < \tilde{\zeta}\} = \{\tau \leqq t < \zeta,\, t < \lambda\} = \{\tau \leqq t < \tilde{\zeta}\}\,. \tag{5.68}$$

Daraus folgt, daß

$$\Omega_{\tilde{\tau}} = \{\tilde{\tau} < \tilde{\zeta}\} = \bigcup_{t \geqq s} \{\tilde{\tau} \leqq t < \tilde{\zeta}\} = \bigcup_{t \geqq s} \{\tau \leqq t < \tilde{\zeta}\} = \{\tau < \tilde{\zeta}\}$$

und

$$\tilde{\tau} = \min\,(\tau,\, \tilde{\zeta})\,.$$

Aus (5.65) ist ersichtlich, daß τ der Bedingung 5.1. A genügt. Auf Grund von (5.67) genügt τ der Bedingung 5.1. B. Folglich ist die Funktion τ eine vom Zukünftigen und s-Vergangenen unabhängige Zufallsgröße.

Weiterhin gilt, wenn $\tilde{A} \in \tilde{\mathcal{M}}_{\tilde{\tau}}^s$ ist für beliebige $t \geqq s$:

$$\{\tilde{A},\, \tilde{\tau} \leqq t < \tilde{\zeta}\} \in \tilde{\mathcal{M}}_t^s$$

und folglich

$$\{\tilde{A},\, \tilde{\tau} \leqq t < \tilde{\zeta}\} = D \times (t, \infty]\,, \tag{5.69}$$

wobei $D \in \mathcal{M}_t^s$.

Aus (5.68) und (5.69) ergibt sich

$$\{\tilde{A},\, \tau \leqq t < \zeta,\, t < \lambda\} = \{D,\, t < \lambda\}\,. \tag{5.70}$$

Wir setzen $\omega \in A$, wenn für alle genügend großen Werte $\lambda\, (\omega, \lambda)$ zu $\tilde{A}$ gehört. Man sieht aus (5.70), daß, sobald $\omega_0 \in D$, für alle $\lambda > t$ gilt:

$(\omega_0, \lambda) \in \{\tilde{A}, \tau \leq t < \zeta\}$ und folglich $\omega_0 \in \{A, \tau \leq t < \zeta\}$. Also

$$D \subseteq \{A, \tau \leq t < \zeta\} \,.$$

Andererseits, wenn $\omega_0 \in \{A, \tau \leq t < \zeta\}$ ist, gilt für beliebige, genügend große λ $(\omega_0, \lambda) \in \{\tilde{A}, \tau \leq t < \zeta, t < \lambda\} = \{D, t < \lambda\}$, und folglich gehört $\omega_0 \in D$. Deshalb ist

$$\{A, \tau \leq t < \zeta\} = D \in \mathcal{M}_t^s \,. \tag{5.71}$$

Damit ist bewiesen, daß $A \in \mathcal{M}_\tau^s$. Aus (5.69) und (5.71) ersieht man, daß

$$\{\tilde{A}, \tilde{\tau} \leq t < \tilde{\zeta}\} = \{A, \tau \leq t < \tilde{\zeta}\}$$

und folglich

$$\tilde{A} = \bigcup_{t \geq s} \{\tilde{A}, \tilde{\tau} \leq t < \tilde{\zeta}\} = \bigcup_{t \geq s} \{A, \tau \leq t < \tilde{\zeta}\} = \{A, \tau < \tilde{\zeta}\} = A \, \Omega_{\tilde{\tau}} \,.$$

Lemma 5.12. *Ist* $\alpha = \{\alpha_t^s\}$ *ein multiplikatives Funktional und* τ *eine für den Markoffschen Prozeß* X *vom Zukünftigen und* s-*Vergangenen unabhängige Zufallsgröße, so ist die Funktion* α_τ^s $\mathcal{M}_\tau^s$-*meßbar*. Wenn* $\tilde{X} = (\tilde{x}_t, \tilde{\zeta}, \tilde{\mathcal{M}}_t^s, \tilde{\mathbf{P}}_{s,x})$ *ein kanonischer Unterprozeß von* X *ist, der dem Funktional* α *entspricht, dann gilt*

$$\tilde{\mathbf{P}}_{s,x}\{\tau < \tilde{\zeta} \mid \mathcal{M}^s\} = \alpha_\tau^s \quad \text{(f. s. } \Omega_\tau, \mathbf{P}_{s,x}) \,. \tag{5.72}$$

Beweis. Es sei $s \leq t$. Die Funktion $\alpha_u^s(\omega)$ $(u \in I_t^s, \omega \in \Omega_t)$ ist für beliebige $\omega \in \Omega_t$ rechtsseitig stetig in u und für beliebige $u \in I_t^s$ in ω $\mathcal{M}_t^s$-meßbar. Gemäß Lemma 1.10 ist diese Funktion in u, ω $\mathcal{B}_t^s \times \mathcal{M}_t^s$-meßbar. Andererseits bestimmt die Verengerung $\tau(\omega)$ auf die Menge $\{\tau(\omega) \leq t < \zeta(\omega)\}$ eine $\mathcal{M}_t^s$-meßbare Abbildung dieser Menge in das Intervall I_t^s. Folglich ist die Verengung $\alpha_{\tau(\omega)}^s(\omega)$ auf die Menge $\{\tau(\omega) \leq t < \zeta(\omega)\}$ $\mathcal{M}_t^s$-meßbar. Dies beweist die erste Behauptung des Lemmas.

Außerdem gehöre A zu $\mathcal{M}^s$. Wir setzen $B = \{A, \tau < \tilde{\zeta}\}$. In der Bezeichnungsweise von P. 3.6 ist

$$B_\omega = \begin{cases} (\tau(\omega), \infty] & \text{für } \omega \in A \cap \Omega_\tau \\ 0 & \text{für } \omega \notin A \cap \Omega_\tau \,. \end{cases}$$

Folglich ist

$$\alpha_B^s = \alpha_{B_\omega}^s = \alpha_{\tau(\omega)}^s \, \chi_A \quad (\omega \in \Omega_\tau)$$

und

$$\tilde{\mathbf{P}}_{s,x}(B) = \mathbf{M}_{s,x} \alpha_B^s = \mathbf{M}_{s,x} \alpha_\tau^s \chi_A \,,$$

dies ist mit der Beziehung (5.72) gleichwertig.

Lemma 5.13. *Wenn* $\alpha = \{\alpha_t^s\}$ *ein multiplikatives Funktional ist, das der Bedingung*

5.16. A. $\lim\limits_{u \downarrow s} \alpha_t^u(\omega) = \alpha_t^s(\omega)$ *für alle* $0 \leq s < t < \zeta(\omega)$

genügt, ist die Funktion

$$f(u, \omega) = \alpha_t^u(\omega) \quad (u \in [s, t], \omega \in \Omega_t)$$

$\mathcal{T}^s$-*meßbar.*

---

* Die σ-Algebra $\tilde{\mathcal{M}}_\tau^s$ wird mittels $\mathcal{M}_\tau^s$ so erklärt, wie $\tilde{\mathcal{M}}_t^s$ durch $\mathcal{M}_t^s$ (siehe P.2.2). Leicht ist zu sehen, daß $A \in \tilde{\mathcal{M}}_\tau^s$ dann und nur dann gilt, wenn für jedes t $\{A, \tau \leq t < \zeta\} \in \tilde{\mathcal{M}}_t^s$ gilt.

Beweis. Die Punkte t_k^n mögen eine kanonische Unterteilungsfolge $\{\Delta_k^n\}$ des Intervalls $[s, t]$ bilden (siehe P. 1.9). Wir setzen

$$\varphi_n\,(u) = t_k^n, \quad \text{wenn } u \in \Delta_k^n\,.$$

Auf Grund von Bedingung 5.16. A ist

$$\lim_{n\to\infty} \alpha_t^{\varphi_n(u)}\,(\omega) = \alpha_t^u\,(\omega) = f\,(u,\,\omega)\,.$$

Es ist leicht einzusehen, daß

$$\alpha_t^{\varphi_n(u)}\,(\omega) = \sum_k \chi_{\Delta_k^n(u)}\;\alpha_t^{t_k^n}\,(\omega)\,.$$

Daraus folgt auf Grund von Lemma 5.6, daß die Funktion $\alpha_t^{\varphi_n(u)}\,(\omega)$ $\mathscr{F}^s$-meßbar ist. Also ist die Grenzfunktion $f\,(u,\,\omega)$ $\mathscr{F}^s$-meßbar.

5.17. Satz 5.8. *Es sei X ein im topologischen Maßraum $(E, \mathscr{C}, \mathscr{B})$ rechtsseitig stetiger streng Markoffscher Prozeß, $\alpha = \{\alpha_t^s\}$ ein multiplikatives Funktional des Prozesses X, das der Bedingung 5.16. A genügt. Der kanonische Unterprozeß $\tilde{X}$ von X, der dem Funktional α entspricht, ist dann ein streng Markoffscher Prozeß.*

Beweis. Da der Unterprozeß $\tilde{X}$ rechtsseitig stetig ist und auf Grund von Lemma 5.10 die Bedingung 5.3. A erfüllt, genügt es nachzuweisen, daß er der Bedingung 5.13. A genügt (siehe Satz 5.6). Es gehöre $f \in C$, $\tilde{\tau} \leq t$ sei eine für den Unterprozeß $\tilde{X}$ vom Zukünftigen und s-Vergangenen unabhängige Zufallsgröße, $\tilde{A} \in \tilde{\mathscr{M}}_{\tilde{\tau}}^s$. Betrachten wir die Zufallsgröße τ und das Ereignis A, die in Lemma 5.11 konstruiert wurden und einander entsprechen. Aus der Formel (5.65) folgt, daß $\tau \leq t$. Gemäß Lemma 3.1 ist

$$\tilde{\mathbf{M}}_{s,\,x}\,\chi_{\tilde{A}}\,f\,(\tilde{x}_t) = \tilde{\mathbf{M}}_{s,\,x}\,\chi_A\,f\,(x_t)\,\chi_{\tilde{\xi}>t} = \mathbf{M}_{s,\,x}\,f\,(x_t)\,\alpha_t^s\,. \tag{5.73}$$

Auf Grund von 3.5. B ist $\alpha_t^s = \alpha_\tau^s\,\alpha_t^\tau$, und mit Rücksicht auf Lemma 5.12 und 1.6.3 erhalten wir

$$\mathbf{M}_{s,\,x}\chi_A\,f\,(x_t)\,\alpha_t^s = \mathbf{M}_{s,\,x}\,\{\chi_A\,\alpha_\tau^s\mathbf{M}_{s,\,x}\,[f\,(x_t)\,\alpha_t^\tau \mid \mathscr{M}_\tau^s]\}\,. \tag{5.74}$$

Aus Lemma 5.13 folgt, daß die Funktion $f\,(x_t)\,\alpha_t^u$ $(u \in [s, t],\ \omega \in \Omega_t)$ $\mathscr{F}^s$-meßbar ist und aus Satz 5.2

$$\mathbf{M}_{s,\,x}\,\{f\,(x_t)\,\alpha_t^\tau \mid \mathscr{M}_\tau^s\} = F\,(\tau,\,x_\tau) \quad \text{(f. s. } \Omega_\tau,\,\mathbf{P}_{s,\,x})\,, \tag{5.75}$$

wobei

$$F\,(u,\,y) = \mathbf{M}_{u,\,y}f\,(x_t)\,\alpha_t^u = \tilde{\mathbf{M}}_{u,\,y}f\,(\tilde{x}_t)\,. \tag{5.76}$$

Aus (5.73), (5.74) und (5.75) folgern wir, daß

$$\tilde{\mathbf{M}}_{s,\,x}\,\chi_{\tilde{A}}\,f\,(\tilde{x}_t) = \mathbf{M}_{s,\,x}\,\chi_A\,\alpha_\tau^s\,F\,(\tau,\,x_\tau)\,. \tag{5.77}$$

Andererseits ist auf Grund von Lemma 5.12

$$\tilde{\mathbf{M}}_{s,x}\,\chi_{\tilde{A}}\,F\,(\tilde{\tau},\,\tilde{x}_{\tilde{\tau}}) = \tilde{\mathbf{M}}_{s,x}\,\chi_{A}\,F\,(\tau,\,x_{\tau})\,\chi_{\tilde{\zeta}>\tau}$$

$$= \tilde{\mathbf{M}}_{s,x}\,\{\chi_{A}\,F\,(\tau,\,x_{\tau})\,\tilde{\mathbf{P}}_{s,x}\,[\tilde{\zeta}>\tau\mid\mathcal{M}^{s}]\} \qquad (5.78)$$

$$= \mathbf{M}_{s,x}\,\chi_{A}\,F\,(\tau,\,x_{\tau})\,\alpha_{\tau}^{s}\,.$$

Wenn wir (5.76), (5.77) und (5.78) miteinander vergleichen, erhalten wir (5.53).

Der Leser wird ohne Mühe folgende Modifikation des Satzes 5.8 für im Sinne von P. 2.8 homogene Prozesse beweisen:

Satz 5.8.' *Es sei* $X = (x_{t},\zeta,M_{t},P_{x},\theta_{t})$ *ein homogener streng Markoffscher Prozeß (siehe P. 5.12) und* α_{t} *ein multiplikatives Funktional des Prozesses* X, *das der Bedingung 3.22.β in folgender verstärkter Form genügt:* $\alpha_{s}\,\theta_{s}\,\alpha_{t} = \alpha_{s+t}$ *für alle* $s,\,t \geq 0,\,\omega \in \Omega_{s+t}$. *Der kanonische Unterprozeß, der dem Funktional* α_{t} *entspricht, ist dann ein streng Markoffscher Prozeß.*

§ 6. Kriterien für die streng Markoffsche Eigenschaft

5.18. Satz 5.9. *Damit ein rechtsseitig stetiger Markoffscher Prozeß ein streng Markoffscher Prozeß ist, genügt es, daß seine Übergangsfunktion die Bedingung erfüllt:*

5.18. A. *Für ein beliebiges* $f \in C$ *besitzt die Funktion*

$$F\,(u,\,y) = \int_{E} P\,(u,\,y;\,t,\,dz)\,f\,(z) \qquad (5.79)$$

die folgende Stetigkeitseigenschaft:

$$\lim_{\substack{y\to x\\ u\downarrow s}} F\,(u,\,y) = F\,(s,\,x)\,. \qquad (5.80)$$

Beweis. Bezeichnen wir mit $\mathcal{L}$ die Gesamtheit aller $\mathcal{B}$-meßbaren Funktionen auf E und mit $\mathcal{H}$ die Gesamtheit aller derjenigen Funktionen $f \in \mathcal{L}$, für die

$$F\,(u,\,y) = \int_{E} P\,(u,\,y;\,t,\,dz)\,f\,(z)$$

eine $\mathcal{B}_{[0,\infty)}\times\mathcal{B}$-meßbare Funktion von u und y ist. Wir bemerken vor allem, daß übereinstimmend mit Lemma 1.7 für beliebige $f \in \mathcal{L}$ und beliebige $u \geq 0$ die Funktion $F\,(u,\,y)$ bezüglich y $\mathcal{B}$-meßbar ist. Wenn $f \in C$, so ist außerdem die Bedingung (5.80) erfüllt, und nach Lemma 1.10 ist $F\,(u,\,y)$ eine $\mathcal{B}_{[0,\infty)}\times\mathcal{B}$-meßbare Funktion in u und y. Folglich ist $\mathcal{H} \supseteq C$. $\mathcal{H}$ ist natürlich ein $\mathcal{L}$-System und gemäß Lemma 1.8 $\mathcal{H} \supseteq \mathcal{L}$. Wenn wir $f = \chi_{\Gamma}$ ($\Gamma \in \mathcal{B}$) setzen, bemerken wir, daß die Funktion $P\,(u,\,y;\,t,\,\Gamma)$ bezüglich $u,\,y$ meßbar ist. Dann ist also die Bedingung 5.3. A erfüllt. Auf Grund des Satzes 5.6 müssen wir nur noch nachweisen, daß auch die Bedingung 5.1. A erfüllt ist.

Es gehöre $f \in C$, τ sei eine vom Zukünftigen und s-Vergangenen unabhängige Zufallsgröße mit $\tau \leq t$. Die Punkte t_{k}^{n} mögen eine kanonische

Unterteilungsfolge $\{\varDelta_k^n\}$ des Intervalls $[s, t]$ bilden. Wir setzen:

$$\tau_n\,(\omega) = t_k^n, \quad \text{wenn } \tau\,(\omega) \in \varDelta_k^n\,.$$

Die Zufallsgröße τ_n nimmt nur eine endliche Anzahl von Werten an. Übereinstimmend mit der Bemerkung am Ende von P. 5.8 wenden wir auf sie die Formel (5.31) an

$$\mathbf{M}_{s,\,x}\,\{f\,(x_t)\mid \mathscr{M}_{\tau_n}^s\} = F\,(\tau_n,\,x_{\tau_n}) \quad (\text{f. s. } \varOmega_{\tau_n},\,\mathbf{P}_{s,\,x})\,,$$

wobei $F\,(u,\,y)$ durch die Formel (5.79) bestimmt wird. Es ist klar, daß die Verengerung τ_n auf $\varOmega_\tau\,\mathscr{M}_\tau^s$-meßbar ist und daß übereinstimmend mit Lemma 5.1 $\{A,\,\tau_n < \zeta\} \in \mathscr{M}_{\tau_n}^s$ für beliebige $A \in \mathscr{M}_\tau^s$ ist. Folglich gilt für ein beliebiges $A \in \mathscr{M}_\tau^s$ für alle n

$$\mathbf{M}_{s,\,x}\,\chi_A\,\chi_{\tau_n < \zeta}\,f\,(x_t) = \mathbf{M}_{s,\,x}\,\chi_A\,\chi_{\tau_n < \zeta}\,F\,(\tau_n,\,x_{\tau_n})\,. \tag{5.81}$$

Wir bemerken, daß $\tau_n \downarrow \tau$, wenn $n \to \infty$. Natürlich ist $\chi_{\tau_n < \zeta} \to \chi_{\tau < \zeta} = \chi_{\varOmega_\tau}\cdot$ Auf Grund der rechtsseitigen Stetigkeit des Prozesses sowie 5.18. A ist $F\,(\tau_n,\,x_{\tau_n}) \to F\,(\tau,\,x_\tau)$. Wenn wir zur Grenze in (5.81) übergehen, erhalten wir

$$\mathbf{M}_{s,\,x}\,\chi_A\,f\,(x_t) = \mathbf{M}_{s,\,x}\,\chi_A\,F\,(\tau,\,x_\tau)\,.$$

Da die Funktion $F\,(\tau,\,x_\tau)\ \mathscr{M}_\tau$-meßbar ist, ist diese Beziehung mit (5.53) gleichwertig.

Bemerkung. Wie aus obigem Beweis hervorgeht, bleibt die Behauptung des Satzes 5.9 gültig, wenn die Übergangsfunktion der Bedingung 5.3. A sowie der folgenden Abschwächung von Bedingung 5.18. A genügt:

5.18. A'. Für beliebige $f \in C$ und $\omega \in \varOmega$ ist die Funktion

$$\varPhi\,(\omega,\,u) = F\,(u,\,x_u) = \int\limits_E P\,(u,\,x_u;\,t,\,dz)\,f\,(z)$$

rechtsseitig stetig in u.

5.19. Für den homogenen Fall ist es zweckmäßig, die Stetigkeitsbedingung 5.17. A etwas abzuändern, indem man sie durch die folgende Bedingung ersetzt:

5.19. A. Für ein beliebiges $f \in C$ ist die Funktion

$$F\,(y) = \int\limits_E P\,(h,\,y,\,dz)\,f\,(z) \tag{5.82}$$

(für beliebige h) stetig bezüglich y.

Die Bedingung 5.19. A wurde zuerst von W. FELLER betrachtet. Wir werden homogene Markoffsche Prozesse, die diese Bedingung erfüllen, *Fellersche Prozesse* nennen. Ist die Bedingung 5.19. A für irgendeine homogene Übergangsfunktion erfüllt, so werden wir sie eine *Fellersche Übergangsfunktion* nennen.

Satz 5.10. *Ein rechtsseitig stetiger Fellerscher Prozeß ist ein streng Markoffscher Prozeß.*

Beweis. Auf Grund von Lemma 5.9 sowie der Bemerkung zu Lemma 5.3 ist die Bedingung 5.3. A erfüllt. Nach Satz 5.7 genügt es, nachzuweisen, daß auch die Bedingung 5.14. A erfüllt ist. Diesen Nachweis führt man nach demselben Schema durch, wie den Beweis des Satzes 5.9.

Es sei $f \in C$, τ sei eine vom Zukünftigen und s-Vergangenen unabhängige Zufallsgröße. Die Punkte t_k^n mögen eine kanonische Unterteilungsfolge $\{\Delta_k^n\}$ des Intervalls $[s, \infty)$ bilden.

Wir setzen $\tau_n(\omega) = t_k^n$, wenn $\tau(\omega) = \Delta_k^n$. Übereinstimmend mit der Bemerkung am Ende von P. 5.12 dürfen wir die Formel (5.39) auf die Größe τ_n anwenden, so daß

$$\mathbf{M}_{s,x}\{f(x_{\tau_n+h}) \mid \mathscr{M}_{\tau_n}^s\} = \mathbf{M}_{x_{\tau_n}} f(x_h) = F(x_{\tau_n}) \quad (\text{f. s. } \Omega_{\tau_n}, \mathbf{P}_{s,x}),$$

wobei $F(y)$ durch die Formel (5.82) bestimmt ist. Wenn $A \in \mathscr{M}_\tau^s$, so gehört A zu $\mathscr{M}_{\tau_n}^s$ und

$$\int_A f(x_{\tau_n+h})\, \mathbf{P}_{s,x}(d\omega) = \int_A F(x_{\tau_n})\, \mathbf{P}_{s,x}(d\omega). \tag{5.83}$$

Für $n \to \infty$ gilt $\tau_n \downarrow \tau$. Wenn wir nun zum Grenzwert in (5.83) übergehen und uns auf die rechtsseitige Stetigkeit des Prozesses sowie auf die Bedingung 5.19. A stützen, finden wir, daß

$$\int_A f(x_{\tau+h})\, \mathbf{P}_{s,x}(d\omega) = \int_A F(x_\tau)\, \mathbf{P}_{s,x}(d\omega), \tag{5.84}$$

woraus (5.59) folgt.

Bemerkung. Der Beweis von Satz 5.10 läßt sich ohne irgendwelche Änderungen durchführen, wenn man die Fellersche Bedingung 5.19. A durch die folgende, schwächere Bedingung ersetzt:

5.19. A′. Für beliebiges $f \in C$, $\omega \in \Omega$ ist die Funktion

$$F(x_t) = \int_E P(h, x_t, dz) f(z)$$

rechtsseitig stetig in t.

5.20. Wir sagen, daß ein Markoffscher Prozeß $X = (x_t, \zeta, \mathscr{M}_t^s, \mathbf{P}_{s,x})$ *im Punkt x rechtsseitig stetig* ist, wenn für ein beliebiges $t \geqq 0$

$$\{x_t = x\} \subseteq \left\{\lim_{u \downarrow t} x_u = x\right\}.$$

Wir sagen, daß ein homogener Markoffscher Prozeß X ein *Fellerscher Prozeß im Punkte x* ist, wenn die durch die Formel (5.82) bestimmte Funktion $F(y)$ für beliebige $f \in C$ im Punkte x stetig ist. Wenn wir die beim Beweis des Satzes 5.10 durchgeführten Überlegungen wörtlich wiederholen, gelangen wir zur folgenden Variante dieses Satzes:

Satz 5.10'. *Wenn ein homogener Markoffscher Prozeß rechtsseitig stetig und in allen Punkten einer Untermenge G des Phasenraumes E ein Fellerscher Prozeß ist, so ist die streng Markoffsche Bedingung 5.3. B für derartige beliebige Zufallsgrößen τ erfüllt, für die $x_\tau \in G$ ist für alle $\omega \in \Omega_\tau$.*

Auf ähnliche Art kann man auch den Satz 5.9 lokalisieren.

5.21. Die Bedingungen, die dem Prozeß in den Sätzen 5.9 und 5.10 auferlegt wurden, bleiben bei einer beliebigen Erweiterung der zugrunde liegenden σ-Algebren erhalten. Wenn also diese Bedingungen erfüllt sind, ist nicht nur der Prozeß X ein streng Markoffscher Prozeß, sondern auch ein beliebiger Prozeß, der aus ihm durch eine Erweiterung der σ-Grundalgebren erhalten wird, d. h. ein beliebiger, dem Prozeß X untergeordneter Prozeß (siehe P. 5.15).

Wir setzen $A \in \mathscr{M}^s_{t+0}$, wenn $A \subseteq \Omega_t$ und $\{A, \zeta > v\} \in \mathscr{M}^s_v$ für alle $v > t$. Offensichtlich ist $\mathscr{M}^s_{t+0}$ eine σ-Algebra im Raume Ω_t.

Satz 5.11. *Es sei $X = (x_t, \zeta, \mathscr{M}^s_t, \mathbf{P}_{s,x})$ ein rechtsseitig stetiger Markoffscher Prozeß im topologischen Maßraum $(E, \mathscr{C}, \mathscr{B})$. X möge die Bedingung 5.18. A erfüllen oder ein homogener Fellerscher Prozeß sein. Dann ist $X' = (x_t, \zeta, \mathscr{M}^s_{t+0}, \mathbf{P}_{s,x})$, auch ein Markoffscher, ja sogar ein streng Markoffscher Prozeß.*

Beweis. Auf Grund der eben gemachten Bemerkung genügt es nachzuweisen, daß der Prozeß X' ein Markoffscher Prozeß ist. Das System X' genügt selbstverständlich den Bedingungen 2.1. A—2.1. E, so daß man nur die Bedingung 2.1. F' verifizieren muß.

Setzen wir zuerst voraus, daß X die Bedingung 5.1. A erfüllt. Es sei $f \in C$, $0 \leq s \leq t < u$ und $v \in (t, u]$. Übereinstimmend mit (2.5) ist

$$\mathbf{M}_{s,x}\{f(x_u) \mid \mathscr{M}^s_v\} = F(v, x_v) \quad \text{(f. s. } \Omega_v, \mathbf{P}_{s,x}) ,$$

wobei

$$F(v, y) = \mathbf{M}_{v,y} f(x_u) .$$

Wenn $A \in \mathscr{M}^s_{t+0}$, dann ist $A \in \mathscr{M}^s_v$ und

$$\int_A f(x_u) \, \mathbf{P}_{s,x}(d\omega) = \int_A F(v, x_v) \, \mathbf{P}_{s,x}(d\omega) .$$

Wenn wir nun mit $v \downarrow t$ zur Grenze übergehen und die rechtsseitige Stetigkeit von x_u, die Stetigkeit von f und Bedingung 5.1. A berücksichtigen, erhalten wir für beliebige $t < u$

$$\int_A f(x_u) \, \mathbf{P}_{s,x}(d\omega) = \int_A F(t, x_t) \, \mathbf{P}_{s,x}(d\omega) . \tag{5.85}$$

Wenn wir $u \downarrow t$ annehmen, ergibt sich, daß diese Gleichung auch für $u = t$ gültig ist. Außerdem ist, wenn man sich auf Lemma 1.8 stützt, aus der Tatsache, daß die Beziehung (5.85) für alle $f \in C$ erfüllt ist, leicht zu folgern, daß diese Beziehungen für alle $\mathscr{B}$-meßbaren beschränkten Funktionen f gelten (vgl. das Ende des Beweises von Satz 5.6). Wenn wir $f = \chi_\Gamma$ setzen, erhalten wir

$$\mathbf{P}_{s,x}(A, x_u \in \Gamma) = \int_A P(t, x_t; u, \Gamma)\, \mathbf{P}_{s,x}(d\omega)\,,$$

was bewiesen werden sollte.

Der Prozeß X sei nun homogen und genüge der Bedingung 5.19. A. Außerdem gehöre $f \in C$, $0 \leq s \leq t < u$. Übereinstimmend mit (2.5), 2.6. F und 2.5. b gilt für beliebige $\varepsilon > 0$

$$\mathbf{M}_{s,x}\{f(x_{u+\varepsilon}) \mid \mathscr{M}_{t+\varepsilon}^s\} = F(x_{t+\varepsilon}) \quad \text{(f. s. } \Omega_{u+\varepsilon},\, \mathbf{P}_{s,x})\,,$$

wobei
$$F(y) = \mathbf{M}_{t,y}f(x_u) = \mathbf{M}_y f(x_{u-t})\,.$$

Es gehöre $A \in \mathscr{M}_{t+0}^s$. Dann gehört $\{A, \zeta > t + \varepsilon\} \in \mathscr{M}_{t+\varepsilon}^s$ und

$$\int_A f(x_{u+\varepsilon})\, \mathbf{P}_{s,x}(d\omega) = \int_A F(x_{t+\varepsilon})\, \mathbf{P}_{s,x}(d\omega)\,. \tag{5.86}$$

Wenn wir $\varepsilon \downarrow 0$ setzen, erhalten wir

$$\int_A f(x_u)\, \mathbf{P}_{s,x}(d\omega) = \int_A F(x_t)\, \mathbf{P}_{s,x}(d\omega)\,. \tag{5.87}$$

Man kann nun, wie in der ersten Hälfte des Beweises, zeigen, daß die Beziehung (5.87) für alle $\mathscr{B}$-meßbaren, beschränkten Funktionen f gilt. Für $f = \chi_\Gamma$ erhalten wir

$$\mathbf{P}_{s,x}(A, x_u \in \Gamma) = \int_A P(t, x_t; u, \Gamma)\, \mathbf{P}_{s,x}(d\omega)\,,$$

damit ist die Gültigkeit der Bedingung 2.1. F′ erwiesen.

Folgerung. *(Das Null-Eins-Gesetz.) Wenn die Annahmen zu Satz 5.11 erfüllt sind, gilt für jedes* $A \in \mathscr{M}_{s+0}^s \cap \mathscr{N}^s$, *daß* $\mathbf{P}_{s,x}(A)$ *entweder gleich* 0 *oder gleich* 1 *ist.*

Tatsächlich gilt übereinstimmend mit Satz 2.1′ und 2.1. E

$$\mathbf{P}_{s,x}(A \mid \mathscr{M}_{s+0}^s) = \mathbf{P}_{s,x_s}(A) = \mathbf{P}_{s,x}(A) \quad \text{(f. s. } \Omega_s,\, \mathbf{P}_{s,x})\,.$$

Andererseits ist auf Grund von 1.6. A

$$\mathbf{P}_{s,x}(A \mid \mathscr{M}_{s+0}^s) = \chi_A(\omega) \quad \text{(f. s. } \Omega_s,\, \mathbf{P}_{s,x})\,.$$

Unsere Behauptung folgt aus der Gegenüberstellung dieser beiden Gleichungen.

Bemerkung. Damit eine Funktion $\tau(\omega)$, die der Ungleichung $s \leq \tau < \zeta$ genügt, eine für den Prozeß $X' = (x_t, \zeta, \mathscr{M}_{t+0}^s, \mathbf{P}_{s,x})$ vom Zukünftigen und s-Vergangenen unabhängige Zufallsgröße sei, ist es notwendig und hinreichend, daß für beliebige $t > s \{\omega : \tau(\omega) < t < \zeta(\omega)\} \in \mathscr{M}_t^s$ gilt. Zu gleicher Zeit ist es notwendig und hinreichend, daß für beliebige

$\varepsilon > 0$ die Funktion $\tau + \varepsilon$ eine für den Prozeß $X = (x_t, s_t, \mathscr{M}_t^s, \mathbf{P}_{s,x})$ vom Zukünftigen und s-Vergangenen unabhängige Zufallsgröße ist. (Der Beweis dieser beiden Behauptungen bleibt dem Leser überlassen.) Solche Funktionen τ bezeichnet man naturgemäß als *Zufallsgrößen*, die vom *fernen Zukünftigen und s-Vergangenen* (für den Prozeß X) *unabhängig sind*. Wenn X den Bedingungen des Satzes 5.11 genügt, können wir auf alle vom fernen Zukünftigen und s-Vergangenen unabhängigen Größen die in Kap. 5 für vom Zukünftigen und s-Vergangenen unabhängige Größen bewiesenen Formeln anwenden.

5.22. Um die Kriterien für die streng Markoffsche Eigenschaft, die in diesem Kapitel erhalten wurden, anzuwenden, ist es angebracht, geeignete Merkmale der rechtsseitigen Stetigkeit eines Prozesses ins Auge zu fassen. Solche Merkmale werden im folgenden 6. Kapitel abgeleitet. Gestützt auf diese Merkmale und auf die Sätze 5.9 und 5.10 werden wir in Kap. 6 eine ganze Reihe wichtiger Beispiele für streng Markoffsche Prozesse konstruieren (siehe § 4 und § 7).

Hier wollen wir nur ein lehrreiches Beispiel erörtern*.

Nehmen wir an, daß sich ein Teilchen entweder auf der Halbgeraden $[0, \infty)$ gleichmäßig nach rechts bewegt oder im Punkte 0 ruht. Wenn es sich in einem Augenblick t im Punkte 0 befindet, dann bleibt es dort bis zum Augenblick $t + h$ mit der Wahrscheinlichkeit e^{-h}, unabhängig von der Zeit, in der es sich schon vorher in diesem Punkt befand. Wir haben es mit einem nicht abbrechenden, homogenen, Markoffschen Prozeß zu tun, $X = (x_t, \mathscr{N}_t^s, \mathbf{P}_{s,x})$, mit der Übergangsfunktion

$$P(s, x; t, \Gamma) = P(t - s, x, \Gamma)$$

$$= \begin{cases} \chi_\Gamma(t - s + x), & \text{wenn } x > 0, \qquad (5.88) \\ \int\limits_0^t e^{-(t-s-u)} \chi_\Gamma(u)\, du + \chi_\Gamma(0)\, e^{-(t-s)}, & \text{wenn } x = 0. \end{cases}$$

Daraus ist ersichtlich, daß für $x > 0$

$$F(x) = \int\limits_0^\infty P(t, x, dy) f(y) = f(x + t), \qquad (5.89)$$

und folglich ist dieser Prozeß für alle Punkte $x > 0$ ein Fellerscher Prozeß.

τ sei eine vom Zukünftigen und s-Vergangenen unabhängige Zufallsgröße. Konstruieren wir, so wie beim Beweis von Satz 5.10, die Zufallsgrößen $\tau_n \downarrow \tau$, die der Bedingung (5.83) genügen. Zum Beweis, daß X ein

---

* Wir überlassen es dem Leser, dieses Beispiel streng zu formulieren, d. h. einen Raum Ω, eine Funktion $x_t(\omega)$ und Maße $\mathbf{P}_{s,x}$ so zu konstruieren, wie wir dies in P. 2.4 taten.

streng Markoffscher Prozeß ist, genügt es zu zeigen, daß (5.83) für $n \to \infty$ in (5.84) übergeht, vorausgesetzt, daß $f \in C$. Auf Grund von (5.89) genügt es nun nachzuweisen, daß

$$\mathbf{P}_{s,x}\{x_\tau = 0, \, x_{\tau_n} > 0 \quad \text{für } n = 1, 2, \ldots\} = 0 \, . \tag{5.90}$$

Wir setzen
$$D = \{\omega : x_\tau = 0\} \, .$$

Nehmen wir zusätzlich an, daß $\omega_1, \omega_2 \in D$ und $\tau(\omega_1) = t < \tau(\omega_2)$. Wir erhalten

$$C = \{D, \tau = t\} = \{\tau = t, \, x_t = 0\} \in \mathcal{N}_t^s \, ,$$

und gemäß Lemma 1.5

$$\chi_C(\omega) = f(x_{t_1}, \ldots, x_{t_n}, \ldots) \, , \tag{5.91}$$

wobei $f(x_1, \ldots, x_n, \ldots)$ eine $\mathscr{B}^\infty$-meßbare Funktion im Raum E^∞ ist und $t_1, \ldots, t_n, \ldots \in [s, t]$. Natürlich ist $x_u(\omega_1) = x_u(\omega_2) = 0$ für alle $u \in [s, t]$ und nach Formel (5.91) gilt $\chi_C(\omega_1) = \chi_C(\omega_2)$. Dies widerspricht jedoch der Tatsache, daß $\omega_1 \in C$, $\omega_2 \bar\in C$. Der sich ergebende Widerspruch beweist, daß die Funktion $\tau(\omega)$ nur einen einzigen Wert auf der Menge D annimmt. Wenn dieser Wert gleich t ist, so gilt

$$D = \{x_\tau = 0\} = \{x_t = 0, \tau = t\} \, .$$

Folglich ist für beliebige $\delta > 0$

$$\{x_\tau = 0, \, x_{\tau_n} > 0 \quad \text{für } n = 1, 2, \ldots\} \subseteq \{x_t = 0, \, x_{t+\delta} > 0\} \, .$$

Auf Grund von (2.15) und (5.88) ist

$$\begin{aligned}
\mathbf{P}_{s,x}\{x_t = 0, \, x_{t+\delta} > 0\} &= P(s, x; t, 0, t+\delta, (0, \infty)) \\
&= P(s, x; t, 0)\, P(t, 0; t+\delta, (0, \infty)) \leq P(t, 0; t+\delta, (0, \infty)) \\
&= \int_0^\delta e^{-(\delta - u)}\, du \to 0
\end{aligned} \tag{5.92}$$

wenn $\delta \downarrow 0$. Damit ist (5.90) bewiesen.

Wir bemerken, daß $X' = (x_t, \mathcal{N}_{t+0}^s, \mathbf{P}_{s,x})$ ebenfalls ein Markoffscher Prozeß ist. Tatsächlich leiten wir ebenso wie beim Beweis von Satz 5.11 die Beziehung (5.85) ab. Auf Grund von (5.88) und (5.92) erhalten wir aus (5.85) die Beziehung (5.86), wenn $\varepsilon \downarrow 0$. Zugleich sehen wir, daß X' kein streng Markoffscher Prozeß ist. Tatsächlich ist die Funktion

$$\tau = \inf\{t : x_t > 0\}$$

für X' eine vom Zukünftigen unabhängige Zufallsgröße. Wir setzen $A = \Omega_\tau$, $\eta = \tau + 1$, $\Gamma = \{1\}$. Die linke Seite von (5.8) ist dann gleich 1, während die rechte Seite gleich 0 ist.

6. Kapitel

Beschränktheits- und Stetigkeitsbedingungen eines Markoffschen Prozesses

§ 1. Einleitung

6.1. Das Thema des 6. Kapitels besteht in der Ableitung von Bedingungen, unter denen man unter den Prozessen, die einer gegebenen Übergangsfunktion entsprechen, Prozesse finden kann, deren Trajektorien bestimmte Beschränktheits- oder Stetigkeitseigenschaften besitzen.

Die grundlegenden Resultate werden von der Voraussetzung her abgeleitet, daß die Ausgangs-Übergangsfunktion $P(s, x; t, \Gamma)$ regulär ist, d. h., daß sie die Bedingung $P(s, x; s, E) = 1$ für alle $s \geqq 0$, $x \in E$ erfüllt. Wir werden Prozesse, die einer regulären Übergangsfunktion entsprechen, *regulär* nennen.

Der folgende Satz wird uns als Grundlage dienen:

Satz 6.1. *Es sei* $X = (x_t, \zeta, \mathcal{M}_t^s, \mathbf{P}_{s,x})$ *ein regulärer Markoffscher Prozeß im Maßraum* $(E, \mathcal{B})$ *und* $\mathcal{L} \subseteq \Omega_E^*$. *Wir nehmen an, daß eine nicht negative Funktion*

$$q(\lambda; t_1, x_1, \ldots, t_n, x_n, \ldots)$$

$$(\lambda \in [0, +\infty]; t_1, \ldots, t_n, \ldots \in [0, +\infty); x_1, \ldots, x_n, \ldots \in E)$$

existiert, die eine $\mathcal{B}_\infty^0 \times \mathcal{B}^\infty$*-meßbare Funktion von* $\lambda, x_1, \ldots, x_n, \ldots$ *ist und die für eine beliebige abzählbare, überall dichte Untermenge* $\{t_1, t_2, \ldots, t_n, \ldots\}$ *des Intervalls* $[s, \infty)$ *den Bedingungen genügt:*

6.1. A. $q(\lambda; t_1, x_1, \ldots, t_n, x_n, \ldots) = q(\lambda; t_1, x_1', \ldots, t_n, x_n', \ldots)$, *wenn* $x_i = x_i'$ *für alle Indizes* i, *für die* $t_i < \lambda$.

6.1. B. *Wenn* $\lambda \in (s_1, +\infty]$ *und* $q(\lambda; t_1, x_1, \ldots, t_n, x_n, \ldots) = 0$, *so läßt sich eine im Intervall* $[0, \lambda)$ *bestimmte und zu* $\mathcal{L}$ *gehörige Funktion* φ *finden derart, daß* $\varphi(t_i) = x_i$ *ist für alle* $t_i \in [0, \lambda)$**.

6.1. C. $\mathbf{M}_{s,x}\, q(\zeta; t_1, x_{t_1}, \ldots, t_n, x_{t_n}, \ldots) = 0$***.

Für den Prozeß X *existiert dann ein äquivalenter Markoffscher Prozeß, dessen Trajektorien zu* $\mathcal{L}$ *gehören.*

---

* Die Definition des Raumes Ω_E wurde in P. 2.11 gegeben.

** Damit die Bedingung 6.1. B für $\lambda = s$ erfüllt ist, genügt es, daß $\mathcal{L}$ irgendeine Funktion mit dem Definitionsbereich $[0, s)$ enthält.

*** Die ω-Funktion $q(\zeta; t_1, x_{t_1}, \ldots, t_n, x_{t_n}, \ldots)$ kann man als eindeutig definiert für alle $\omega \in \Omega$ annehmen. Tatsächlich hängt der Ausdruck $q(\zeta; t_1, x_{t_1}, \ldots, t_n, x_{t_n}, \ldots)$ für $t_n \geqq \zeta$ nach 6.1. A nicht von x_{t_n} ab, obgleich die Werte von x_{t_n} für $t_n \geqq \zeta$ nicht definiert sind. Folglich können wir, wenn $t_n \geqq \zeta$, den x_{t_n} beliebige Werte geben, ohne daß ihre Wahl die Werte von $q(\zeta, t_1, x_{t_1}, \ldots, t_n, x_{t_n}, \ldots)$ beeinflußt.

Beweis. Bezeichnen wir mit $\tilde{E}$ eine Menge, die man aus E durch Hinzufügen eines zusätzlichen Punktes a erhält, mit $\tilde{\mathscr{B}}$ die σ-Algebra, die aus allen Mengen der Form B, $B \cup \{a\}$ ($B \in \mathscr{B}$) zusammengesetzt ist. Wir setzen

$$\tilde{\zeta}(\omega) = +\infty\,,$$

$$\tilde{x}_t(\omega) = \begin{cases} x_t(\omega), & \text{wenn } t < \zeta(\omega)\,, \\ a, & \text{wenn } t \geq \zeta(\omega)\,, \end{cases}$$

$$\tilde{\mathbf{P}}_{s,x}(A) = \mathbf{P}_{s,x}(A) \quad (x \in E,\ A \in \mathcal{N}^s)\,.$$

Bezeichnen wir mit $\tilde{\mathcal{N}}_t^s$ die σ-Algebra im Raum Ω, erzeugt durch alle Mengen $\{\omega : \tilde{x}_u(\omega) \in \Gamma\}$ ($u \in [s, t]$, $\Gamma \in \tilde{\mathscr{B}}$). Man muß nun noch $\tilde{\mathbf{P}}_{s,a}(A)$ definieren. Es ist leicht nachzuweisen, daß eine beliebige Menge $A \in \mathcal{N}^s$ entweder zu $\bar{\Omega}^s = \{\zeta \leq s\}$ disjunkt oder in $\bar{\Omega}^s$ enthalten ist. Wir setzen

$$\tilde{\mathbf{P}}_{s,x}(A) = \begin{cases} 0, & \text{wenn } A \cap \bar{\Omega}^s = \vartheta\,, \\ 1, & \text{wenn } A \supseteq \bar{\Omega}^s\,{}^*. \end{cases}$$

Für beliebige $0 \leq s \leq t$, $x \in \tilde{E}$, $\Gamma \in \tilde{\mathscr{B}}$ gilt

$$\tilde{P}(s, x; t, \Gamma) = \tilde{\mathbf{P}}_{s,x}\{\tilde{x}_t \in \Gamma\}$$
$$= \begin{cases} P(s, x; t, \Gamma \cap E) + \chi_\Gamma(a)\,[1 - P(s, x; t, E)], & \text{wenn } x \neq a\,, \\ \chi_\Gamma(a)\,, & \text{wenn } x = a\,. \end{cases}$$

Es ist leicht nachzuprüfen, daß das System $(\tilde{x}_t, \tilde{\zeta}, \tilde{\mathcal{N}}_t^s, \tilde{\mathbf{P}}_{s,x})$ allen Bedingungen 2.1. A—2.1. E und 2.1 E′ genügt und folglich einen (nicht abbrechenden) Markoffschen Prozeß $\tilde{X}$ definiert. (Bei der Nachprüfung der Bedingung 2.1. F′ ist es angebracht, sich der Beziehung $\tilde{\mathcal{N}}_t^s\,[\Omega_t] = \mathcal{N}_t^s$ zu bedienen.)

Definieren wir die Abbildung $\alpha : \Omega_E \to \tilde{E}^{[0,\infty)}$ auf folgende Art: Wenn $\varphi(t)$ ($t \in [0, \lambda)$) eine Funktion aus Ω_E ist, setzen wir

$$\alpha\varphi(t) = \begin{cases} \varphi(t)\,, & \text{wenn } t \in [0, \lambda)\,, \\ a\,, & \text{wenn } t \in [\lambda, +\infty)\,. \end{cases}$$

---

* Diese Definition ist nicht korrekt, wenn $\bar{\Omega}^s = \vartheta$, da dann für ein beliebiges $A \in \mathcal{N}^s$ gleichzeitig $A \supseteq \bar{\Omega}^s$ und $A \cap \bar{\Omega}^s = \vartheta$ ist. Ohne die Allgemeinheit zu beschränken, können wir jedoch annehmen, daß $\xi(\omega_0) = 0$ für irgendein $\omega_0 \in \Omega$ ist, folglich ist $\bar{\Omega}^s$ für beliebige s nicht leer. Tatsächlich können wir, wenn sich Elemente ω_0 mit dieser Eigenschaft nicht im Raume Ω befinden, Ω durch einen Punkt ω_0 vervollständigen und $\zeta(\omega_0) = 0$, $\mathbf{P}_{s,x}(\{\omega_0\}) = 0$ ($s \geq 0$, $x \in E$) setzen, wobei wir die vorherige Bedeutung der Symbole $x_t(\omega)$ und $\mathcal{M}_t^s$ beibehalten. Man sieht, daß dabei ein Markoffscher Prozeß erhalten wird, der dem Ausgangsprozeß X äquivalent ist und zusammen mit X den Bedingungen des Satzes 6.1 genügt.

Wir führen die folgenden Bezeichnungen ein:

$$\mathscr{\hat{L}} = \alpha\,(\mathscr{L})\,;$$

$$\hat{\lambda} = \inf\,\{t_n : x_n = a\}\,;$$

$$\Phi_i\,(t_1,\,x_1,\,\ldots,\,t_n,\,x_n,\,\ldots) = \begin{cases} 1, & \text{wenn } t_i \geq \hat{\lambda} \text{ und } x_i \in E\,, \\ 0 & \text{in den übrigen Fällen}\,; \end{cases}$$

$$\tilde{q}\,(t_1,\,x_1,\,\ldots,\,t_n,\,x_n,\,\ldots) = q\,(\hat{\lambda};\,t_1,\,x_1,\,\ldots,\,t_n,\,x_n,\,\ldots) +$$

$$+ \sum_{i=1}^{\infty} \Phi_i\,(t_1,\,x_1,\,\ldots,\,t_n,\,x_n,\,\ldots)\,.$$

Die Funktion $\tilde{q}$ ist natürlich bezüglich $x_1,\,\ldots x_n,\,\ldots$ meßbar. Es sei $\{t_1,\,\ldots,\,t_n,\,\ldots\} \subseteq [s,\,+\infty)$. Wenn $\tilde{q}\,(t_1,\,x_1,\,\ldots,\,t_n,\,x_n,\,\ldots) = 0$, dann ist $q\,(\hat{\lambda};\,t_1,\,x_1,\,\ldots,\,t_n,\,x_n,\,\ldots) = 0$ und $x_i = a$ für alle $t_i \geq \hat{\lambda}$. Auf Grund von 6.1. B läßt sich eine im Intervall $[0,\,\hat{\lambda})$ bestimmte Funktion φ aus $\mathscr{L}$ finden, so daß $\varphi\,(t_i) = x_i$ für alle $t_i < \hat{\lambda}$. (Wenn $\hat{\lambda} = s$, so ist diese Behauptung trivial; wenn dagegen $\hat{\lambda} > s$, dann folgt sie aus 6.1. B.) Die Funktion $\tilde{\varphi} = \alpha\,\varphi \in \mathscr{\hat{L}}$ genügt natürlich der Beziehung $\tilde{\varphi}\,(t_i) = x_i$ für alle i. Auf diese Art ist für den Prozeß $\tilde{X}$ und den Raum $\mathscr{\hat{L}}$ die Bedingung 2.17. A erfüllt. Weiterhin ist für alle $\omega \in \Omega$

$$\hat{\lambda}\,(t_1,\,\tilde{x}_{t_1},\,\ldots,\,t_n,\,\tilde{x}_{t_n},\,\ldots) = \zeta\,,$$

$$\Phi_i\,(t_1,\,\tilde{x}_{t_1},\,\ldots,\,t_n,\,\tilde{x}_{t_n},\,\ldots) = 0\,.$$

Folglich ist

$$\tilde{q}\,(t_1,\,\tilde{x}_{t_1},\,\ldots,\,t_n,\,\tilde{x}_{t_n},\,\ldots) = q\,(\zeta,\,t_1,\,\tilde{x}_{t_1},\,\ldots,\,t_n,\,\tilde{x}_{t_n},\,\ldots)$$

und auf Grund von 6.1. C ist die Bedingung 2.13. B erfüllt. Nach Satz 2.8 existiert ein dem Prozeß $\tilde{X}$ äquivalenter Prozeß X', für den alle Trajektorien in $\mathscr{\hat{L}}$ enthalten sind. Natürlich ist für diesen Prozeß die Menge E unerreichbar. Da der Prozeß X regulär ist, genügt die Menge E bezüglich X' der Bedingung 3.8. B. Nach Satz 3.4 dürfen wir den Teil X'' des Prozesses X' auf der Menge E bilden. Wie leicht zu sehen ist, hat hier aber X'' dieselbe Übergangsfunktion wie der Ausgangsprozeß X und alle Trajektorien von X'' gehören zu $\mathscr{L}$. Der Satz ist also bewiesen.

Bemerkung. *Alle Trajektorien des Prozesses X mögen zur Menge $\mathscr{L}_0 \subseteq \Omega_E$ gehören, und die Funktion $q\,(\lambda;\,t_1,\,x_1,\,\ldots,\,t_n,\,x_n,\,\ldots)$ möge die Bedingungen 6.1. A, 6.1. C sowie die folgende erfüllen:*

6.1. B'. *Wenn $\psi\,(t)$ $(t \in [0,\,\lambda))$ ein Element des Raumes $\mathscr{L}_0$ ist und*

$$q\,(\lambda;\,t_1,\,\psi\,(t_1),\,\ldots,\,t_n,\,\psi\,(t_n),\,\ldots) = 0\,,$$

dann läßt sich im Intervall $[0,\,\lambda)$ eine Funktion $\varphi \in \mathscr{L} \cap \mathscr{L}_0$ finden, so daß für alle $t_i \in [0,\,\lambda)$ $\varphi\,(t_i) = \psi\,(t_i)$ ist.

Es existiert dann ein zu X äquivalenter Markoffscher Prozeß, dessen Trajektorien zu $\mathscr{L} \cap \mathscr{L}_0$ gehören.

Beweis. Betrachten wir den Prozeß $\tilde{X}$, die Abbildung $\alpha\colon \Omega_E \to \tilde{E}^{[0,\infty)}$ und die Funktion $\tilde{q}$, die beim Beweis von Satz 6.1 konstruiert wurden. Für den Prozeß $\tilde{X}$, die Funktion $\tilde{q}$ und den Raum $\tilde{\mathscr{L}} = \alpha\,(\mathscr{L})$, $\tilde{\mathscr{L}}_0 = \alpha\,(\mathscr{L}_0)$ sind die Bedingungen 2.13. A' und 2.13. B erfüllt. Folglich läßt sich übereinstimmend mit der Bemerkung zu Satz 2.8 ein zu $\tilde{X}$ äquivalenter Markoffscher Prozeß X' finden, dessen Trajektorien zu $\tilde{\mathscr{L}} \cap \tilde{\mathscr{L}}_0$ gehören. Der Teil X'' dieses Prozesses auf der (unerreichbaren) Menge E ist zu X äquivalent und alle Trajektorien von X'' gehören zu $\mathscr{L} \cap \mathscr{L}_0$.

§ 2. Beschränktheitsbedingungen

6.2. Es sei $\mathscr{F}$ ein beliebiges System von Untermengen der Menge E. Wir werden die Funktion $\varphi\,(t)$ $(t \in [0, \lambda))$ mit Werten aus E $\mathscr{F}$-beschränkt nennen, wenn sich für ein beliebiges $T < \lambda$ ein $\Gamma \in \mathscr{F}$ finden läßt, so daß für alle $t \in [0, T]$ $\varphi\,(t) \in \Gamma$ ist. Einen Markoffschen Prozeß $X = (x_t, \zeta, \mathscr{M}_t^s, \mathbf{P}_{s,x})$ im Maßraum $(E, \mathscr{B})$ nennen wir $\mathscr{F}$-beschränkt, wenn alle seine Trajektorien $\mathscr{F}$-beschränkt sind.

Wir nehmen an, daß das System $\mathscr{F}$ der folgenden Bedingung genügt:

6.2. A. Es existiert eine $\mathscr{F}$ äquivalente (siehe P. 3.11) Folge $\Gamma_1 \subseteq \Gamma_2 \subseteq \subseteq \ldots \subseteq \Gamma_n \subseteq \ldots$, die aus Elementen der σ-Algebra $\mathscr{B}$ besteht.*

Wir bemerken, daß ein Markoffscher Prozeß X dann und nur dann $\mathscr{F}$-beschränkt ist, wenn $\zeta = \xi\,(\mathscr{F})$ (die Funktion $\xi\,(\mathscr{F})$ ist durch die Formel (3.58) bestimmt). Wenn das System $\mathscr{F}$ der Bedingung 6.2. A genügt, können wir diese Gleichung in der folgenden Form schreiben:

$$\zeta = \lim_{n \to \infty} \xi\,(\Gamma_n) \tag{6.1}$$

(die Funktion $\xi\,(\Gamma)$ ist durch die Formel (3.49) bestimmt).

Es gehöre $\Gamma \in \mathscr{B}$ und Λ sei eine Untermenge im Intervall $[0, \infty)$. Wir setzen

$$\Psi_\Lambda\,(\Gamma) = \bigcap_{t \in \Lambda} \{x_t \in \Gamma\}; \quad \Phi_\Lambda\,(\Gamma) = \bigcup_{t \in \Lambda} \{x_t \in E \setminus \Gamma\}. \tag{6.2}$$

Natürlich sind die Mengen $\Psi_\Lambda\,(\Gamma)$ und $\Phi_\Lambda\,(\Gamma)$ disjunkt. Im Falle eines nicht abbrechenden Prozesses geben sie als Vereinigung den Raum Ω. Für einen abbrechenden Prozeß ist dies, allgemein gesprochen, nicht mehr der Fall.

Lemma 6.1. *Ist X ein Markoffscher Prozeß im Raum $(E, \mathscr{B})$, $\Gamma \in \mathscr{B}$, Λ eine endliche oder abzählbare Untermenge im Intervall $[s, b]$, die den Punkt b enthält, so gilt für beliebige $G \in \mathscr{B}$*

$$\mathbf{P}_{s,x}\,[\Psi_\Lambda\,(\Gamma)] \geqq P\,(s, x; b, G) - \sup_{y \in \Gamma, u \in \Lambda} P\,(u, y; b, G). \tag{6.3}$$

---

* Dieser Bedingung genügen alle Normalsysteme (siehe P. 3.12) und insbesondere die Systeme 3.12.1—3.12.4.

Beweis. Nehmen wir zuerst an, daß die Menge Λ endlich ist und setzen wir

$$\tau = \begin{cases} \inf\{t : t \in \Lambda, x_t \bar{\in} \Gamma\}, & \text{wenn } \omega \bar{\in} \Psi_\Lambda(\Gamma), \\ b, & \text{wenn } \omega \in \Psi_\Lambda(\Gamma). \end{cases}$$

Natürlich ist τ eine vom Zukünftigen und s-Vergangenen unabhängige Zufallsgröße $(\Omega_\tau = \Phi_\Lambda(\Gamma) \cup \Psi_\Lambda(\Gamma))$. Auf Grund von Lemma 5.4 dürfen wir die Formel (5.8) anwenden. Folglich ist

$$\begin{aligned} P(s, x; b, G) = \mathbf{P}_{s,x}\{\Omega_\tau, x_b \in \Gamma\} &= \int_\Omega P(\tau, x_\tau; b, G)\, \mathbf{P}_{s,x}(d\omega) \\ &= \int_{\Psi_\Lambda(\Gamma)} P(\tau, x_\tau; b, G)\, \mathbf{P}_{s,x}(d\omega) + \\ &\quad + \int_{\Phi_\Lambda(\Gamma)} P(\tau, x_\tau; b, G)\, \mathbf{P}_{s,x}(d\omega). \end{aligned} \tag{6.4}$$

Aus (6.4) folgt (6.3).

Wenn Λ abzählbar ist, so betrachten wir eine Folge von endlichen Mengen $\Lambda_n \uparrow \Lambda$. (Dabei wählen wir die Mengen Λ_n so, daß sie b enthalten.) Auf jede Menge Λ_η wenden wir die Formel (6.3) an. Wenn wir zur Grenze übergehen, ergibt sich, daß sie auch auf die Menge Λ anwendbar ist.

6.3. Satz 6.2. *Im Maßraum* $(E, \mathscr{B})$ *sei ein System* $\mathscr{F} \subseteq \mathscr{B}$ *gegeben, das der Bedingung 6.2. A genügt, ferner ein regulärer Markoffscher Prozeß* $X = (x_t, \zeta, \mathscr{M}_t^s, \mathbf{P}_{s,x})$, *der der Bedingung genügt:*

6.3. A. *Es läßt sich ein* $\delta > 0$ *und eine Folge von Mengen* $E_n \in \mathscr{B}$ *finden, so daß* $E_n \uparrow E$ *und für jedes* n

$$\inf_{\substack{\Gamma \in \mathscr{F} \\ 0 \le v-u < \delta}} \sup_{\substack{y \bar{\in} \Gamma}} P(u, y; v, E_n) = 0. \tag{6.5}$$

Es existiert dann ein dem Prozeß X *äquivalenter* $\mathscr{F}$*-beschränkter Markoffscher Prozeß.*

Beweis. Bezeichnen wir mit $\mathscr{L}$ die Menge aller $\mathscr{F}$-beschränkten Funktionen. Übereinstimmend mit Satz 6.1 muß man also eine Funktion $q(\lambda; t_1, x_1, \ldots, t_n, x_n, \ldots)$ konstruieren, die den Bedingungen 6.1. A bis 6.1. C genügt.

Betrachten wir die zu $\mathscr{F}$ äquivalente Folge Γ_n, für die die Bedingung 6.2. A erfüllt ist und führen wir folgende Bezeichnungen ein:

$$h(x) = \sup\{k : x \bar{\in} \Gamma_k\}^*,$$

$$h_\varepsilon(\lambda; t_1, x_1, \ldots, t_n, x_n, \ldots) = \begin{cases} \sup\{h(x_k) : t_k < \lambda - \varepsilon\} & \text{wenn } \lambda < \infty, \\ \sup\left\{h(x_k) : t_k < \dfrac{1}{\varepsilon}\right\} & \text{wenn } \lambda = +\infty. \end{cases}$$

---

* Wenn $x \in \Gamma_n$ für alle k, so setzen wir $h(x) = 0$.

Setzen wir $q\,(\lambda;\,t_1,\,x_1,\,\ldots,\,t_n,\,x_n,\,\ldots) = 0$, wenn $h_\varepsilon\,(\lambda;\,t_1,\,x_1,\,\ldots,\,t_n,\,x_n,\,\ldots) < \infty$ für alle ε ist. Andernfalls setzen wir $q\,(\lambda;\,t_1,\,x_1,\,\ldots,\,t_n,\,x_n,\,\ldots) = 1$. Natürlich ist diese Funktion bezüglich $\lambda_1,\,x_1,\,\ldots,\,x_n,\,\ldots$ meßbar und genügt der Bedingung 6.1. A. $\Lambda = \{t_1,\,\ldots,\,t_n,\,\ldots\}$ sei eine beliebige Folge von Zahlen und $x_1,\,\ldots,\,x_n,\,\ldots$ eine beliebige Folge von Punkten aus E. Betrachten wir die Funktion $\varphi\,(t)$ $(t \in [0,\,\lambda))$, die durch die Formel

$$
\varphi\,(t) = \begin{cases} x_i, & \text{wenn } t = t_i,\, t < \lambda\,, \\ y_0, & \text{wenn } t \,\bar{\in}\, \Lambda,\, t < \lambda\,, \end{cases} \tag{6.6}
$$

bestimmt ist, wobei y_0 ein beliebiger aber fester Punkt aus Γ_1 ist. Es ist klar, daß $\varphi \in \mathcal{L}$, wenn $q\,(\lambda;\,t_1,\,x_1,\,\ldots,\,t_n,\,x_n,\,\ldots) = 0$. Also ist die Bedingung 6.1. B erfüllt.

Nun wollen wir zeigen, daß die Bedingung 6.1. C erfüllt ist. Es sei $\Lambda = \{t_1,\,\ldots,\,t_n,\,\ldots\}$ eine abzählbare, überall dichte Menge im Abschnitt $[s,\,\infty)$. Setzen wir zur Abkürzung $q^* = q\,(\zeta;\,t_1,\,x_{t_1},\,\ldots,\,t_n,\,x_{t_n},\,\ldots)$ und erklären wir analog h_ε^*. ε sei eine beliebige positive Zahl. Betrachten wir eine gegen $+\infty$ strebende Folge $u_1 < u_2 < \cdots < u_k < \cdots \in \Lambda$, so daß jede der Zahlen $u_1 - s,\, u_2 - u_1,\,\ldots,\, u_{k+1} - u_k$ kleiner als $\dfrac{\varepsilon}{2}$ ist. Wir setzen

$$
\Delta_1 = [s,\,u_1],\, \Delta_2 = [u_1,\,u_2],\,\ldots,\, \Delta_k = [u_{k-1},\,u_k],\,\ldots
$$
$$
\Lambda_k = \Lambda \Delta_k\,,
$$
$$
\Psi_k = \Psi_{\Lambda_k}\,(E) = \{\zeta > u_k\},\; \Psi_k^{(m)} = \Psi_{\Lambda_k}\,(\Gamma_m)\,.
$$

Wir bemerken, daß

$$
\{h_\varepsilon^* = \infty\} \subseteq \bigcup_{k=0}^{\infty} \bigcap_{m=1}^{\infty} \{\Psi_k \setminus \Psi_k^{(m)}\}\,. \tag{6.7}
$$

Gemäß Lemma 6.1 ist für jedes E_n

$$
\mathbf{P}_{s,\,x}\,(\Psi_k^{(m)}) \geq P\,(s,\,x;\,u_k,\,E_n) - \sup_{y\,\bar{\in}\,\Gamma_m,\,u\in\Lambda_k} P\,(u,\,y;\,u_k,\,E_n)\,.
$$

Wenn $\dfrac{\varepsilon}{2} < \delta$, so folgt aus (6.5), daß

$$
\lim_{m\to\infty}\; \sup_{y\,\bar{\in}\,\Gamma_m,\,u\in\Lambda_k} P\,(u,\,y;\,u_k,\,E_n) = 0\,.
$$

Folglich ist für beliebiges n

$$
\lim_{m\to\infty} \mathbf{P}_{s,\,x}\,\{\Psi_k^{(m)}\} \geq P\,(s,\,x;\,u_k,\,E_n)\,,
$$

also auch

$$
\lim_{m\to\infty} \mathbf{P}_{s,\,x}\,\{\Psi_k \setminus \Psi_k^m\} = \mathbf{P}_{s,\,x}\,\{\Psi_k\} - \lim_{m\to\infty} \mathbf{P}_{s,\,x}\,\{\Psi_k^{(m)}\} \leq
$$
$$
\leq P\,(s,\,x;\,u_k,\,E) - P\,(s,\,x;\,u_k,\,E) = 0\,. \tag{6.8}
$$

Aus (6.7) und (6.8) folgt, daß

$$\mathbf{P}_{s,\,x}\{h_\varepsilon^* = \infty\} = 0\,,$$

sobald $\dfrac{\varepsilon}{2} < \delta$. Es bleibt zu bemerken, daß

$$\{q^* > 0\} \subseteq \bigcup_{n=1}^{\infty} \left\{ h_{\frac{1}{n}}^* = \infty \right\}$$

und folglich

$$\mathbf{P}_{s,\,x}\{q^* > 0\} \leq \lim_{n \to \infty} \mathbf{P}_{s,\,x}\left\{ h_{\frac{1}{n}}^* = \infty \right\} = 0\,.$$

§ 3. Bedingungen für die rechtsseitige Stetigkeit und das Fehlen von Unstetigkeiten zweiter Art

6.4. Es sei $X = (x_t,\, \zeta,\, \mathscr{M}_t^s,\, \mathbf{P}_{s,\,x})$ ein Markoffscher Prozeß im topologischen Maßraum $(E,\, \mathscr{C},\, \mathscr{B})$ und $\eta\,(\omega)$ eine beliebige, der Ungleichung $\eta \leq \zeta$ genügende Funktion. Wir sagen, daß der *Prozeß X bis zum Moment η keine Unstetigkeiten zweiter Art aufweist*, wenn für beliebige $\omega \in \Omega$, $t \in [0,\, \eta\,(\omega))$ die Grenzwerte $x_{t+0}\,(\omega) = \lim\limits_{u \downarrow t} x_u\,(\omega)$ und $x_{t-0}\,(\omega) = \lim\limits_{u \uparrow t} x_u\,(\omega)$ existieren. Die Worte *„der Prozeß X hat keine Unstetigkeiten zweiter Art"* bedeuten dasselbe wie „der Prozeß X hat keine Unstetigkeiten zweiter Art bis zum Moment ζ". Γ sei irgendeine Untermenge von E, $\mathscr{F}$ ein beliebiges Untermengensystem von E. Definieren wir $\xi\,(\Gamma)$ durch die Formel (3.49) und $\xi\,(\mathscr{F})$ durch die Formel (3.58). Wenn ein Prozeß X keine Unstetigkeiten zweiter Art bis zum Moment $\xi\,(\Gamma)\,(\xi\,(\mathscr{F}))$ besitzt, sagen wir, daß er *keine Unstetigkeiten bis zum Austritt aus Γ hat* (entsprechend: *aus $\mathscr{F}$*). Analog definieren wir die Begriffe: „ein Prozeß X ist rechtsseitig stetig bis zum Moment η" — „ein Prozeß X ist stetig bis zum Moment η" — „ein Prozeß X ist rechtsseitig stetig bis zum Austritt aus Γ" usf.

6.5. Lemma 6.2. *Wenn ein Markoffscher Prozeß X im topologischen Maßraum $(E, \mathscr{C}, \mathscr{B})$ rechtsseitig stetig ist, gilt für beliebige $U \in \mathscr{C}\mathscr{B}$ und beliebige $x \in U$, $t \geq 0$*

$$\lim_{h \downarrow 0} P\,(t,\, x;\, t+h,\, \overline{U}) = 0\,. \tag{6.9}$$

Beweis. Wenn $h_n \downarrow 0$, dann ist

$$\bigcap_{m=1}^{\infty} \bigcup_{n=m}^{\infty} \{x_t = x,\, x_{t+h_n} \in \overline{U}\} = 0\,.$$

Folglich, wenn $m \to \infty$

$$\mathbf{P}_{t,\,x}\left\{ \bigcup_{n=m}^{\infty} [x_{t+h_n} \in \overline{U}] \right\} \to 0\,.$$

Aber

$$\mathbf{P}_{t,\,x}\{x_{t+h_m} \in \overline{U}\} \leqq \mathbf{P}_{t,\,x}\left\{\bigcup_{n=m}^{\infty} x_{t+h_n} \in \overline{U}\right\}.$$

Damit strebt auch $P\,(t,\,x;\,t+h_m,\,\overline{U}) = \mathbf{P}_{t,\,x}\{x_{t+h_m} \in \overline{U}\}$ gegen 0, das Lemma ist also bewiesen.

6.6. Wir werden im folgenden annehmen, daß der Prozeß im metrischen Maßraum $(E,\,\varrho,\,\mathscr{B})$ gegeben ist, wobei der Abstand $\varrho\,(x,\,y)$ eine $\mathscr{B} \times \mathscr{B}$-meßbare Funktion sei*. Aus der letzten Bedingung folgt (siehe P. 1.4), daß für ein beliebiges aber festes $x\,\varrho\,(x,\,y)$ eine $\mathscr{B}$-meßbare Funktion von y ist. Folglich enthält die σ-Algebra $\mathscr{B}$ eine ε-Umgebung $U_\varepsilon\,(x)$ für jeden Punkt x.

Wir setzen

$$\alpha_\Gamma^\varepsilon\,(\delta) = \sup_{\substack{0 \leqq s \leqq t \leqq s+\delta \\ x \in \Gamma}} P\,(s,\,x;\,t,\,\overline{U_\varepsilon\,(x)}) \tag{6.10}$$

(hier ist $\Gamma \subseteq E,\,\varepsilon,\,\delta > 0,\,U_\varepsilon\,(x) = \{y\colon \varrho\,(y,\,x) < \varepsilon\}$).
Führen wir folgende
Bedingung $M\,(\Gamma)$ ein. Für beliebige $\varepsilon > 0$ ist

$$\lim_{\delta\downarrow 0} \alpha_\Gamma^\varepsilon\,(\delta) = 0\,. \tag{6.11}$$

Unser Ziel ist, den folgenden Satz zu beweisen:

Satz 6.3. *$(E,\,\varrho,\,\mathscr{B})$ sei ein vollständiger, metrischer Maßraum, wobei $\varrho\,(x,\,y)$ eine $\mathscr{B} \times \mathscr{B}$-meßbare Funktion ist. $\mathscr{F}$ sei ein System von Untermengen aus E, das der Bedingung 6.2. A genügt. Genügt ein regulärer Markoffscher Prozeß im Raum $(E,\,\varrho,\,\mathscr{B})$ für jede Menge $\Gamma \in \mathscr{F}$ der Bedingung $M\,(\Gamma)$, so existiert ein ihm äquivalenter Prozeß, der rechtsseitig stetig ist und bis zum Austritt aus $\mathscr{F}$ keine Unstetigkeiten zweiter Art besitzt.*

6.7. Vorher wollen wir einige Lemmata beweisen.

Lemma 6.3. *Es sei $X = (x_t,\,\zeta,\,\mathscr{M}_t^s,\,\mathbf{P}_{s,\,x})$ ein Markoffscher Prozeß im metrischen Maßraum $(E,\,\varrho,\,\mathscr{B})$, $\varrho\,(x,\,y)$ eine $\mathscr{B} \times \mathscr{B}$-meßbare Funktion, ferner gehöre $\Gamma \in \mathscr{B}$. Für beliebige $\varepsilon > 0,\,0 \leqq s \leqq t \leqq u$ ist dann*

$$\mathbf{P}_{s,\,x}\{x_t \in \Gamma,\,\varrho\,(x_t,\,x_u) \geqq \varepsilon\} \leqq \alpha_\Gamma^\varepsilon\,(u-t)\,. \tag{6.12}$$

Wenn ferner Λ eine beliebige endliche oder abzählbare Untermenge des Intervalls $[a,\,b]$ $(s \leqq a \leqq b)$ ist und

$$D = D_\Gamma^\varepsilon\,(\Lambda) = \bigcup_{t,\,u\in\Lambda}\{x_a \in \Gamma,\,x_t \in \Gamma,\,x_u \in \Gamma,\,\varrho\,(x_t,\,x_u) \geqq 4\varepsilon\}\,, \tag{6.13}$$

dann ist

$$\mathbf{P}_{s,\,x}\,(D) \leqq 2\alpha_\Gamma^\varepsilon\,(b-a)\,. \tag{6.14}$$

---

* Übereinstimmend mit P. 1.8 ist $\varrho\,(x,\,y)$ eine überall stetige Funktion des Paares $(x,\,y)$. $\varrho\,(x,\,y)$ ist also $\mathscr{B} \times \mathscr{B}$-meßbar, wenn $\mathscr{B}$ alle offenen Mengen des Raumes $(E,\,\varrho)$ enthält (siehe P. 1.9).

Beweis. Auf Grund von (2.9) ist

$$\mathbf{P}_{s,\,x}\{x_t \in \Gamma, \varrho\,(x_t,\, x_u) \geq \varepsilon\} = \int\limits_{x_t \in \Gamma} \mathbf{P}_{t,\,x_t}\{\varrho\,(x_t,\, x_u) \geq \varepsilon\}\,\mathbf{P}_{s,\,x}\,(d\omega)$$

$$= \int\limits_{x_t \in \Gamma} P\,(t,\, x_t;\, u,\, U_\varepsilon\,(x_t))\,\mathbf{P}_{s,\,x}\,(d\omega) \leq \alpha_\Gamma^\varepsilon\,(u - t)\,.$$

Damit ist die Formel (6.12) bewiesen.

Wir kommen nun zum Beweis der Beziehung (6.14). Nehmen wir zuerst an, daß die Menge Λ endlich ist und aus den Punkten $t_1 < t_2 < \cdots < t_n$ besteht. Wir setzen $\omega \in \Omega_\tau$, wenn $x_t \in \Gamma$ und $\varrho\,(x_a,\, x_t) \geq 2\varepsilon$ für irgendein $t \in \Lambda$. Die kleinste der Zahlen $t \in \Lambda$, die diesen Bedingungen genügt, bezeichnen wir mit τ. Wir setzen

$$B = \{x_a \in \Gamma,\, \varrho\,(x_a,\, x_b) \geq \varepsilon\},\quad C = \{\varrho\,(x_\tau,\, x_b) \geq \varepsilon\}\,.$$

Natürlich ist $D \subseteq B \cup C$ und folglich

$$\mathbf{P}_{s,\,x}\,(D) \leq \mathbf{P}_{s,\,x}\,(B) + \mathbf{P}_{s,\,x}\,(C)\,. \tag{6.15}$$

Die Zufallsgröße τ ist vom Zukünftigen und s-Vergangenen unabhängig. Wir wenden auf die Größen $\tau\,(\omega)$, $\eta_1\,(\omega) = \tau\,(\omega)$, $\eta_2\,(\omega) = b\ (\omega \in \Omega_\tau)$ und die Funktion

$$f\,(y_1,\, y_2) = \begin{cases} 1, & \text{wenn } \varrho\,(y_1,\, y_2) \geq \varepsilon\,, \\ 0, & \text{wenn } \varrho\,(y_1,\, y_2) < \varepsilon \end{cases}$$

die Folgerung aus Satz 5.1 an (übereinstimmend mit der Bemerkung am Ende von P. 5.9 ist dies zulässig, da τ, η_1 und η_2 nur endlich viele Werte annehmen). Wir erhalten

$$\mathbf{P}_{s,\,x}\,(C \mid \mathscr{M}_\tau^s) = \mathbf{M}_{s,\,x}\{f\,(x_{\eta_1},\, x_{\eta_2}) \mid \mathscr{M}_\tau^s\} = F\,(\tau,\, x_\tau;\, \eta_1,\, \eta_2)$$

$$= F\,(\tau,\, x_\tau;\, \tau,\, b)\quad (\text{f. s. } \Omega_\tau, \mathbf{P}_{s,\,x}),$$

wobei

$$F\,(u,\, y;\, v_1,\, v_2) = \mathbf{M}_{u,\,y}\,f\,(x_{v_1},\, x_{v_2}) = \mathbf{P}_{u,\,y}\{\varrho\,(x_{v_1},\, x_{v_2}) \geq \varepsilon\}\,,$$

also

$$F\,(u,\, y;\, u,\, b) = P\,(u,\, y;\, b,\, \overline{U_\varepsilon\,(y)})\,.$$

Natürlich ist $F\,(u,\, y;\, u,\, b) \leq \alpha_\Gamma^\varepsilon\,(b - a)$ für beliebige $u \in [a,\, b]$, $y \in \Gamma$.

Folglich ist

$$\mathbf{P}_{s,\,x}\,(C \mid \mathscr{M}_\tau^s) \leq \alpha_\Gamma^\varepsilon\,(b - a)\quad (\text{f. s. } \Omega_\tau,\, \mathbf{P}_{s,\,x})$$

und

$$\mathbf{P}_{s,\,x}\,(C) \leq \alpha_\Gamma^\varepsilon\,(b - a)\,.$$

Ferner ist nach (6.12) $\mathbf{P}_{s,\,x}\,(B) \leq \alpha_\Gamma^\varepsilon\,(b - a)$. Wenn wir diese Abschätzungen in (6.15) einsetzen, erhalten wir (6.14).

Wenn Λ abzählbar ist, so können wir eine Folge von endlichen Mengen $\Lambda_n \uparrow \Lambda$ auswählen. Dann wächst $D_\Gamma^\varepsilon\,(\Lambda_n) \uparrow D_\Gamma^\varepsilon\,(\Lambda)$, und man erhält die Abschätzung (6.14) für die Menge Λ mittels eines Grenzüberganges.

Lemma 6.4. *Es sei X ein Markoffscher Prozeß im metrischen Maßraum $(E, \varrho, \mathscr{B})$ mit einer $\mathscr{B} \times \mathscr{B}$-meßbaren Funktion $\varrho\,(x, y)$. Es gehöre $\Gamma \in \mathscr{B}$, Λ sei eine endliche oder abzählbare Untermenge des Intervalls $[a, b] \subseteq [s, \infty)$. Wir setzen*

$$A_k = A_k^\varepsilon\,(\Lambda, \Gamma) = \{\textit{es finden sich solche } s_1 < s_2 < \cdots < s_{2k-1} < s_{2k}$$
aus Λ, daß

$$x_{s_{2i-1}} \in \Gamma,\ x_{s_{2i}} \in \Gamma,\ \varrho\,(x_{s_{2i-1}}, x_{s_{2i}}) \geqq 4\varepsilon \ \textit{für} \ i = 1, 2, \ldots, k\}. \tag{6.16}$$

Dann ist

$$\mathbf{P}_{s,\,x}\,(A_k) \leqq [2\alpha_\Gamma^\varepsilon\,(b-a)]^k. \tag{6.17}$$

Beweis. Nehmen wir zuerst an, daß die Menge Λ endlich ist und aus den Punkten $t_1 < t_2 < \cdots < t_n$ besteht. Betrachten wir die Zufallsgröße τ_k, die auf der Menge $\Omega_{\tau_k} = A_k$ durch die Gleichung

$$\tau_k\,(\omega) = \inf\,\{t_m : \omega \in A_k^\varepsilon\,[t_1, \ldots, t_{m-1}]\}$$

bestimmt ist. Wir setzen

$$\eta_i = \max\,(t_i, \tau_k) \quad (i = 0, 1, \ldots, n).$$

Natürlich ist

$$A_{k+1} = \bigcup_{i,\,j=1}^{n} \{x_{\eta_1} \in \Gamma,\ x_{\eta_i} \in \Gamma,\ x_{\eta_j} \in \Gamma,\ \varrho\,(x_{\eta_i}, x_{\eta_j}) \geqq 4\varepsilon\}.$$

Folglich ist die charakteristische Funktion von A_{k+1} gleich $f\,(x_{\eta_1}, \ldots, x_{\eta_n})$, wobei

$$f(y_1, \ldots, y_n) = \begin{cases} 1, & \text{wenn } y_1 \in \Gamma \text{ und wenn } y_i, y_j \in \Gamma \\ & \text{existieren mit } \varrho\,(y_i, y_j) \geqq 4\varepsilon, \\ 0 & \text{in den übrigen Fällen.} \end{cases}$$

Die Größe τ_k ist vom Zukünftigen und s-Vergangenen unabhängig; die Größen $\eta_1, \ldots, \eta_n$ sind $\mathscr{M}_{\tau_k}^s$-meßbar. Übereinstimmend mit der Folgerung aus Satz 5.1 erhalten wir

$$\mathbf{P}_{s,\,x}\,(A_{k+1} \mid \mathscr{M}_{\tau_k}^s) = F\,(\tau_k, x_{\tau_k};\ \eta_1, \ldots, \eta_n) \quad (\text{f. s. } \Omega_{\tau_k},\ \mathbf{P}_{s,\,x}), \tag{6.18}$$

wobei

$$F\,(u, y;\ v_1, \ldots, v_n) = \mathbf{M}_{u,\,y}\,f\,(x_{v_1}, \ldots, x_{v_n}) = \mathbf{P}_{u,\,y}\,[D_\Gamma^\varepsilon\,(v_1, \ldots, v_n)].$$

Aus Lemma 6.3 schließen wir, daß

$$F\,(u, y;\ v_1, \ldots, v_n) \leqq 2\alpha_\Gamma^\varepsilon\,(v_n - v_1) \leqq 2\alpha_\Gamma^\varepsilon\,(b-a). \tag{6.19}$$

Aus (6.18) und (6.19) folgt, daß

$$\mathbf{P}_{s,\,x}\,(A_{k+1}) = \mathbf{P}_{s,\,x}\,(A_k A_{k+1}) \tag{6.20}$$

$$= \int_{A_k} \mathbf{P}_{s,\,x}\,(A_{k+1} \mid \mathscr{M}_{\tau_k}^s)\,\mathbf{P}_{s,\,x}\,(d\omega) \leqq 2\alpha_\Gamma^\varepsilon\,(b-a)\,\mathbf{P}_{s,\,x}\,(A_k).$$

Aus (6.20) folgt offenbar (6.17).

Wenn Λ eine abzählbare Menge ist, wählen wir eine Folge endlicher Mengen $\Lambda_n \uparrow \Lambda$ und bemerken, daß $A_k^\varepsilon (\Lambda_n, \Gamma) \uparrow A_k^\varepsilon (\Lambda, \Gamma)$. Der Grenzübergang beweist, daß die Abschätzung (6.17) auch in diesem Fall richtig ist.

Lemma 6.5. *Der Markoffsche Prozeß* $X = (x_t, \zeta, \mathscr{M}_t^s, \mathbf{P}_{s,x})$ *im Raum* $(E, \mathscr{C}, \mathscr{B})$ *möge der Bedingung* $M(\Gamma)$ $(\Gamma \in \mathscr{B})$ *genügen. Wenn für alle* $t \in [0, \eta)$ $x_t \in \Gamma$ *gehört und der Prozeß* X *bis zum Moment* η *keine Unstetigkeiten zweiter Art besitzt, so existiert ein dem Prozeß* X *äquivalenter Markoffscher Prozeß* $\tilde{X}$, *der bis zum Moment* η *keine Unstetigkeiten zweiter Art besitzt und rechtsseitig stetig ist.*

Beweis. Wir setzen

$$y_t = \begin{cases} x_{t+0} & \text{für } t < \eta \,, \\ x_t & \text{für } \eta \leq t < \zeta \,. \end{cases}$$

Für beliebige $s \leq t$ gilt

$$\{y_t \neq x_t\} = \{\eta > t, \, x_t \neq x_{t+0}\} \subseteq \{x_t \in \Gamma, \, x_t \neq x_{t+0}\} \,. \tag{6.21}$$

Wir bemerken, daß übereinstimmend mit Satz 2.1 und 2.1. D

$$\mathbf{P}_{s,x} \{x_t \in \Gamma, \, \varrho \, (x_t, x_u) > \varepsilon\} = \int_{x_t \in \Gamma} \mathbf{P}_{t,x_t} \{\varrho \, (x_t, x_u) > \varepsilon\} \, \mathbf{P}_{s,x} \, (d\omega)$$

$$= \int_{x_t \in \Gamma} P \, (t, x_t; u, \overline{U_\varepsilon (x_t)}) \, \mathbf{P}_{s,x} \, (d\omega) \,,$$

wenn $\varepsilon > 0$, $s \leq t < u$, sowie auf Grund der Bedingung $M(\Gamma)$, daß

$$\lim_{u \downarrow t} \mathbf{P}_{s,x} \{x_t \in \Gamma, \, \varrho \, (x_t, x_u) > \varepsilon\} = 0 \,.$$

Es gilt aber $\varrho \, (x_t, x_u) \to \varrho \, (x_t, x_{t+0})$, wenn $u \downarrow t$, also ist

$$\{\varrho \, (x_t, x_{t+0}) > \varepsilon\} \subseteq \bigcup_{n=1}^\infty \bigcap_{k=n}^\infty \left\{\varrho \left(x_t, x_{t+\frac{1}{k}}\right) > \varepsilon\right\}.$$

Daher ist

$$\mathbf{P}_{s,x} \{x_t \in \Gamma, \, \varrho \, (x_t, x_{t+0}) > \varepsilon\} \leq$$

$$\leq \lim_{n \to \infty} \mathbf{P}_{s,x} \left\{x_t \in \Gamma, \bigcap_{k=n}^\infty \left[\varrho \left(x_t, x_{t+\frac{1}{k}}\right) > \varepsilon\right]\right\} \leq$$

$$\leq \overline{\lim_{n \to \infty}} \, \mathbf{P}_{s,x} \left\{x_t \in \Gamma, \, \varrho \left(x_t, x_{t+\frac{1}{n}}\right) > \varepsilon\right\} = 0 \,.$$

Da dies für ein beliebiges $\varepsilon > 0$ gilt, ist $\mathbf{P}_{s,x} \{x_t \in \Gamma, \, x_t \neq x_{t+0}\} = 0$ und auf Grund von (6.21) $\mathbf{P}_{s,x} \{y_t \neq x_t\} = 0$. Aus dieser Beziehung folgert man leicht, daß $\tilde{X} = (y_t, \zeta, \mathscr{R}_t^s, \mathbf{P}_{s,x})$ (die σ-Algebren $\mathscr{R}_t^s$ sind in P. 3.1 definiert) ein Markoffscher Prozeß ist, der dem Prozeß X äquivalent ist. Natürlich hat $\tilde{X}$ bis zum Moment η keine Unstetigkeiten zweiter Art und ist rechtsseitig stetig.

6.8. Beweis des Satzes 6.3. Nach Lemma 6.5 genügt es, einen Prozeß $\tilde{X}$ zu konstruieren, der X äquivalent ist und bis zum Austritt aus $\mathscr{F}$ keine Unstetigkeiten zweiter Art besitzt. Für diese Konstruktion bedienen wir uns des Satzes 6.1.

$\varphi(t)$ sei eine Funktion im Intervall $[0, \lambda)$ mit Werten aus E. Wir setzen

$$\left.\begin{array}{l} \xi(\Gamma, \varphi) = \inf\{t: \varphi(t) \bar{\in} \Gamma\}, \\ \xi(\mathscr{F}, \varphi) = \sup_{\Gamma \in \mathscr{F}} \xi(\Gamma, \varphi) \end{array}\right\} \tag{6.22}$$

(Wenn für alle $t \in [0, \lambda)$ $\varphi(t) \in \Gamma$ gehört, setzen wir $\xi(\Gamma, \varphi) = \lambda$). Wir setzen $\varphi \in \mathscr{L}$, wenn die Grenzwerte $\varphi(t+0)$ und $\varphi(t-0)$ für jedes $t \in [0, \xi(\mathscr{F}, \varphi))$ existieren.

Es sei $\varepsilon > 0$, $\Lambda = \{t_1, \ldots, t_n, \ldots\} \subseteq [0, \infty)$, $x_1, \ldots, x_n, \ldots \in E$, Δ irgendein Intervall. Wir setzen

$$\xi_\Lambda^\lambda(\Gamma) = \begin{cases} \inf\{t_n : t_n < \lambda, \, x_n \bar{\in} \Gamma\}, & \text{wenn } t_n < \lambda, \, x_n \bar{\in} \Gamma \\ & \text{für irgendein } n, \\ \lambda & \text{in den übrigen Fällen,} \end{cases} \tag{6.23}$$

$$\xi = \xi_\Lambda^\lambda(\mathscr{F}) = \sup_{\Gamma \in \mathscr{F}} \xi_\Lambda^\lambda(\Gamma), \tag{6.24}$$

$$h_\varepsilon(x, y) = \begin{cases} 1, & \text{wenn } x \in \Gamma \text{ und } \varrho(x, y) \geqq 4\varepsilon, \\ 0 & \text{in den übrigen Fällen} \end{cases}$$

und definieren $h_{\varepsilon, \Delta}(\lambda; t_1, x_1, \ldots, t_n, x_n, \ldots)$ als die obere Schranke der Summenwerte

$$h_\varepsilon(x_{i_1}, x_{i_2}) + h_\varepsilon(x_{i_3}, x_{i_4}) + \cdots + h_\varepsilon(x_{i_{2n-1}}, x_{i_{2n}}),$$

wenn n alle natürlichen Zahlen durchläuft und die Indices $i_1, \ldots, i_{2n}$ beliebige Zahlensysteme sind, für die $t_{i_1} < t_{i_2} < \cdots < t_{i_{2n}} \in \Delta \cap [0, \xi)$*. Wir setzen $q(\lambda; t_1, x_1, \ldots, t_n, x_n, \ldots) = 0$, wenn $h_{\varepsilon, \Delta}(\lambda; t_1, x_1, \ldots, t_n, x_n, \ldots) < \infty$ für beliebige $\varepsilon > 0$ und für ein beliebiges endliches Intervall Δ. Im entgegengesetzten Fall setzen wir $q(\lambda; t_1, x_1, \ldots, t_n, x_n, \ldots) = 1$. Wir bemerken, daß die Funktion q bezüglich $\lambda, x_1, \ldots, x_n, \ldots$ meßbar ist. Dies folgt daraus, daß $h_{\varepsilon, \Delta}$ monoton von ε und Δ abhängt, daß man also bei der Definition von q nur solche ε und Δ in Betracht zu ziehen braucht, die irgendwelche abzählbare Folgen durchlaufen.

Natürlich genügt die Funktion q der Bedingung 6.1. A. Wir wollen nun nachweisen, daß sie auch die Bedingungen 6.1. B und 6.1. C erfüllt. Es sei $\Delta = \{t_1, \ldots, t_n, \ldots\}$ eine überall dichte Menge des Intervalls $[s, \infty)$. Wenn $q(\lambda; t_1, x_1, \ldots, t_n, x_n, \ldots) = 0$, dann genügt für jede monotone, beschränkte Unterfolge $t_{i_1}, t_{i_2}, \ldots, t_{i_n}, \ldots < \xi$ der Folge $t_1, \ldots, t_n, \ldots$ die entsprechende Punktfolge $x_{i_1}, \ldots, x_{i_n}, \ldots$ der Bedingung: für beliebige

---

* Wenn solche Systeme nicht existieren, setzen wir $h_{\varepsilon, \Lambda} = 0$.

$\varepsilon > 0$ existiert ein $n(\varepsilon)$, so daß für $m, n > n(\varepsilon)$ gilt $\varrho(x_{i_n}, x_{i_m}) < \varepsilon$. Da der Raum E vollständig ist, konvergiert die Folge $x_{i_1}, \ldots, x_{i_n}, \ldots$ Definieren wir nun die Funktion $\varphi(t)$ $(t \in [0, \lambda))$ durch die Formel

$$\varphi(t) = \begin{cases} x_i, & \text{wenn } t = t_i \in \Lambda \cap [0, \lambda), \\ \lim_{u \downarrow t, u \in \Lambda} \varphi(u), & \text{wenn } t \in [s, \xi) \cap \bar{\Lambda}, \\ \varphi(s), & \text{wenn } t \in [0, s) \text{ oder wenn } t \in [\xi, \lambda) \cap \bar{\Lambda}. \end{cases} \tag{6.25}$$

Es ist leicht einzusehen, daß $\xi(\mathscr{F}, \varphi) \leq \xi$, und daß, wenn $t'_1, \ldots, t'_n, \ldots$ eine beliebige monotone, beschränkte Folge von Punkten aus $[0, \xi)$ ist, der Grenzwert $\lim_{n \to \infty} \varphi(t'_n)$ existiert. Folglich gehört die Funktion φ zum Raum $\mathscr{L}$. Die Bedingung 6.1. B ist also erfüllt.

Prüfen wir nun, ob q der Bedingung 6.1. C genügt. Es sei $\delta > 0$, $\Lambda = \{t_1, \ldots, t_n, \ldots\} \subset [s, \infty)$. Wir setzen

$$q^* = q(\zeta; t_1, x_{t_1}, \ldots, t_n, x_{t_n}, \ldots),$$
$$h^*_{\varepsilon, \Lambda} = h_{\varepsilon, \Lambda}(\zeta; t_1, x_{t_1}, \ldots, t_n, x_{t_n}, \ldots),$$
$$\Delta_m = [s + m\delta, s + (m+1)\delta] \quad (m = 0, 1, 2, \ldots).$$

Es ist klar, daß

$$\{q^* > 0\} \subseteq \bigcup_{n=1}^{\infty} \bigcup_{m=0}^{\infty} \left\{ h^*_{\frac{1}{n}, \Delta_m} = \infty \right\}. \tag{6.26}$$

Es sei $\Gamma_1 \subseteq \cdots \subseteq \Gamma_l \subseteq \cdots$ eine in der Bedingung 6.2. A beschriebene Folge von Mengen. Dann wächst $\xi^\lambda_\Lambda(\Gamma_l) \uparrow \xi$, folglich gilt für beliebige $\varepsilon > 0$ und für beliebige k

$$\{h^*_{\varepsilon, \Delta_m} = \infty\} \subseteq \bigcup_{l=1}^{\infty} A^\varepsilon_k(\Lambda \cap \Delta_m, \Gamma_l),$$

wobei A^ε_k durch die Formel (6.16) definiert ist. Daraus folgt

$$\mathbf{P}_{s, x}\{h^*_{\varepsilon, \Delta_m} = \infty\} \leq \lim_{l \to \infty} \mathbf{P}_{s, x}\{A^\varepsilon_k(\Lambda \cap \Delta_m, \Gamma_l)\}.$$

Nach Lemma 6.4 ist

$$\mathbf{P}_{s, x}\{A^\varepsilon_k(\Lambda \cap \Delta_m, \Gamma_l)\} \leq [2\alpha^\varepsilon_\Gamma(\delta)]^k.$$

Folglich

$$\mathbf{P}_{s, x}\{h^*_{\varepsilon, \Delta_m} = \infty\} \leq [2\alpha^\varepsilon_\Gamma(\delta)]^k.$$

Der Bedingung des Satzes zufolge läßt sich für ein beliebiges $\varepsilon > 0$ ein $\delta > 0$ so finden, daß $\alpha^\varepsilon_\Gamma(\delta) < \frac{1}{4}$. Bei dieser Wahl von δ ist

$$\mathbf{P}_{s, x}\{h^*_{\varepsilon, \Delta_m} = \infty\} \leq \left(\frac{1}{2}\right)^k,$$

und da dies für ein beliebiges k gilt, ist

$$\mathbf{P}_{s,x}\{h^*_{\varepsilon,\Delta_m} = \infty\} = 0 \,.$$

Wenn wir diese Gleichung mit der Inklusion (6.26) vergleichen, bemerken wir, daß $\mathbf{P}_{s,x}(q^* > 0) = 0$ ist. Der Satz ist also bewiesen.

6.9. Bemerkung 1. *$(E, \varrho, \mathscr{B})$ sei ein metrischer Maßraum, der den Bedingungen des Satzes 6.3 genügt, $\mathscr{F}$ sei ein System von Untermengen aus E, das irgendeiner Folge von abgeschlossenen Mengen $\Gamma_1 \subseteqq \Gamma_2 \subseteqq \cdots$ $\cdots \subseteqq \Gamma_n \subseteqq \cdots$ äquivalent ist. Wenn ein regulärer Markoffscher Prozeß X im Raum $(E, \varrho, \mathscr{B})$ $\mathscr{F}$-beschränkt ist und für alle $\Gamma \in \mathscr{F}$ der Bedingung $M(\Gamma)$ genügt, dann läßt sich für ihn ein äquivalenter Markoffscher Prozeß finden, der $\mathscr{F}$-beschränkt und rechtsseitig stetig ist und keine Unstetigkeiten zweiter Art besitzt.*

Beweis. Wir definieren $\mathscr{L}$ wie beim Beweis von Satz 6.3 und bezeichnen mit $\mathscr{L}_0$ die Menge aller $\mathscr{F}$-beschränkten Funktionen aus Ω_E. Wir bemerken, daß die durch die Formel (6.25) definierte Funktion $\varphi(t)$ zu $\mathscr{L} \cap \mathscr{L}_0$ gehört, wenn $\psi \in \mathscr{L}_0$ und $x_i = \psi(t_i)$. Auf Grund der Bemerkung zu Satz 6.1 können wir daraus schließen, daß ein zu X äquivalenter Prozeß $\tilde{X}$ existiert, dessen Trajektorien alle zu $\mathscr{L} \cap \mathscr{L}_0$ gehören. Für diesen Prozeß ist $\zeta(\mathscr{F}) = \zeta$. Dies beweist unsere Behauptung.

Bemerkung 2. *(E, ϱ) sei ein σ-kompakter, vollständiger, metrischer Raum, $\mathscr{B}$ eine σ-Algebra, erzeugt durch alle offenen Mengen des Raumes (E, ϱ), $P(s, x; t, \Gamma)$ sei eine Übergangsfunktion im Raum $(E, \varrho, \mathscr{B})$. Wir nehmen an, daß eine Folge von abgeschlossenen Mengen $\Gamma_n \uparrow E$ existiert, so daß:*

a) *für jedes Γ_n die Bedingung $M(\Gamma)$ erfüllt ist,*

b) *ein $\delta > 0$ existiert, so daß für alle m*

$$\lim_{\substack{n \to \infty \\ y \bar{\in} \Gamma_n \\ |v-u| < \delta}} \sup P(u, y; v, \Gamma_m) = 0 \,.$$

Dann existiert ein $\{\Gamma_n\}$-beschränkter rechtsseitig stetiger Markoffscher Prozeß, der keine Unstetigkeiten zweiter Art besitzt und $P(s, x; t, \Gamma)$ als Übergangsfunktion hat.

Wenn die Bedingung 5.18. A erfüllt ist, oder wenn $P(s, x; t, \Gamma)$ $= P(t-s, x, \Gamma)$, wobei $P(t, x, \Gamma)$ der Forderung 5.19. A genügt, so ist dieser Prozeß ein streng Markoffscher Prozeß.

Beweis. Nach Satz 4.2 existiert ein Markoffscher Prozeß X mit der Übergangsfunktion $P(s, x; t, \Gamma)$. Wir setzen $\mathscr{F} = \{\Gamma_n\}$. Nach Satz 6.2 kann man einen $\mathscr{F}$-beschränkten Markoffschen Prozeß X' konstruieren, der X äquivalent ist. Dieser Prozeß genügt für jedes n der Bedingung $M(\Gamma_n)$. Gemäß der Bemerkung 1 existiert ein X' äquivalenter Prozeß $\tilde{X}$, der

---

* Natürlich genügt es, statt der Bedingungen a), b) zu verlangen, daß die Bedingung $M(E)$ erfüllt ist.

rechtsseitig stetig ist und keine Unstetigkeiten zweier Art besitzt. Unter der Bedingung 5.18. A oder 5.19. A ist dieser Prozeß nach Satz 5.9 und 5.10 ein streng Markoffscher Prozeß.

§ 4. Sprung- und treppenartige Prozesse

6.10. Ein Markoffscher Prozeß $X = (x_t, \zeta, \mathscr{M}_t^s, \mathbf{P}_{s,x})$ im Maßraum $(E, \mathscr{B})$ heißt ein *sprungartiger Prozeß*, wenn für alle $\omega \in \Omega$, $t \in [0, \zeta(\omega))$ ein $\delta > 0$ existiert, so daß für alle $0 \leqq h < \delta$ $x_{t+h}(\omega) = x_t(\omega)$ ist. Die Zahl t heißt der *Sprungaugenblick* der Trajektorie $x_t(\omega)$, wenn eine geeignete Folge $t_n \uparrow t$ existiert mit $x_{t_n}(\omega) \neq x_t(\omega)$ $(n = 1, 2, \ldots)$. Die Sprungaugenblicke bilden, wie leicht ersichtlich, eine abzählbare Menge. Wenn diese Menge für beliebige ω innerhalb des Intervalls $[0, \zeta(\omega))$ keine Häufungspunkte besitzt, so sagen wir, daß X ein *treppenartiger Prozeß* ist.

Wir führen im Raum $(E, \mathscr{B})$ die diskrete Topologie ein und bezeichnen mit $\mathscr{C}$ die Gesamtheit aller Untermengen von E. Wie leicht ersichtlich, fällt die Klasse der sprungartigen Prozesse in $(E, \mathscr{B})$ mit der Klasse der in $(E, \mathscr{C}, \mathscr{B})$ rechtsseitig stetigen Prozesse zusammen; die Klasse der treppenartigen Prozesse fällt mit der Klasse derjenigen rechtsseitig stetigen Prozesse zusammen, die keine Unstetigkeiten zweiter Art aufweisen. Aus Satz 5.10 folgt, daß *jeder homogene, sprungartige Markoffsche Prozeß streng Markoffsch ist.*

Wir bemerken, daß der topologische Maßraum $(E, \mathscr{C})$ metrisierbar ist. Die entsprechende Metrik gibt man durch die Formel an

$$\varrho(x, y) = \begin{cases} 0, & \text{wenn } x = y\,, \\ 1, & \text{wenn } x \neq y\,. \end{cases}$$

Damit die Funktion $\varrho(x, y)$ bezüglich $\mathscr{B} \times \mathscr{B}$ meßbar ist, genügt es, daß die folgende Bedingung erfüllt ist:

6.10. A. Die Untermenge des Raumes $E \times E$, die aus Punkten der Form (x, x) $(x \in E)$ besteht, gehört zur σ-Algebra $\mathscr{B} \times \mathscr{B}$.

Wenn wir die Resultate aus § 3 anwenden, erhalten wir den folgenden Satz:

Satz 6.4. $(E, \mathscr{B})$ *sei ein der Bedingung* 6.10. A *genügender Maßraum,* X *ein Markoffscher Prozeß in* $(E, \mathscr{B})$, *der die Bedingung erfüllt:*

6.10. B. *Gleichmäßig längs* $t \geqq 0$, $x \in E$ *gelte*

$$\lim_{h \downarrow 0} P(t, x; t + h, x) = 1\,.$$

Dann läßt sich ein treppenartiger Prozeß finden, der dem Prozeß X *stochastisch äquivalent ist.*

Wir überlassen es dem Leser, einen bis zum Austritt aus einem System $\mathscr{F}$ sprungartigen (oder treppenartigen) Prozeß zu definieren und einen 6.4 analogen Satz zu formulieren, der solchen Prozessen entspricht.

6.11. Beispiele. 6.11.1. Es sei $E = \{1, 2, \ldots, n, \ldots\}$ und $\mathscr{B}$ sei das System aller Untermengen von E. Übereinstimmend mit 4.2.2 kann jede beliebige Übergangsfunktion im Raum $(E, \mathscr{B})$ durch das Funktionssystem $p_{ij}(s, t)$ $(0 \leq s \leq t)$ gegeben werden. Die Bedingung 6.10. B fällt mit der Bedingung der gleichmäßigen, stochastischen Stetigkeit zusammen und kann folgendermaßen mittels der Funktion $p_{ij}(s, t)$ ausgedrückt werden

$$\lim_{h \downarrow 0} p_{ii}(t, t + h) = 1 , \qquad (6.26')$$

wobei der Grenzwert gleichmäßig in i und t erreicht wird. Im homogenen Fall wird sie zur Forderung, daß gleichmäßig in i gilt

$$\lim_{h \downarrow 0} p_{ii}(h) = 1 .$$

Wenn die Menge E außerdem endlich ist, so ist die Forderung der Gleichmäßigkeit automatisch erfüllt und die Bedingung 6.10. B wird der Forderung äquivalent, daß für beliebige i, wenn $h \downarrow 0$, $p_{ii}(h) \to 1$. Wenn wir berücksichtigen, daß die Bedingungen des Satzes 4.2 sowie die Bedingung 6.10. A erfüllt sind, folgern wir, daß *einer beliebigen, homogenen, stochastisch stetigen Übergangsfunktion auf der endlichen Menge E ein treppenartiger Prozeß entspricht.*

6.11.2. Es ist leicht ersichtlich, daß die Poissonsche Übergangsfunktion (Beisp. 4.2.6) vollständig ist und die Bedingung 6.10. B erfüllt. Wenn folglich ein Phasenraum der Bedingung 6.10. A genügt, und wenn man in ihm eine Topologie einführen kann, die den Forderungen von Satz 4.2 genügt, so entspricht der Poissonschen Übergangsfunktion ein nicht abbrechender, treppenartiger Prozeß. Wir werden ihn Poissonschen Prozeß nennen.

§ 5. Stetigkeitsbedingungen

6.12. Wir werden zeigen, daß die weiter unten angeführte Bedingung $N(\Gamma)$ bei der Untersuchung der Stetigkeit eines Markoffschen Prozesses dieselbe Rolle spielt wie die Bedingung $M(\Gamma)$ bei der Untersuchung der Kriterien für rechtsseitige Stetigkeit und das Fehlen von Unstetigkeiten zweiter Art.

Bedingung $N(\Gamma)$. Für beliebige $\varepsilon > 0$ ist

$$\lim_{\delta \downarrow 0} \frac{\alpha_\Gamma^\varepsilon(\delta)}{\delta} = 0 .$$

Bei der Ableitung des Stetigkeitskriteriums wird das folgende Lemma benutzt:

Lemma 6.6. *Es seien gegeben ein Markoffscher Prozeß $X = (x_t, \zeta, \mathscr{M}_t^s,$ $\mathbf{P}_{s,x})$ im metrischen Maßraum $(E, \varrho, \mathscr{B})$ (mit einer $\mathscr{B} \times \mathscr{B}$-meßbaren*

Funktion ϱ), eine Menge $\Gamma \in \mathcal{B}$ und eine endliche oder abzählbare Untermenge Λ des Intervalls $[s, T]$. Bezeichnen wir mit $\xi = \xi_\Lambda$ die untere Grenze von Elementen t der Menge Λ, für die $x_t \in \Gamma$, und setzen wir

$$Q = Q_\Gamma^{\delta, \varepsilon}(\Lambda) = \bigcup_{\substack{t, u \in \Lambda \\ |t-u| < \delta}} \{t < \xi, u < \xi, \varrho(x_t, x_u) \geq 4\varepsilon\}. \tag{6.27}$$

Es ist dann

$$\mathbf{P}_{s,x}(Q) \leq 2 [T - s] \frac{\alpha_\Gamma^\varepsilon(2\delta)}{\delta}. \tag{6.28}$$

Beweis. Wählen wir solche Punkte $u_1 < u_2 < \cdots < u_k \in [s, T]$, daß

$$u_1 - s = u_2 - u_1 = \cdots = u_k - u_{k-1} = \delta, \; 0 \leq T - u_k < \delta, \tag{6.29}$$

und setzen wir

$$\Delta_0 = [s, u_2], \Delta_1 = [u_1, u_3], \Delta_2 = [u_2, u_4], \ldots, \Delta_{k-1} = [u_{k-1}, T],$$
$$D_i = D_\Gamma^\varepsilon(\Lambda \cap \Delta_i) \quad (i = 1, \ldots, k-1),$$

wobei das Ereignis D_Γ^ε durch die Formel (6.13) definiert ist. Natürlich ist $Q \subseteq \bigcup_{i=1}^{k-1} D_i$. Folglich

$$\mathbf{P}_{s,x}(Q) \leq \sum_{i=1}^{k-1} \mathbf{P}_{s,x}(D_i). \tag{6.30}$$

Da jede der Mengen $\Lambda \cap \Delta_i$ auf einem Abschnitt der Länge 2δ liegt, ist nach Lemma 6.3

$$\mathbf{P}_{s,x}(D_i) \leq 2\alpha_\Gamma^\varepsilon(2\delta)$$

und auf Grund von (6.30)

$$\mathbf{P}_{s,x}(Q) \leq 2(k-1)\alpha_\Gamma^\varepsilon(2\delta). \tag{6.31}$$

Also ist übereinstimmend mit (6.29) $k\delta \leq T - s$. Folglich ist

$$k - 1 < k \leq \frac{T - s}{\delta},$$

und aus (6.31) folgt (6.28).

6.13. Satz 6.5. *Es sei $(E, \varrho, \mathcal{B})$ ein vollständiger, metrischer Maßraum mit einer $\mathcal{B} \times \mathcal{B}$-meßbaren Metrik ϱ. Γ sei eine meßbare Menge im Raum $(E, \varrho, \mathcal{B})$, X ein regulärer Markoffscher Prozeß, der der Bedingung $N(\Gamma)$ genügt. Man kann dann einen zu X äquivalenten Markoffschen Prozeß konstruieren, so daß für jedes $\omega \in \Omega$ entweder $\xi(\Gamma, \omega) = \zeta(\omega)$ oder $\lim_{t \uparrow \xi(\Gamma, \omega)} x_t(\omega)$ existiert und zum Rand Γ' der Menge Γ gehört, und dessen Trajektorie $x_t(\omega)$ für $t < \xi(\Gamma, \omega)$ stetig ist.*

Beweis. Es sei $\varphi(t)$ eine Funktion im Intervall $[0, \lambda)$ mit Werten aus E. Wir definieren die Größe $\xi(\varphi) = \xi(\Gamma, \varphi)$ durch die Formel (6.22) und beziehen die Funktion φ auf die Menge $\mathscr{L}$, wenn

$a_1)$ $\varphi(t)$ im Intervall $[0, \xi(\varphi))$ stetig ist;

$a_2)$ entweder $\xi(\varphi) = \lambda$ oder $\lim_{t \uparrow \xi(\varphi)} \varphi(t)$ existiert und zu Γ' gehört.

Es sei $T > 0$, $\delta > 0$, $\Lambda = \{t_1, \ldots, t_n, \ldots\} \subseteq [0, \infty)$, $x_1, \ldots, x_n, \ldots \in E$. Wir definieren die Funktion $\xi = \xi_\Lambda^\lambda (\Gamma)$ durch die Formel (6.23) und setzen

$$\xi^T = \min (\xi, T);$$

$$h_{\delta, T} (\lambda; t_1, x_1, \ldots, t_n, x_n, \ldots) = \sup_{\substack{t_i, t_j < \xi^T \\ |t_i - t_j| < \delta}} \varrho (x_i, x_j) *;$$

$$h_T = \lim_{\delta \downarrow 0} h_{\delta, T}, \quad h = \lim_{T \uparrow \infty} h_T;$$

$$g (\lambda; x, t, y) = \begin{cases} \varrho (x, y), & \text{wenn } t < \lambda, \ x \in \Gamma, \ y \bar\in \Gamma, \\ + \infty & \text{in den übrigen Fällen}; \end{cases}$$

$$g_\beta (\lambda; t_1, x_1, \ldots, t_n, x_n, \ldots) = \begin{cases} \inf_{\beta < t_i \leqq \xi} g (\lambda; x_i, t_j, x_j), & \text{wenn } \xi < \lambda, \\ 0, & \text{wenn } \xi = \lambda. \end{cases}$$

$$g (\lambda; t_1, x_1, \ldots, t_n, x_n, \ldots) = \lim_{\beta \downarrow 0} g_\beta (\lambda; t_1, x_1, \ldots, t_n, x_n, \ldots).$$

Die Funktion $q = h + g$ erfüllt die Bedingung 6.1. A und ist bezüglich $\lambda, x_1, \ldots, x_n, \ldots$ meßbar. Wir werden zeigen, daß sie die Bedingungen 6.1. B und 6.1. C erfüllt.

Es sei $\Lambda = \{t_1, \ldots, t_n, \ldots\}$ eine überall dichte Untermenge des Intervalls $[s, \infty)$, $\lambda \in (s, \infty)$ sowie $q (\lambda; t_1, x_1, \ldots, t_n, x_n, \ldots) = 0$. Nehmen wir zuerst an, daß $\xi < \lambda$. Wir wählen $T \in (\xi, \lambda)$. Aus der Gleichung $h_T (\lambda; t_1, x_1, \ldots, t_n, x_n, \ldots) = 0$ folgt, daß für jedes beliebige $\varepsilon > 0$ ein $\delta > 0$ existiert, so daß aus $t_i, t_j < \xi^T = \xi$ und $|t_i - t_j| < \delta$ folgt $\varrho (x_i, x_j) < \varepsilon$. Dies bedeutet, daß die durch die Formel $\varphi (t_i) = x_i$ auf der Menge $\Lambda \cap [s, \xi)$ definierte Funktion φ auf dieser Menge gleichmäßig stetig ist und sich also (eindeutig) zu der stetigen Funktion $\varphi (t)$ auf $[s, \xi)$ fortsetzen läßt, die einen Grenzwert für $t \uparrow \xi$ hat. Wir erweitern die Definition dieser Funktion, indem wir setzen

$$\varphi (t) = \begin{cases} \varphi (s) & \text{für } 0 \leqq t < s, \\ \varphi (x_i), & \text{wenn } t = t_i \in [\xi, \lambda), \\ \varphi (s) & \text{wenn } t \in [\xi, \lambda) \cap \bar\Lambda. \end{cases}$$

Die Funktion $\varphi (t)$ genügt für alle $t_i < \lambda$ der Bedingung $\varphi (t_i) = x_i$, sowie der Bedingung $a_1)$. Weiterhin ist $\xi (\varphi) \leqq \xi$, also ist auch Bedingung $a_2)$ erfüllt, wenn $\xi (\varphi) < \xi$ ist. Andererseits folgt aus der Beziehung $g (\lambda; t_1, x_1, \ldots, t_n, x_n, \ldots) = 0$, daß für beliebige $\beta > 0$

$$\inf_{\xi - \beta < t < \xi} \varrho (\varphi (t), \Gamma) = 0$$

---

* Wenn die Menge, auf der wir die obere Grenze nehmen, leer ist, dann setzen **wir**
$$h_{\delta, T} (\lambda; t_1, x_1, \ldots, t_n, x_n, \ldots) = 0.$$

ist, wenn $\xi(\varphi) = \xi$. Wir setzen $z = \lim\limits_{t\uparrow\xi} \varphi(t)$. Natürlich ist $\varrho(z, \bar{\varGamma})$ $= \varrho(z, \varGamma) = 0$. Folglich gehört $z \in \varGamma'$. Damit haben wir bewiesen, daß die Funktion φ die Bedingung a_2) erfüllt, d. h. sie gehört zu $\mathscr{L}$.

Wir setzen nun voraus, daß $\xi = \lambda$ ist. Da $h_T(\lambda; t_1, x_1, \ldots, t_n, x_n, \ldots)$ $= 0$ für alle T, ist die Funktion φ, die auf der Menge $\varLambda$ durch die Formel $\varphi(t_i) = x_i$ bestimmt ist, auf dem Durchschnitt dieser Menge mit einem beliebigen Abschnitt $[s, T] \subset [s, \lambda)$ gleichmäßig stetig. Eine solche Funktion kann eindeutig zu einer stetigen Funktion auf $[s, \lambda)$ fortgesetzt werden. Wenn wir sie auf das Intervall $[0, s)$ nach der Formel $\varphi(t)$ $= \varphi(s)$ $(t \in [0, s))$ fortsetzen, so erhalten wir natürlich eine Funktion aus $\mathscr{L}$.

Wir gehen nun zur Nachprüfung von Bedingung 6.1. C über; wir setzen zur Abkürzung $\xi^* = \xi_\varLambda^\lambda(\varGamma)$, $g^* = g(\zeta; t_1, x_{t_1}, \ldots, t_n, x_{t_n}, \ldots)$ und definieren analog $h^*, h_T^*, h_{\delta, T}^*$.

Es sei $\varLambda = \{t_1, \ldots, t_n, \ldots\}$ eine überall dichte Untermenge des Intervalls $[s, \infty)$. Wir bemerken, daß für beliebige positive ε, δ, T gilt

$$\{h_T^* > 4\varepsilon\} \subseteq \{h_{\delta, T}^* > 4\varepsilon\} \subseteq Q_\varGamma^{\delta, \varepsilon}\{\varLambda \cap [s, T]\},$$

wobei $Q_\varGamma^{\delta, \varepsilon}$ durch die Formel (6.27) bestimmt ist. Daraus folgt in Übereinstimmung mit Lemma 6.6, daß

$$\mathbf{P}_{s, x}\{h_T^* > 4\varepsilon\} \leqq 2(T - s)\frac{\alpha_\varGamma^\varepsilon(2\delta)}{\delta}.$$

Wenn wir $\delta \to 0$ setzen, ist der Bedingung $N(\varGamma)$ zufolge $\mathbf{P}_{s, x}(h_T^* > 4\varepsilon) = 0$. Da $h_T^* \uparrow h^*$ für $T \uparrow \infty$, gilt

$$\{h^* > 0\} \subseteq \bigcup_{n=1}^\infty \bigcup_{T=1}^\infty \left\{h_T^* > \frac{1}{n}\right\},$$

woraus folgt, daß $\mathbf{P}_{s, x}(h^* > 0) = 0$.

Wir stellen nun die Menge $\varLambda$ als eine Summe solcher endlicher Mengen $\varLambda^n = \{U_1^n < U_2^n < \cdots < U_{m_n}^n\}$ dar, so daß

b_1) $\varLambda^1 \subset \varLambda^2 \subset \cdots \subset \varLambda^n \subset \cdots$;

b_2) $\dfrac{\delta_n}{3} \leqq U_{k+1}^n - U_k^n < \delta_n$ $(k = 1, 2, \ldots, m_n - 1)$,

wobei $\delta_n \downarrow 0$, wenn $n \to \infty$.

Schreiben wir kürzer x_k^n anstatt $x_{u_k^n}$. Führen wir nun folgende Zufallsgrößen ein:

$$\mu_n = \sup\{u_k^n : x_j^n \in \varGamma \text{ für } j = 1, 2, \ldots, k\},$$
$$v_n = \inf\{u_k^n : x_k^n \bar{\in} \varGamma\}.$$

Wir bemerken, daß für beliebige $T > 0$ gilt

$$\{\varrho(x_{\mu_n}, x_{v_n}) \geqq \varepsilon, \mu_n < T\} \subseteq \bigcup_{u_l^n < T}\{x_l^n \in \varGamma, \varrho(x_l^n, x_{l+1}^n) \geqq \varepsilon\}. \tag{6.32}$$

Auf Grund (6.12) und b_2) ist

$$\mathbf{P}_{s,x}\{x_l^n \in \Gamma, \varrho\,(x_l^n, x_{l+1}^n) \geqq \varepsilon\} \leqq \alpha_\Gamma^\varepsilon\,(u_{l+1}^n - u_l^n) \leqq \alpha_\Gamma^\varepsilon\,(\delta_n)\,. \qquad (6.33)$$

Andererseits überschreitet die Anzahl der Punkte der Menge Λ^n, die auf dem Abschnitt $[s, T]$ liegt, wegen b_2) den Wert $\dfrac{3\,(T-s)}{\delta_n} + 1$ nicht. Folglich erhalten wir aus (6.32) und (6.33)

$$\mathbf{P}_{s,x}\{\varrho\,(x_{\mu_n}, x_{\nu_n}) \geqq \varepsilon, \mu_n < T\} \leqq C\,\frac{\alpha_\Gamma^\varepsilon\,(\delta_n)}{\delta_n}, \qquad (6.34)$$

wobei $C = 3\,(T-s) + \delta_1$.

Wir bezeichnen nun mit π_n das größte der Elemente der Menge Λ^n, das kleiner ist als ξ. Es ist klar, daß $\pi_n \leqq \mu_n < \xi^* \leqq \nu_n$ und aus $n \to \infty$ folgt $\nu_n \downarrow \xi^*$. Andererseits wird auf Grund von b_2) $\pi_n \uparrow \xi^*$. Also gilt $\nu_n - \pi_n \downarrow 0$ und erst recht $\mu_n - \pi_n \to 0$. Wir bemerken, daß für beliebige $T > 0$, $\varepsilon > 0$, $\delta > 0$ und für ein beliebiges, genügend großes n

$$\{g^* > 5\varepsilon\} \subseteqq \{\xi^* < \lambda, \varrho\,(x_{\pi_n}, x_{\nu_n}) \geqq 5\varepsilon\} \subseteqq \{T \leqq \xi^* < \infty\} \cup$$
$$\cup\,\{\mu_n - \pi_n \geqq \delta\} \cup$$
$$\cup\,\{\xi^* < T, \mu_n - \pi_n < \delta, \varrho\,(x_{\pi_n}, x_{\nu_n}) \geqq 5\varepsilon\} \subseteqq \{T \leqq \xi^* < \infty\} \cup$$
$$\cup\,\{\mu_n - \pi_n \geqq \delta\} \cup Q_\Gamma^{\delta,\,\varepsilon}\,(\Lambda^n \cap [s, T)) \cup$$
$$\cup\,\{\xi^* < T, \varrho\,(x_{\mu_n}, x_{\nu_n}) \geqq \varepsilon\}\,.$$

Daraus erhalten wir nach Lemma 6.6 und der Abschätzung (6.34)

$$\mathbf{P}_{s,x}\{g^* > 5\varepsilon\} \leqq \mathbf{P}_{s,x}\{T \leqq \xi^* < \infty\} + \mathbf{P}_{s,x}\,(\mu_n - \pi_n \geqq \delta) +$$
$$+ 2\,(T-s)\,\frac{\alpha_\Gamma^\varepsilon\,(2\,\delta)}{\delta} + C\,\frac{\alpha_\Gamma^\varepsilon\,(\delta_n)}{\delta_n}\,.$$

Wenn n zuerst nach Unendlich strebt, dann δ gegen Null und schließlich T gegen Unendlich geht, so folgt daraus, daß $\mathbf{P}_{s,x}\{g^* > 5\varepsilon\} = 0$. Also ist $\mathbf{P}_{s,x}\{g^* > 0\} = 0$. Aus den bewiesenen Beziehungen $\mathbf{P}_{s,x}\{h^* > 0\} = \mathbf{P}_{s,x}\{g^* > 0\} = 0$ folgt, daß $\mathbf{P}_{s,x}\{q^* > 0\} = 0$. Die Bedingung 6.2. C ist nachgeprüft, der Satz also bewiesen.

6.14. Satz 6.6. *Es sei X ein Markoffscher Prozeß im Raum $(E, \varrho, \mathscr{B})$, der den Forderungen des Satzes 6.5 genügt. $\mathscr{F}$ sei ein normales System von Untermengen im Raum $(E, \varrho, \mathscr{B})$ derart, daß für jedes $\Gamma \in \mathscr{F}$ die Bedingung $N\,(\Gamma)$ erfüllt ist.*

Man kann dann einen zu X äquivalenten Markoffschen Prozeß $\check{X}$ konstruieren, der bis zum Austritt aus $\mathscr{F}$ stetig ist und folgende Eigenschaften besitzt: für jedes $\tilde{\omega} \in \check{\Omega}$ läßt sich entweder ein $\Gamma \in \mathscr{F}$ finden, so daß für alle $t \in [0, \check{\xi}\,(\tilde{\omega}))$ $\check{x}_t\,(\tilde{\omega})$ zu Γ gehört oder aber für jedes $\Gamma \in \mathscr{F}$ läßt sich ein Wert t_n mit $t_n \uparrow \xi\,(\mathscr{F}, \tilde{\omega})$ finden, so daß $\check{x}_{t_n}\,(\tilde{\omega}) \bar{\in} \Gamma$.

Wenn der Prozeß X $\mathscr{F}$-beschränkt ist, kann man den Prozeß $\check{X}$ so wählen, daß $\xi\,(\mathscr{F}) = \zeta$ ist.

Beweis. Es sei Γ_m eine Folge von Mengen, die den Bedingungen 3.12. A—3.12. C genügt. Wir setzen $\varphi \in \mathscr{L}$, wenn φ bis zum Austritt aus $\mathscr{F}$ stetig ist und wenn entweder für gewisse m und alle $t \in [0, \lambda)$ x_t zu Γ_m gehört oder wenn sich eine derartige Folge $t_m \uparrow \xi \, (\mathscr{F}, \varphi)$ finden läßt, so daß $\varphi\,(t_m) \in \Gamma_m$.

Für jede Menge Γ_m konstruieren wir die Funktion q_m so, wie dies beim Beweis von Satz 6.5 geschah. Das Resultat, das man erhält, wenn man in diese Funktion ζ statt λ und x_{t_n} statt x_n einsetzt, bezeichnen wir mit q_m^*. Wir setzen $q = \sum_1^\infty q_m$, $q^* = \sum_1^\infty q_m^*$. Natürlich ist die Funktion q bezüglich λ, $x_1, \ldots, x_n, \ldots$ meßbar und genügt der Bedingung 6.1. A. Wir haben beim Beweis von Satz 6.5 nachgewiesen, daß $\mathbf{P}_{s,\,x}\,\{q_m^* > 0\} = 0$ ist. Dies bedeutet, daß $\mathbf{P}_{s,\,x}\,\{q^* > 0\} = 0$ ist. Die Bedingung 6.1. C ist also erfüllt. Die Bedingung 6.1. B muß noch nachgeprüft werden.

Es sei $\varLambda = \{t_1, \ldots, t_n, \ldots\} \subseteq [s, \infty)$, $\lambda \in (s, \infty)$. Wir setzen

$$\xi_m = \xi_\varLambda^\lambda\,(\Gamma_m), \ \xi = \xi_\varLambda^\lambda\,(\mathscr{F}) = \lim\,\xi_m\,,$$

wobei $\xi_\varLambda^\lambda\,(\Gamma)$ durch die Formel (6.23) bestimmt ist. Wir nehmen an, daß $q\,(\lambda; t_1, x_1, \ldots, t_n, x_n, \ldots) = 0$ ist und folglich für beliebige m $q_m\,(\lambda; t_1, x_1, \ldots, t_n, x_n, \ldots) = 0$. Betrachten wir eine auf der Menge $\varLambda$ durch die Formel $\varphi\,(t_i) = x_i$ gegebene Funktion φ. Für jedes $K \in [s, \xi)$ ist diese Funktion auf $\varLambda \cap [s, K]$ gleichmäßig stetig. Dies bedeutet, daß man sie eindeutig zu einer im Intervall $[s, \xi)$ stetigen Funktion fortsetzen kann. Wir setzen $\varphi\,(t) = \varphi\,(s)$, wenn t zu $[0, s)$ gehört und definieren die Funktion φ im Intervall (ξ, λ) so, daß für alle i die Gleichung $\varphi\,(t_i) = x_i$ erfüllt ist. Es sei $\xi'_m = \xi\,(\Gamma_m, \varphi)$, $\xi' = \xi\,(\mathscr{F}, \varphi)$. Ebenso wie beim Beweis von Satz 6.5 stellen wir fest, daß, wenn $\xi'_m < \lambda$, der Grenzwert $\lim\limits_{t \uparrow \xi'_{m+1}} \varphi\,(t)$ existiert und zu Γ''_{m+1} gehört. Aus der Bedingung 3.12. C folgt, daß $\Gamma''_{m+1} \subseteq E \setminus \Gamma_m$. Also ist $\xi'_m < \xi'_{m+1}$. Also ist entweder für irgendein m $\xi'_m = \lambda$ oder $\xi'_1 < \xi'_2 < \cdots < \xi'_m < \cdots < \xi'$. Es ist offensichtlich, daß die von uns konstruierte Funktion φ in beiden Fällen zu $\mathscr{L}$ gehört. Damit ist die erste Behauptung des Satzes bewiesen.

Es ist weiterhin offensichtlich, daß, wenn ψ eine beliebige $\mathscr{F}$-beschränkte Funktion aus $\varOmega_E$ ist und wenn $x_i = \psi\,(t_i)$, dann die von uns konstruierte Funktion auch $\mathscr{F}$-beschränkt ist. Übereinstimmend mit der Bemerkung zu Satz 6.1 folgt daraus die zweite Behauptung unseres Satzes.

6.15. Folgerung. *Es sei (E, ϱ) ein σ-kompakter, vollständiger, metrischer Raum, $\mathscr{B}$ eine σ-Algebra, erzeugt durch alle offenen Mengen, $P\,(s, x; t, \Gamma)$ eine Übergangsfunktion im Raum $(E, \varrho, \mathscr{B})$. Ferner sei $\mathscr{F}$ ein normales System von Untermengen des Raumes $(E, \varrho, \mathscr{B})$, das der Bedingung 6.3. A genügt, und für jedes $\Gamma \in \mathscr{F}$ sei die Bedingung $N\,(\Gamma)$ erfüllt. Es existiert dann ein stetiger, $\mathscr{F}$-beschränkter Markoffscher Prozeß mit der Übergangsfunktion $P\,(s, x; t, \Gamma)$.*

Wenn die Bedingung 5.18. A erfüllt ist, oder wenn die Übergangsfunktion homogen ist und der Forderung 5.19. A genügt, so ist dieser Prozeß streng Markoffsch.

Diese Folgerung beweist man genau so, wie die Bemerkung 2 zu Satz 6.4.

Bemerkung 1. Die Folgerung ist notwendigerweise auch dann gültig, wenn die Bedingung $N(E)$ erfüllt ist.

Bemerkung 2. Wenn die Übergangsfunktion $P(s, x; t, \Gamma)$ vollständig ist, kann man offensichtlich den in der Folgerung beschriebenen Prozeß aus der Klasse der nicht abbrechenden Prozesse auswählen. Wenn die Übergangsfunktion homogen ist, kann man diesen Prozeß als homogenen Prozeß wählen.

§ 6. Bedingungen für die linksseitige Quasistetigkeit

6.16. Satz 6.7. *In dem metrischen Maßraum $(E, \varrho, \mathscr{B})$ mit einer $\mathscr{B} \times \mathscr{B}$-meßbaren Funktion $\varrho(x, y)$ sei eine Folge $\mathscr{F}^*$ offener, meßbarer Mengen $G_1 \subseteq G_2 \subseteq \cdots \subseteq G_n \subseteq \cdots$, sowie ein $\mathscr{F}$-beschränkter, streng Markoffscher Prozeß $X = (x_t, \zeta, \mathscr{M}_t^s, \mathbf{P}_{s,x})$ gegeben, der den Bedingungen $M(G_n)$ $(n = 1, 2, \ldots)$ genügt und rechtsseitig stetig ist**. Außerdem sei $\tau_1 \leqq \tau_2 \leqq \cdots \leqq \tau_n \leqq \cdots$ eine beliebige Folge von Zufallsgrößen, die vom Zukünftigen und s-Vergangenen unabhängig sind. Wir setzen*

$$\tau(\omega) = \lim_{n \to \infty} \tau_n(\omega) \quad (\omega \in \Omega)$$
$$\Omega_\tau = \{\tau < \zeta\}. \tag{6.35}$$

Dann gilt

$$x_{\tau_n(\omega)} \to x_{\tau(\omega)} \quad \text{(f. s. } \Omega_\tau, P_{s,x}). \tag{6.36}$$

Beweis. $\xi(G_k)$ sei der erste Austrittsaugenblick aus G_k (siehe P. 3.8). Da der Prozeß X $\mathscr{F}$-beschränkt ist, gilt $\{\tau < \xi(G_k)\} \uparrow \tilde{\Omega}$ und folglich

$$\{\Omega_\tau, \tau < \xi(G_k), x_{\tau_n} \not\to x_\tau\} \uparrow \{\Omega_\tau, x_{\tau_n} \not\to x_\tau\}. \tag{6.37}$$

Ferner ist

$$\{\tau < \xi(G_k), x_{\tau_n} \not\to x_\tau\} = \bigcup_m C_m^k, \tag{6.38}$$

wobei

$$C_m^k = \bigcap_{N=1}^{\infty} \bigcup_{n=N}^{\infty} \left\{ \varrho(x_{\tau_n}, x_\tau) > \frac{4}{m}, \tau < \xi(G_k) \right\}.$$

Wählen wir ein beliebiges $h > 0$ und setzen wir

$$f(t, \omega) = \sup_{u \in [0, h)} \chi_{G_k}(x_t) \, \chi_{G_k}(x_{t+u}) \, \varrho(x_t, x_{t+a})$$

$$(t \in [s, \infty), \omega \in \Omega_t).$$

---

* Natürlich bleibt der Satz gültig, wenn $\mathscr{F}$ ein beliebiges, der Folge $\{G_n\}$ äquivalentes Mengensystem ist.

** Wenn der Prozeß X nicht rechtsseitig stetig wäre, könnte man ihn übereinstimmend mit der Bemerkung 1 zu Satz 6.3 durch einen äquivalenten, rechtsseitig stetigen Prozeß ersetzen.

Natürlich ist

$$C_m^k \subseteq \bigcap_{M=1}^{\infty} \bigcup_{N=M}^{\infty} \left\{ f(\tau_N, \omega) > \frac{4}{m} \right\}. \tag{6.39}$$

Da der Prozeß X rechtsseitig stetig ist und die Mengen G_k offen sind, gilt

$$f(t, \omega) = \sup_{u \in \Lambda} \chi_{G_k}(x_t)\, \chi_{G_k}(x_{t+u})\, \varrho\,(x_t, x_{t+u}),$$

wobei Λ die Menge aller rationalen Zahlen des Intervalls $[0, h)$ ist. Daraus ist ersichtlich, daß die Funktion $f(t, \omega)$ bezüglich der σ-Algebra $\mathcal{T}^s$ meßbar ist und übereinstimmend mit Satz 5.2 gilt

$$\mathbf{P}_{s,\,x} \left\{ f(\tau_N, \omega) > \frac{4}{m} \right\} = \mathbf{M}_{s,\,x}\, F\,(\tau_N, x_{\tau_N}), \tag{6.40}$$

wobei

$$F\,(u, y) = \mathbf{P}_{u,\,y} \left\{ f(u, \omega) > \frac{4}{m} \right\}.$$

Nach Lemma 6.3 ist für beliebige $y \in G_k$

$$F\,(u, y) \leq 2\, \alpha_{G_k}^{\frac{1}{m}}(h). \tag{6.41}$$

Wenn man (6.39), (6.40) und (6.41) miteinander vergleicht, ist

$$\mathbf{P}_{s,\,x}\,(C_m^k) \leq 2\, \alpha_{G_k}^{\frac{1}{m}}(h).$$

Auf Grund der Bedingung $M\,(G_k)$ wird $\alpha_{G_k}^{\frac{1}{m}}(h) \to 0$, wenn $h \to 0$, und folglich ist $\mathbf{P}_{s,\,x}\,(C_m^k) = 0$. Wenn wir (6.37) und (6.38) berücksichtigen, erhalten wir (6.36).

Bemerkung. Die Behauptung aus Satz 6.5 ist für beliebige rechtsseitig stetige, streng Markoffsche Prozesse gültig, die der Bedingung $M\,(E)$ genügen.

Tatsächlich kann man in diesem Fall $G_1 = \cdots = G_n = \cdots = E$ setzen.

6.17. Wir wollen verabreden, einen Markoffschen Prozeß $X = (x_t, \zeta, \mathcal{M}_t^s, \mathbf{P}_{s,\,x})$ *linksseitig quasistetig* zu nennen, wenn für alle beliebigen, vom Zukünftigen und s-Vergangenen unabhängigen Zufallsgrößen $\tau_1, \tau_2, \ldots \tau_n, \ldots$ und für jede beliebige Untermenge $\tilde{\Omega}$ der Menge Ω aus der Relation

$$\tau_n\,(\omega) \uparrow \tau\,(\omega) < \zeta\,(\omega) \quad (\omega \in \tilde{\Omega}) \tag{6.41a}$$

(für jedes $x \in E$) die Beziehung folgt

$$x_{\tau_n} \to x_\tau. \quad (\text{f. s. } \tilde{\Omega};\, \mathbf{P}_{s,\,x}).$$

Wenn wir die Sätze 6.7, 5.9 mit der Bemerkung 2 zu Satz 6.3 (P. 6.9) vergleichen, gelangen wir zu folgender Aussage:

Satz 6.8. *Es sei (E, ϱ) ein σ-kompakter, vollständiger, metrischer Raum, $\mathcal{B}$ die σ-Algebra aller Borelschen Mengen des Raumes (E, ϱ). $\mathcal{F} = \{G_n\}$ sei* *eine Folge offener Mengen, für welche G_{n+1} die abgeschlossene Hülle von G_n enthält und $G_n \uparrow E$, und $P(s, x; t, \Gamma)$ sei eine Übergangsfunktion in $(E, \varrho, \mathscr{B})$, die die Bedingungen 6.3. A, 5.18. A und $M(G_n)$ $(n = 1, 2 \ldots)$ erfüllt.*

Mit der Übergangsfunktion $P(s, x; t, \Gamma)$ kann man dann einen streng Markoffschen Prozeß konstruieren, der rechtsseitig stetig, linksseitig quasistetig ist, keine Unstetigkeiten zweiter Art besitzt und $\mathscr{F}$-beschränkt ist.

Bemerkung. Wenn die Übergangsfunktion $P(s, x; t, \Gamma)$ homogen ist, kann man die Bedingung 5.18. A durch die Forderung ersetzen, daß diese Übergangsfunktion eine Fellersche Funktion sei (d. h. durch die Forderung 5.19. A).

§ 7. Beispiele

6.18. In allen Beispielen, die wir im folgenden betrachten werden, ist der Phasenraum ein σ-kompakter, vollständiger, metrischer Raum und die σ-Algebra $\mathscr{B}$ durch das System aller offenen Mengen dieses Raumes erzeugt. Folglich dürfen wir uns auf die Folgerung des Satzes 6.6 stützen.

6.18.1. Für die Übergangsfunktion $P(s, x; t, \Gamma) = \chi_\Gamma [x + v(t - s)]$ (siehe P. 4.2.1) ist

$$\alpha^\varepsilon(\delta) = \alpha^\varepsilon_E(\delta) = 0, \quad \text{wenn } \delta < \frac{\varepsilon}{v}.$$

Übereinstimmend mit der Bemerkung 1 am Ende von P. 6.15 entspricht diese Funktion einem stetigen Markoffschen Prozeß auf der Geraden. Wie wir schon wissen (siehe P. 2.4.1), stellt ein solcher Prozeß eine gleichmäßige Bewegung mit der Geschwindigkeit v dar.

6.18.2. Für die in P. 4.2.3 konstruierte Wienersche Übergangsfunktion ist

$$1 - P(t, x; t + h, U_\varepsilon(x)) = [2\pi h]^{-\frac{n}{2}} \int\limits_{|z| \geqq \varepsilon} e^{-\frac{z^2}{2h}} dz, \tag{6.42}$$

wobei z^2 ein skalares Quadrat und $|z|$ die Länge des Vektors z bedeutet. Nach einfachen Umformungen erhalten wir daraus

$$1 - P(t, x; t + h, U_\varepsilon(x)) = c_n F\left(\frac{\varepsilon}{\sqrt{h}}\right), \tag{6.43}$$

wobei c_n eine Konstante ist, sowie

$$F(r) = \int\limits_r^\infty e^{-\frac{r^2}{2}} r^{n-1} dr.$$

Aus (6.43) folgt, daß

$$\alpha^\varepsilon(\delta) = c_n F\left(\frac{\varepsilon}{\sqrt{\delta}}\right)$$

ist. Nach der de l'Hospitalschen Regel ist $F(r) \sim r^{n-2} e^{-\frac{r^2}{2}}$, wenn $r \to \infty$ und folglich, wenn $\delta \downarrow 0$

$$\alpha^\varepsilon(\delta) \sim c_n \varepsilon^{n-2} \delta^{-\frac{n-2}{2}} e^{-\frac{\varepsilon^2}{2\delta}}.$$

Aus dieser Abschätzung wird deutlich, daß die Bedingung $N(E)$ erfüllt ist. Übereinstimmend mit den Bemerkungen am Ende von P. 6.15 kann man daraus folgern, daß der Wienerschen Übergangsfunktion ein homogener, nicht abbrechender, stetiger Markoffscher Prozeß entspricht. Wir nennen ihn einen *Wienerschen Prozeß**. Es ist leicht nachzuprüfen, daß er ein Fellerscher Prozeß ist. Folglich ist er (siehe Satz 5.10) ein streng Markoffscher Prozeß.

6.18.3. Untersuchen wir nun die in P. 4.2.4 beschriebene Übergangsfunktion im Intervall $(0, \infty)$. Wir bemerken, daß für beliebige

$$a > 0, \ x > 0, \ t > 0, \ h \geqq 0$$

$$P(t, x; t+h, [a, \infty)) = \frac{1}{\sqrt{2\pi}} \int\limits_{|y\sqrt{h}-a| \leqq x} e^{-\frac{y^2}{2}} dy < \frac{1}{\sqrt{2\pi}} \frac{2x}{\sqrt{h}}. \tag{6.44}$$

Aus (6.44) ist leicht abzuleiten, daß die Gesamtheit $\mathscr{F}$ aller Mengen $[a, \infty)$ $(a > 0)$ der Bedingung 6.3. A genügt (als E_n kann man $\left[\frac{1}{n}, \infty\right)$ annehmen). Das System $\mathscr{F}$ ist offensichtlich normal. Eine einfache Rechnung (analog der in 6.18.2 durchgeführten Berechnung) zeigt, daß für $\varepsilon < a$

$$\alpha^{\varepsilon}_{[a, \infty)}(\delta) \sim c \, \varepsilon^{-1} \delta^{\frac{1}{2}} e^{-\frac{\varepsilon^2}{2\delta}}$$

ist. Also ist die Bedingung $N(\Gamma)$ für jedes $\Gamma \in \mathscr{F}$ erfüllt und es existiert, übereinstimmend mit der Folgerung aus Satz 6.6 (siehe auch die Bemerkung 2), ein $\mathscr{F}$-beschränkter, stetiger, homogener Markoffscher Prozeß mit den Übergangswahrscheinlichkeiten 4.2.4. Dieser Prozeß ist natürlich ein Fellerscher, und folglich ein streng Markoffscher Prozeß. Man kann nachweisen, daß für beliebige $s \geqq 0$, $x \in E$

$$\lim_{t \uparrow \zeta(\omega)} x_t(\omega) = 0 \quad (\text{f. s. } \Omega_s, \mathbf{P}_{s, x})$$

ist. Den beschriebenen Prozeß nennen wir einen *eindimensionalen Wienerschen Prozeß mit Abbruch im Punkte 0 **.

6.18.4. Für die Übergangsfunktion in P. 4.2.5 gilt $\alpha^{\varepsilon}(\delta) \sim c \, \varepsilon^{-1} \delta^{\frac{1}{2}} e^{-\frac{\varepsilon^2}{2\delta}}$. Folglich entspricht ihr ein stetiger Markoffscher Prozeß. Übereinstimmend mit der Bemerkung 2 (P. 6.15) kann man ihn aus den nicht abbrechenden, homogenen Prozessen auswählen. Wir sagen, daß dies ein *eindimensionaler Wienerscher Prozeß mit einer Reflexion im Punkte 0* ist.

---

* In Wirklichkeit haben wir nicht nur einen Prozeß beschrieben, sondern eine ganze Klasse äquivalenter Prozesse. Aus diesen Prozessen kann man einen kanonischen Prozeß wählen, dem alle übrigen Prozesse untergeordnet sind.

6.18.5. Konstruieren wir nun ein Beispiel eines stetigen Markoffschen Prozesses, der kein streng Markoffscher Prozeß ist.

Betrachten wir auf der Geraden $E = (-\infty, +\infty)$ mit ihrer gebräuchlichen Metrik $\varrho(x, y) = |y - x|$ eine durch die Formel

$$P(s, x; t, \Gamma) = \begin{cases} \dfrac{1}{\sqrt{2\pi(t-s)}} \displaystyle\int_\Gamma \exp\left[-\dfrac{(x-y)^2}{2(t-s)}\right] dy, & \text{wenn } x \neq 0, \\[3mm] \chi_\Gamma(x), & \text{wenn } x = 0 \end{cases}$$

definierte homogene Übergangsfunktion. Diese Funktion ist vollständig und genügt der Bedingung $N(E)$. Folglich entspricht sie einem nicht abbrechenden, stetigen, homogenen Markoffschen Prozeß $X = (x_t, \mathcal{N}_t^s, \mathbf{P}_{s,x})$.

Der erste Austrittsaugenblick $\tau = \xi(G)$ der Trajektorien aus der Menge $G = E \setminus \{0\}$ ist eine vom Zukünftigen und 0-Vergangenen unabhängige Zufallsgröße. Folglich gilt, wenn Λ eine auf dem Abschnitt $[0, t]$ überall dichte, abzählbare Menge ist

$$\{\tau > t\} = \bigcup_{m=1}^\infty \bigcap_{v \in \Lambda} \left\{ |x_v| \geq \frac{1}{m} \right\} \in \mathcal{M}_t^0.$$

Wir setzen $\omega \in A$, wenn sich ein t finden läßt, so daß für alle $v \geq t$ $x_v(\omega) = 0$ ist. Wir bemerken, daß $\mathbf{P}_{0,x}(A) = 0$ ist, wenn $x \neq 0$. Dies folgt aus der Inklusion $A \subseteq \bigcup_{n=1}^\infty \{x_n = 0\}$ sowie aus der Gleichung $\mathbf{P}_{0,x}\{x_n = 0\} = P(0, x; n, x) = 0$.

Andererseits ist $\mathbf{P}_{0,0}(A) = 1$.

Um dies zu beweisen, bemerken wir, daß

$$A \supseteq \bigcap_{r \in \Lambda} \{x_r = 0\},$$

wobei Λ die Menge aller rationalen, nicht negativen Zahlen ist. Da für jedes r

$$\mathbf{P}_{0,0}\{x_r = 0\} = P(0, 0; r, 0) = 1,$$

so ist

$$\mathbf{P}_{0,0}\left\{ \bigcap_{r \in \Lambda} (x_r = 0) \right\} = 1$$

und erst recht ist $\mathbf{P}_{0,0}(A) = 1$.

Es ist weiterhin offensichtlich, daß $\theta_u A = A$ für beliebige u ist und folglich $\theta_\tau A = A$.

Wäre X ein streng Markoffscher Prozeß, so wäre übereinstimmend mit (5.40) die Gleichung

$$\mathbf{P}_{0,x}\{\theta_\tau A\} = \mathbf{M}_{0,x}\mathbf{P}_{0,x_\tau}(A) \tag{6.45}$$

erfüllt. Nun ist $x_\tau = 0$, folglich ist die rechte Seite von (6.45) für beliebige x gleich 1*. Zu gleicher Zeit ist die linke Seite gleich 0, wenn $x \neq 0$ ist.

---

* Es ist leicht nachzuprüfen, daß $\mathbf{P}_{0,x}\{\Omega_\tau\} = 1$ für alle x.

Anhang

Ein Satz über die Kapazitätserweiterung und die Meßbarkeitseigenschaften des ersten Austrittsaugenblickes

§ 1. Satz über die Kapazitätserweiterung

1. Einen kompakten Hausdorffschen Raum mit abzählbarer Basis wollen wir als *Kompaktum* bezeichnen. Wir wollen unter der Bezeichnung *Halbkompakta* lokal kompakte Hausdorffsche Räume mit abzählbarer Basis verstehen*. Heben wir einige Eigenschaften solcher Räume hervor:

1. A. *Ein Halbkompaktum ist ein σ-kompakter Raum.*

1. B. *Ein topologischer Raum ist dann und nur dann ein Halbkompaktum, wenn man ihn durch Entfernung eines Punktes aus irgendeinem Kompaktum erhalten kann.*

1. C. *In jedem Halbkompaktum kann man eine vollständige Metrik einführen.*

1. D. *In einem Halbkompaktum kann jede abgeschlossene und jede offene Menge als Vereinigung einer abzählbaren Zahl von kompakten Untermengen dargestellt werden.*

Beweis 1. A. Es sei $\mathscr{E} \subseteq \mathscr{C}$ eine abzählbare Basis des Halbkompaktums $(E, \mathscr{C})$. Bezeichnen wir mit $\mathscr{E}'$ das Untersystem des Systems $\mathscr{E}$, das aus allen Elementen von $\mathscr{E}$ mit kompakten abgeschlossenen Hüllen besteht. Es gehöre x zu E. Da $(E, \mathscr{C})$ lokal kompakt ist, läßt sich eine Umgebung U des Punktes x finden, die eine kompakte abgeschlossene Hülle hat. Da $\mathscr{E}$ eine Basis ist, läßt sich ein $G \in \mathscr{E}$ finden, so daß $x \in G \subseteq U$. Offensichtlich gehört G zu $\mathscr{E}'$. Also gehört ein beliebiger Punkt $x \in E$ einer gewissen Menge $G \in \mathscr{E}'$ an und $\mathscr{E}'$ ist eine Überdeckung des Raumes E. Die abgeschlossenen Hüllen der Elemente von $\mathscr{E}'$ stellen ein abzählbares System von Kompakta dar, deren Vereinigung E ist.

Beweis 1. B. Die Entfernung eines Punktes aus einem Kompaktum führt natürlich zu einem Halbkompaktum. Wir werden zeigen, daß man aus jedem Halbkompaktum $(E, \mathscr{C})$ durch Hinzufügen eines Punktes a ein Kompaktum erhalten kann. Wir setzen $E_1 = E \cup \{a\}$ und bezeichnen mit $\mathscr{C}_1$ das System aller in $\mathscr{C}$ enthaltenen Untermengen sowie aller Mengen der Form $\{a\} \cup \{E \setminus \Gamma\}$, wobei Γ eine beliebige kompakte Untermenge des Raumes $(E, \mathscr{C})$ ist. Es ist leicht einzusehen, daß $(E_1, \mathscr{C}_1)$ kompakt ist.

Beweis 1. C. Auf Grund von 1. B dürfen wir annehmen, daß $E = E_1 \setminus \{a\}$, wobei $(E_1, \mathscr{C}_1)$ kompakt ist. Führen wir in dem Kompaktum

---

* Ein Untersystem $\mathscr{E}$ des Systems $\mathscr{C}$ heißt Basis des topologischen Raumes $(E, \mathscr{C})$, wenn man jede Menge $\Gamma \in \mathscr{C}$ als eine Vereinigung von Elementen aus $\mathscr{E}$ darstellen kann.

$(E_1, \mathscr{C}_1)$ irgendeine beliebige Metrik $\varrho_1(x, y)$ ein*. Es ist offensichtlich, daß diese Metrik vollständig ist. Die Formel

$$\varrho(x, y) = \varrho_1(x, y) + |\varrho_1(x, a)^{-1} - \varrho_1(y, a)^{-1}| \quad (x, y \in E)$$

definiert, wie leicht einzusehen, eine vollständige Metrik in E.

Beweis 1. D. Übereinstimmend mit 1. A ist $E = \overset{\infty}{\underset{m=1}{\mathsf{U}}} E_m$, wobei die E_m kompakte Mengen sind. Wenn Γ abgeschlossen ist, so ist $\Gamma = \overset{\infty}{\underset{m=1}{\mathsf{U}}} (\Gamma \cap E_m)$, und natürlich ist $\Gamma \cap E_m$ kompakt. Nehmen wir nun an, daß G offen ist. Es sei $\varrho(x, y)$ eine beliebige Metrik in $(E, \mathscr{C})$ (sie existiert auf Grund von 1. B). Wir setzen

$$\Gamma_n = \left\{ x : \varrho(x, E \setminus G) \geq \frac{1}{n} \right\}.$$

Natürlich ist Γ_n abgeschlossen, und es gilt

$$G = \overset{\infty}{\underset{n=1}{\mathsf{U}}} \Gamma_n = \overset{\infty}{\underset{n=1}{\mathsf{U}}} \overset{\infty}{\underset{m=1}{\mathsf{U}}} (\Gamma_n \cap E_m).$$

Die Mengen $\Gamma_n \cap E_m$ sind kompakt.

2. Wir bezeichnen mit $\mathscr{K}(E, \mathscr{C})$ die Gesamtheit aller kompakten Untermengen in dem topologischen Raum $(E, \mathscr{C})$, mit $\mathscr{K}_\sigma(E, \mathscr{C})$ die Gesamtheit aller Untermengen, die Vereinigung abzählbar vieler kompakter Untermengen sind und mit $\mathscr{K}_{\sigma\delta}(E, \mathscr{C})$ die Gesamtheit aller Untermengen, die sich als Durchschnitt einer abzählbaren Anzahl von Mengen aus $\mathscr{K}_\sigma(E, \mathscr{C})$ darstellen lassen.

Eine Untermenge Γ des Raumes $(E, \mathscr{C})$ nennen wir *analytisch*, wenn man in irgendeinem Kompaktum $(E', \mathscr{C}')$ eine Menge $B \in \mathscr{K}_{\sigma\delta}(E', \mathscr{C}')$ konstruieren kann, die eine stetige Abbildung auf Γ zuläßt.

Lemma 1. *Jede Borelsche Menge in einem Halbkompaktum $(E, \mathscr{C})$ ist analytisch.*

Beweis. Wir bezeichnen mit $\mathscr{S}$ die Gesamtheit aller analytischen Mengen im Raum $(E, \mathscr{C})$.

$1°$. Wir werden zeigen, daß, wenn $\Gamma_n \in \mathscr{S}$ $(n = 1, 2, \ldots)$ und $\Gamma = \overset{\infty}{\underset{n=1}{\mathsf{U}}} \Gamma_n$, Γ zu $\mathscr{S}$ gehört.

Nach Voraussetzung existiert für jedes n ein Kompaktum $(E_n, \mathscr{C}_n)$ sowie eine Menge $B_n \in \mathscr{K}_{\sigma\delta}(E_n, \mathscr{C}_n)$, die eine stetige Abbildung f_n auf Γ_n zuläßt. Es sei $\tilde{E} = \overset{\infty}{\underset{n=1}{\mathsf{U}}} E_n$ und $\tilde{\mathscr{C}}$ die Gesamtheit aller Untermengen der Menge $\tilde{E}$, die sich als Vereinigungen von Mengen aus $\overset{\infty}{\underset{n=1}{\mathsf{U}}} \mathscr{C}_n$ darstellen lassen. Der topologische Raum $(\tilde{E}, \tilde{\mathscr{C}})$ stellt ein Halbkompaktum dar, folglich (siehe 1. B) kann man ihn durch Entfernung

---

* Den Beweis der Metrisierbarkeit eines beliebigen Kompaktums kann man z. B. in [25] finden.

eines Punktes aus irgendeinem Kompaktum $(E', \mathscr{C}')$ erhalten. Setzen wir $B = \overset{\infty}{\underset{n=1}{\mathsf{U}}} B_n$ und definieren wir die Abbildung $f : B \to E$ durch die Formel $f(x) = f_n(x)$, wenn $x \in B_n$. Natürlich gehört B zu $\mathscr{K}_{\sigma\delta}(E', \mathscr{C}')$, f ist also eine stetige Abbildung von B auf Γ.

$2°$. Wir werden nun zeigen, daß, wenn $\Gamma_n \in \mathscr{S}$ $(n = 1, 2, \ldots)$ und $\Gamma = \overset{\infty}{\underset{n=1}{\cap}} \Gamma_n$, Γ zu $\mathscr{S}$ gehört.

$(E_n, \mathscr{C}_n)$, B_n und f_n mögen dieselbe Bedeutung behalten wie in P. $1°$. Der Raum

$$(E', \mathscr{C}') = (E_1 \times E_2 \times \cdots \times E_n \times \cdots, \mathscr{C}_1 \times \mathscr{C}_2 \times \cdots \times \mathscr{C}_n \times \cdots)$$

ist kompakt. Die Menge

$$\tilde{B} = B_1 \times B_2 \times \cdots \times B_n \times \cdots$$

ist der Durchschnitt der Mengen $E_1 \times \cdots \times E_{n-1} \times B_n \times E_{n+1} \times \cdots \in$ $\in \mathscr{K}_{\sigma\delta}(E', \mathscr{C}')$. Folglich gehört $\tilde{B}$ zu $\mathscr{K}_{\sigma\delta}(E', \mathscr{C}')$. Betrachten wir die Abbildungen $f_n : \tilde{B} \to E$, die durch die Formel

$$f_n(x_1, \ldots, x_n, \ldots) = f_n(x_n)$$

erklärt sind. Jede dieser Abbildungen ist stetig, und folglich ist die Menge

$$B = \{x : f_1(x) = f_2(x) = \cdots = f_n(x) = \cdots\}$$

bezüglich $\tilde{B}$ abgeschlossen, d. h. $B = \tilde{B} \cap \hat{B}$, wobei $\hat{B}$ die abgeschlossene Hülle von B in E' bedeutet. Die Menge $\hat{B}$ ist kompakt. Folglich ist $B = \tilde{B} \cap \hat{B} \in \mathscr{K}_{\sigma\delta}(E', \mathscr{C}')$. Alle Abbildungen f_n induzieren ein und dieselbe Abbildung f der Menge B in E. Natürlich ist für beliebige n $f(B) \subseteqq \Gamma_n$ und folglich $f(B) \subseteqq \Gamma$. Wir werden noch zeigen, daß f B auf Γ abbildet. In der Tat, es sei $c \in \Gamma$. Für jedes n existiert ein $x_n \in B_n$ mit $f_n(x_n) = c$. Der Punkt $x = (x_1, x_2, \ldots, x_n, \ldots)$ aus E' gehört zu B und es ist $f(x) = c$.

$3°$. Alle offenen und alle abgeschlossenen Untermengen von $(E, \mathscr{C})$ gehören zu $\mathscr{S}$.

Tatsächlich enthält $\mathscr{S}$ eine beliebige kompakte Menge Γ (wir können auch $E' = B = \Gamma$ setzen und f als eine identische Abbildung betrachten). Übereinstimmend mit 1. D kann jede abgeschlossene und jede offene Menge als Vereinigung einer Folge kompakter Mengen dargestellt werden. Unsere Behauptung folgt damit aus P. $1°$.

$4°$. Setzen wir $\Gamma \in \mathscr{S}'$, wenn $\Gamma \in \mathscr{S}$ und $\check{\Gamma} \in \mathscr{S}$. Aus P. $1°$ und $2°$ folgt, daß $\mathscr{S}'$ bezüglich der Operation der abzählbaren Vereinigungs- und der abzählbaren Durchschnittsbildung abgeschlossen ist. Ferner folgt aus $\Gamma \in \mathscr{S}'$, daß $\check{\Gamma}$ zu $\mathscr{S}'$ gehört, damit ist $\mathscr{S}'$ eine σ-Algebra. Übereinstimmend mit P. $3°$ ist $\mathscr{S}' \supseteqq \mathscr{C}$. Folglich ist $\mathscr{S}' \supseteqq \sigma(\mathscr{C})$, d. h. sie enthält alle Borelschen Mengen des Raumes $(E, \mathscr{C})$.

3. Es sei $\mathscr{F}$ ein beliebiges System von Untermengen des Halbkompaktums $(E, \mathscr{C})$, das alle offenen und alle kompakten Mengen enthält. Die Funktion φ, die auf $\mathscr{F}$ definiert ist und Werte aus dem Intervall $[0, 1]$ annimmt, heißt *Kapazität*, wenn die folgenden Bedingungen erfüllt sind:

3. A. *Wenn $\Gamma_1 \subseteq \Gamma_2$ und $\Gamma_1, \Gamma_2 \in \mathscr{F}$, dann ist $\varphi(\Gamma_1) \leqq \varphi(\Gamma_2)$.*

3. B. *Wenn $\Gamma_n \uparrow \Gamma$ und $\Gamma_n \in \mathscr{F}$, dann ist $\Gamma \in \mathscr{F}$ und $\varphi(\Gamma_n) \uparrow \varphi(\Gamma)$.*

3. C. *Für eine beliebige kompakte Menge Γ und ein beliebiges $\varepsilon > 0$ läßt sich ein $G \in \mathscr{C}$ finden, so daß $G \supseteq \Gamma$ und*

$$\varphi(G) - \varphi(\Gamma) < \varepsilon \,.$$

3. D. *Wenn $\Gamma, \tilde{\Gamma}, B \in \mathscr{F}$ und $\tilde{\Gamma} \subseteq \Gamma$, dann ist*

$$\varphi(\Gamma \cap B) - \varphi(\tilde{\Gamma} \cap B) \leqq \varphi(\Gamma) - \varphi(\tilde{\Gamma}) \,.$$

Aus 3. D erhält man die folgende Eigenschaft:

3. E. *Für beliebige $\tilde{\Gamma}_i \subseteq \Gamma_i \, (i = 1, 2, \ldots, n)$ aus $\mathscr{F}$ ist*

$$\varphi\left(\bigcup_1^n \Gamma_i\right) - \varphi\left(\bigcup_1^n \tilde{\Gamma}_i\right) \leqq \sum_1^n [\varphi(\Gamma_i) - \varphi(\tilde{\Gamma}_i)] \,.$$

Tatsächlich ist

$$\varphi\left(\bigcup_1^n \Gamma_i\right) - \varphi\left(\bigcup_1^n \tilde{\Gamma}_i\right) = \sum_1^n [\varphi(\Gamma_i \cap B_i) - \varphi(\tilde{\Gamma}_i \cap B_i)] \,,$$

wobei

$$B_i = \Gamma_1 \cup \cdots \cup \Gamma_{i-1} \cup \tilde{\Gamma}_{i+1} \cup \cdots \cup \tilde{\Gamma}_n \quad (i = 1, 2, \ldots, n) \,.$$

Für jedes $\Gamma \subseteq E$ bezeichnen wir mit $\varphi^*(\Gamma)$ die untere Grenze $\varphi(G)$ bezüglich aller offenen Mengen G, die Γ enthalten, und mit $\varphi_*(\Gamma)$ die obere Grenze aller $\varphi(\tilde{\Gamma})$ bezüglich aller kompakten Mengen $\tilde{\Gamma}$, die in Γ enthalten sind.

Es ist unser Ziel, den folgenden Satz über die Kapazitätserweiterung zu beweisen:

Satz 1. *Für jede beliebige Kapazität φ im Halbkompaktum $(E, \mathscr{C})$ und für jede analytische (und insbesondere für jede Borelsche) Menge Γ ist*

$$\varphi_*(\Gamma) = \varphi^*(\Gamma) \,.$$

Dem Beweis von Satz 1 werden wir einige Lemmata vorausschicken.

Lemma 2. *Für beliebige Mengen $\tilde{\Gamma}_i \subseteq \Gamma_i \subseteq E \, (i = 1, 2, \ldots, n)$ ist*

$$\varphi^*\left(\bigcup_1^n \Gamma_i\right) - \varphi^*\left(\bigcup_1^n \tilde{\Gamma}_i\right) \leqq \sum_1^n [\varphi^*(\Gamma_i) - \varphi^*(\tilde{\Gamma}_i)] \,. \tag{1}$$

Wenn $\Gamma_n \uparrow \Gamma$, dann gilt

$$\varphi^*(\Gamma_n) \uparrow \varphi^*(\Gamma) \,. \tag{2}$$

Beweis. Es sei $\varepsilon > 0$. Wählen wir offene Mengen $G_i (i = 1, 2, \ldots, n)$ und $\tilde{G}$ derart, daß $\Gamma_i \subseteq G_i$, $\tilde{G} \supseteq \bigcup_1^n \tilde{\Gamma}_i$ und

$$\left.\begin{aligned}
\varphi(G_i) &\leq \varphi^*(\Gamma_i) + \varepsilon \quad (i = 1, 2, \ldots, n)\,, \\
\varphi(\tilde{G}) &\leq \varphi^*\left(\bigcup_1^n \tilde{\Gamma}_i\right) + \varepsilon\,.
\end{aligned}\right\} \tag{3}$$

Setzen wir $\tilde{G}_i = \tilde{G} \cap G_i$. Es ist klar, daß $G_i \supseteq \tilde{G}_i \supseteq \Gamma_i$ und

$$\varphi\left(\bigcup_1^n \tilde{G}_i\right) \leq \varphi^*\left(\bigcup_1^n \tilde{\Gamma}_i\right) + \varepsilon\,. \tag{4}$$

Wenn wir uns auf (3), (4) und 3. E stützen, erhalten wir

$$\varphi^*\left(\bigcup_1^n \Gamma_i\right) - \varphi^*\left(\bigcup_1^n \tilde{\Gamma}_i\right) \leq \varphi\left(\bigcup_1^n G_i\right) - \varphi\left(\bigcup_1^n \tilde{G}_i\right) + \varepsilon \leq$$

$$\leq \sum_1^n \left[\varphi(G_i) - \varphi(\tilde{G}_i)\right] + \varepsilon \leq \tag{5}$$

$$\leq \sum_1^n \left[\varphi^*(\Gamma_i) - \varphi^*(\tilde{\Gamma}_i)\right] + (n+1)\,\varepsilon\,.$$

Auf Grund der Willkürlichkeit von ε folgt (1) aus (5).

Wir nehmen nun an, daß $\Gamma_n \uparrow \Gamma$. Für jedes $\varepsilon > 0$ können wir eine offene Menge G_n so wählen, daß $G_n \supseteq \Gamma_n$ und

$$\varphi(G_n) < \frac{\varepsilon}{2^n} + \varphi^*(\Gamma_n)\,.$$

Wir setzen

$$G^{(n)} = \bigcup_1^n G_i\,.$$

Auf Grund von (1) ist

$$\varphi(G^{(n)}) - \varphi^*(\Gamma_n) = \varphi\left(\bigcup_1^n G_i\right) - \varphi^*\left(\bigcup_1^n \Gamma_i\right) \leq \frac{\varepsilon}{2} + \cdots + \frac{\varepsilon}{2^n} < \varepsilon\,. \tag{6}$$

Wir setzen weiter

$$G = \bigcup_1^\infty G_i = \bigcup_1^\infty G^{(n)}\,.$$

Auf Grund von 3. B ist

$$\varphi(G^{(n)}) \uparrow \varphi(G)\,. \tag{7}$$

Aus (6) und (7) folgt

$$\varphi(G) - \lim \varphi^*(\Gamma_n) < \varepsilon\,. \tag{8}$$

Da $\varphi(G) \geq \varphi^*(\Gamma_n)$ ist, folgt (2) aus (8).

Lemma 3. *Wenn $\Gamma \in \mathcal{K}_{\sigma\delta}(E, \mathscr{C})$, dann ist $\varphi_*(\Gamma) = \varphi^*(\Gamma)$.*

Beweis. Es gehöre $\Gamma \in \mathcal{K}_{\sigma\delta}(E, \mathscr{C})$. Man kann dann Γ folgendermaßen darstellen

$$\Gamma = \bigcap_1^\infty \Gamma_n \quad (\Gamma_n \in \mathcal{K}_\sigma(E, \mathscr{C}))\,.$$

Wir können die Mengen $\Gamma_n^k \in \mathscr{K}(E, \mathscr{C})$ so wählen, daß $\Gamma_n^k \uparrow \Gamma_n$. Wir geben ein positives ε vor und setzen

$$B_1^k = \Gamma_1^k \cap \Gamma.$$

Es ist klar, daß $B_1^k \uparrow \Gamma$ und auf Grund von (2) $\varphi^*(B_1^k) \uparrow \varphi^*(\Gamma)$. Wir wählen k_1 so, daß

$$\varphi^*(\Gamma) - \varphi^*(B_1^{k_1}) < \frac{\varepsilon}{2}.$$

Wir setzen

$$B_2^k = B_1^{k_1} \cap \Gamma_2^k.$$

Wir erhalten $B_2^k \uparrow B_1^{k_1}$. Auf Grund von (2) gilt $\varphi^*(B_2^k) \uparrow \varphi^*(B_1^{k_1})$. Wir wählen nun k_2 so aus, daß

$$\varphi^*(B_1^{k_1}) - \varphi^*(B_2^{k_2}) < \frac{\varepsilon}{4}.$$

Wenn wir diese Konstruktionen fortsetzen, erhalten wir eine Folge von Mengen

$$B_3^{k_3} = B_2^{k_2} \cap \Gamma_3^{k_3},$$

$$\cdots\cdots\cdots\cdots\cdots$$

$$B_n^{k_n} = B_{n-1}^{k_{n-1}} \cap \Gamma_n^{k_n},$$

$$\cdots\cdots\cdots\cdots$$

so daß

$$\varphi^*(B_{n-1}^{k_{n-1}}) - \varphi^*(B_n^{k_n}) < \frac{\varepsilon}{2^n}.$$

Für beliebige n ist also

$$\varphi^*(\Gamma) - \varphi^*(B_n^{k_n}) < \frac{\varepsilon}{2} + \cdots + \frac{\varepsilon}{2^n} < \varepsilon. \tag{9}$$

Wir setzen

$$B_\varepsilon = \bigcap_{n=1}^{\infty} B_n^{k_n} = \Gamma \cap \Gamma_1^{k_1} \cap \ldots \cap \Gamma_n^{k_n} \cap \ldots,$$
$$A_n = \Gamma_1^{k_1} \cap \Gamma_2^{k_2} \cap \ldots \cap \Gamma_n^{k_n}.$$

Da $\Gamma_n^{k_n} \subseteq \Gamma_n$ und $\bigcap_1^{\infty} \Gamma_n = \Gamma$, so ist $\bigcap_1^{\infty} \Gamma_n^{k_n} \subseteq \Gamma$, und

$$B_\varepsilon = \bigcap_1^{\infty} \Gamma_n^{k_n}$$

ist eine kompakte Menge. Auf Grund von 3. C können wir eine offene Menge $G \supseteq B_\varepsilon$ so wählen, daß

$$\varphi(G) - \varphi(B_\varepsilon) < \varepsilon. \tag{10}$$

Wir bemerken, daß

$$B_n^{k_n} = A_n \cap \Gamma \quad \text{und} \quad A_n \downarrow B_\varepsilon.$$

Folglich ist von irgendeinem n an $B_n^{k_n} \subseteq A_n \subseteq G$, und auf Grund von (9) und (10) ist

$$\varphi^*(\Gamma) < \varphi^*(B_n^{k_n}) + \varepsilon \leq \varphi(G) + \varepsilon < \varphi(B_\varepsilon) + 2\varepsilon.$$

Da B_ε kompakt und in Γ enthalten ist, erhalten wir

$$\varphi\,(B_\varepsilon) \leqq \varphi^*\,(\Gamma) \quad \text{und} \quad \varphi^*\,(\Gamma) < \varphi_*\,(\Gamma) + 2\varepsilon\,.$$

Da $\varepsilon > 0$ willkürlich ist, folgt daraus, daß $\varphi^*\,(\Gamma) = \varphi_*\,(\Gamma)$.

4. Beweis von Satz 1. Es sei Γ_0 eine beliebige analytische Menge im Raum $(E, \mathscr{C})$. In irgendeinem Kompaktum $(E', \mathscr{C}')$ kann man eine Menge $B \in \mathscr{K}_{\sigma\delta}\,(E', \mathscr{C}')$ konstruieren, die eine stetige Abbildung f auf die Menge Γ_0 zuläßt. Wir betrachten den Raum $(\tilde{E}, \tilde{\mathscr{C}}) = (E \times E', \mathscr{C} \times \mathscr{C}')$ (er ist offensichtlich ein Halbkompaktum) und bezeichnen mit p die Projektion von $\tilde{E}$ auf E, d. h. eine durch die Formel

$$p\,(x,\,x') = x \quad (x \in E,\, x' \in E')$$

gegebene Abbildung. Bezeichnen wir die Menge aller Punkte $(f\,(x),\,x)$ $(x \in B)$ mit $\tilde{\Gamma}_0$. Wenn $p\,(\tilde{\Gamma}) \in \mathscr{F}$, setzen wir $\tilde{\Gamma} \in \tilde{\mathscr{F}}$ und

$$\tilde{\varphi}\,(\tilde{\Gamma}) = \varphi\,(\Gamma)\,. \tag{11}$$

$1°$. Wir werden zeigen, daß die Funktion $\tilde{\varphi}\,(\tilde{\Gamma})$ $(\tilde{\Gamma} \in \tilde{\mathscr{F}})$ eine Kapazität im Raum $(\tilde{E}, \tilde{\mathscr{C}})$ ist. Insbesondere enthält $\tilde{\mathscr{F}}$ alle kompakten und alle offenen Mengen des Raumes $(\tilde{E}, \tilde{\mathscr{C}})$. Tatsächlich ist $p\,(\tilde{\Gamma})$ offen, wenn $\tilde{\Gamma}$ offen ist, und kompakt, wenn $\tilde{\Gamma}$ kompakt ist. Außerdem erhält die Abbildung p die Vereinigungsoperation sowie die Beziehung der Inklusion. Aus der Gültigkeit der Bedingungen 3. A, 3. B und 3. D für die Funktion φ folgt, daß diese Bedingungen auch für $\tilde{\varphi}$ gültig sind. Um 3. C zu beweisen, bemerken wir, daß, falls $\tilde{\Gamma}$ eine kompakte Untermenge aus $(\tilde{E}, \tilde{\mathscr{C}})$ ist und $G \in \mathscr{C}$ die Eigenschaft

$$\varphi\,(G) - \varphi\,[p\,(\tilde{\Gamma})] < \varepsilon$$

besitzt, die Menge $\tilde{G} = G \times E'$ zu $\tilde{\mathscr{C}}$ gehört. Für sie ist

$$\tilde{\varphi}\,(\tilde{G}) - \tilde{\varphi}\,(\tilde{\Gamma}) < \varepsilon\,.$$

$2°$. Wir zeigen, daß $\tilde{\Gamma}_0 \in \mathscr{K}_{\sigma\delta}\,(\tilde{E}, \tilde{\mathscr{C}})$. Zuerst ist aus der Stetigkeit von f leicht abzuleiten, daß

$$\tilde{\Gamma}_0 = (E \times B) \cap \tilde{\Gamma}'\,, \tag{12}$$

wobei $\tilde{\Gamma}'$ die abgeschlossene Hülle von $\tilde{\Gamma}_0$ in $(\tilde{E}, \tilde{\mathscr{C}})$ ist. Übereinstimmend mit 1. D kann man die abgeschlossene Menge $\tilde{\Gamma}'$ im Halbkompaktum $(\tilde{E}, \tilde{\mathscr{C}})$ in folgender Form schreiben:

$$\tilde{\Gamma}' = \bigcup_1^\infty K_n\,,$$

wobei $K_n \in \mathscr{K}\,(\tilde{E}, \tilde{\mathscr{C}})$. Andererseits ist

$$E = \bigcup_1^\infty E_m\,, \quad B = \bigcap_{k=1}^\infty \bigcup_{i=1}^\infty B_k^i\,,$$

wobei die Mengen E_m und B_k^i kompakt sind. Aus (12) erhalten wir

$$\tilde{\Gamma}_0 = \bigcap_{k=1}^{\infty} \ \bigcup_{i,\,m,\,n\,=\,1}^{\infty} (E_m \times B_k^i) \cap K_n \, .$$

Die Mengen $(E_m \times B_k^i) \cap K_n$ sind natürlich kompakt, und folglich gehört $\tilde{\Gamma}_0 \in \mathscr{K}_{\sigma\delta}(\tilde{E}, \mathscr{C})$.

$3°$. Aus P. $2°$ und Lemma 3 folgt, daß

$$\tilde{\varphi}_*(\tilde{\Gamma}_0) = \tilde{\varphi}^*(\tilde{\Gamma}_0) \, . \tag{13}$$

Wir bemerken, daß

$$\varphi_*(\Gamma_0) = \sup_{\substack{\Gamma \in \mathscr{K}(E, \mathscr{C}) \\ \Gamma \subseteq \Gamma_0}} \varphi(\Gamma) \geqq \sup_{\substack{\tilde{\Gamma} \in \mathscr{K}(\tilde{E}, \mathscr{C}) \\ \tilde{\Gamma} \subseteq \tilde{\Gamma}_0}} \varphi[\not{p}(\tilde{\Gamma})] = \tilde{\varphi}_*(\tilde{\Gamma}_0) \, , \tag{14}$$

$$\varphi^*(\Gamma_0) = \inf_{\substack{G \in \mathscr{C} \\ G \supseteq \Gamma_0}} \varphi(G) \leqq \inf_{\substack{\tilde{G} \in \mathscr{C} \\ \tilde{G} \supseteq \tilde{\Gamma}_0}} \varphi[\not{p}(\tilde{G})] = \tilde{\varphi}^*(\tilde{\Gamma}_0) \, . \tag{15}$$

Aus (13), (14), (15) folgt, daß $\varphi_*(\Gamma_0) \geqq \varphi^*(\Gamma_0)$. Da auf Grund von 3. A $\varphi_*(\Gamma_0) \leqq \varphi^*(\Gamma_0)$ ist, so gilt $\varphi_*(\Gamma_0) = \varphi^*(\Gamma_0)$.

§ 2. Sätze über die Meßbarkeit des s-Augenblicks

5. $X = (x_t, \zeta, \mathscr{M}_t^s, \mathbf{P}_{s,x})$ sei ein Markoffscher Prozeß im Maßraum $(E, \mathscr{B})$. Wir bezeichnen mit F_t^s den Trajektorienabschnitt während der Zeit $[s, t]$, d. h. die Menge von Punkten $x_u(\omega)$, wobei u zu $[s, t]$ gehört. (Wenn $s > t$, setzen wir $F_t^s = \theta$.)

Wenn ein Prozeß X in einem topologischen Maßraum gegeben ist, dann werden wir mit $\hat{F}_t^s$ die abgeschlossene Hülle der Menge F_t^s bezeichnen.

L e m m a 4. *Es sei X ein rechtsseitig stetiger Markoffscher Prozeß im topologischen Maßraum $(E, \mathscr{C}, \mathscr{B})$. Für eine beliebige abgeschlossene Menge $\Gamma \in \mathscr{B}$ und für beliebige $0 \leqq s \leqq t$ ist dann*

$$\{\hat{F}_t^s \subseteq \Gamma\} = \{F_t^s \subseteq \Gamma\} \in \mathscr{N}_t^s \, . \tag{16}$$

Es gehöre U zu $\mathscr{C} \cap \mathscr{B}$. Wir setzen voraus, daß eine der folgenden Bedingungen erfüllt sei:

5. A. $(E, \mathscr{C}, \mathscr{B})$ genügt der Bedingung 1.9. B und die abgeschlossene Hülle von U ist kompakt.

5. B. $(E, \mathscr{C}, \mathscr{B})$ ist metrisierbar, $\mathscr{B} \supseteqq \mathscr{C}$, und $E \setminus U$ ist kompakt.

Dann kann man eine Folge meßbarer, abgeschlossener Mengen $\Gamma_n \uparrow U$ konstruieren, so daß für beliebige $0 \leqq s \leqq t$ gilt

$$\{\hat{F}_t^s \subseteq \Gamma_n\} \uparrow \{\hat{F}_t^s \subseteq U\} \tag{17}$$

und

$$\{\hat{F}_t^s \subseteq U\} \in \mathscr{N}_t^s \, . \tag{18}$$

Beweis. Es sei Γ eine meßbare, abgeschlossene Menge und Λ sei irgendeine beliebige abzählbare, überall dichte Untermenge des Intervalls $[s, t]$, die den Punkt t enthält. Offensichtlich gilt

$$\{\hat{F}_t^s \subseteq \Gamma\} = \{F_t^s \subseteq \Gamma\} = \bigcap_{r \in \Lambda} \{x_r \in \Gamma\}\,.$$

Folglich ist die Formel (16) richtig.

Weiter sei U eine offene, meßbare Menge. Im Fall 5. A werden wir die Funktion $f(x)$ betrachten, die durch die Beziehung 1.9. B bestimmt ist. Im Fall 5. B setzen wir $f(x) = \varrho(x, \overline{U})$. Die Mengen

$$\Gamma_n = \left\{x : f(x) \geqq \frac{1}{2n}\right\}$$

sind abgeschlossen, meßbar und $\Gamma_n \uparrow U$. Offensichtlich ist

$$\{\hat{F}_t^s \subseteq U\} \supseteq \bigcup_{n=1}^{\infty} \{\hat{F}_t^s \subseteq \Gamma_n\}\,.$$

Um die Beziehung (17) zu beweisen, genügt es, sich davon zu überzeugen, daß auch die umgekehrte Inklusion zutrifft. Es genügt also nachzuweisen, daß

$$\{\hat{F}_t^s \subseteq U\} \subseteq \left\{\inf_{x \in \hat{F}_t^s} f(x) > 0\right\}\,. \tag{19}$$

Im Fall 5. A folgt diese Inklusion daraus, daß die stetige Funktion $f(x)$ auf der kompakten Menge $\hat{F}_t^s$ ein Minimum erreicht. Im Fall 5. B erreicht die stetige Funktion $\varrho(y, \hat{F}_t^s)$ ein Minimum auf der kompakten Menge $\overline{U}$. Wenn $\hat{F}_t^s \cap \overline{U} = \theta$ ist, so ist dieses Minimum positiv, d. h.

$$\inf_{x \in \hat{F}_t^s} f(x) = \varrho(\hat{F}_t^s, \overline{U}) > 0\,.$$

Aus der bewiesenen Inklusion (19) folgt, wie schon erwähnt, Formel (17). Aus (16) und (17) folgt offensichtlich (18).

6. Wir setzen $A \in \mathscr{N}_t^s$, wenn für ein beliebiges Maß μ auf der σ-Algebra $\mathscr{B}$ Mengen A_1, A_2 aus $\mathscr{N}_t^s$ existieren mit $A_1 \subseteq A \subseteq A_2$ und $\mathbf{P}_{s,\mu}(A_1) = \mathbf{P}_{s,\mu}(A_2)$.

Satz 2. *Es sei* $(E, \mathscr{C})$ *ein Halbkompaktum,* $\mathscr{B}$ *eine σ-Algebra in E, die $\mathscr{C}$ enthält, X ein rechtsseitig stetiger Markoffscher Prozeß im topologischen Maßraum* $(E, \mathscr{C}, \mathscr{B})$.

Für eine beliebige Borelsche Menge Γ und beliebige $0 \leqq s \leqq t$ ist dann

$$\{\hat{F}_t^s \subseteq \Gamma\} \in \mathscr{N}_t^s\,. \tag{20}$$

Für jede Borelsche Menge Γ, für ein beliebiges Maß μ auf der σ-Algebra $\mathscr{B}$ und für beliebige $0 \leqq s \leqq t$ kann man eine Folge abgeschlossener Mengen

$$\Gamma_1 \subseteq \Gamma_2 \subseteq \cdots \subseteq \Gamma_n \subseteq \cdots \subseteq \Gamma$$

und eine Folge offener Mengen $U_1 \supseteqq U_2 \supseteqq \cdots \supseteqq U_n \supseteqq \cdots \supseteqq \Gamma$ mit einem kompakten Komplement konstruieren, so daß

$$\mathbf{P}_{s,\mu}\{\hat{F}_t^s \subseteqq \Gamma_n\} \uparrow \mathbf{P}_{s,\mu}\{\hat{F}_t^s \subseteqq \Gamma\},$$
$$\mathbf{P}_{s,\mu}\{\hat{F}_t^s \subseteqq U_n\} \downarrow \mathbf{P}_{s,\mu}\{\hat{F}_t^s \subseteqq \Gamma\}. \tag{21}$$

Beweis. Wir halten irgendein $0 \leqq s \leqq t$ fest. Wir setzen $\Gamma \in \mathscr{F}$, wenn

$$\{\hat{F}_t^s \subseteqq E \setminus \Gamma\} \in \bar{\mathscr{N}}_t^s.$$

Auf Grund von Lemma 4 enthält das System $\mathscr{F}$ alle kompakten und alle offenen Mengen. Wir betrachten irgendein festes Wahrscheinlichkeitsmaß μ auf der σ-Algebra $\mathscr{B}$ und setzen für jedes $\Gamma \in \mathscr{F}$

$$\varphi(\Gamma) = \mathbf{P}_{s,\mu}\{\hat{F}_t^s \nsubseteq E \setminus \Gamma\} = \mathbf{P}_{s,\mu}\{\hat{F}_t^s \cap \Gamma \neq \theta\} *. \tag{22}$$

Wir werden zeigen, daß die Funktion φ eine Kapazität ist, d. h., daß sie den Bedingungen 3. A—3. D genügt. Offensichtlich sind die Bedingungen 3. A und 3. B erfüllt. Die Bedingung 3. C folgt aus der in Lemma 4 bewiesenen Beziehung (14). Die Bedingung 3. D bleibt nachzuprüfen.

Wir bemerken, wenn $\Gamma, \tilde{\Gamma}, B \in \mathscr{F}$ und $\tilde{\Gamma} \subseteqq \Gamma$, folgt

$$\begin{aligned}
\varphi(\Gamma \cup B) &= \mathbf{P}_{s,\mu}\{\hat{F}_t^s \cap (\Gamma \cup B) \neq \theta\} \\
&= \mathbf{P}_{s,\mu}\{(\hat{F}_t^s \cap \Gamma \neq \theta) \cup (\hat{F}_t^s \cap B \neq \theta)\} \\
&= \mathbf{P}_{s,\mu}\{\hat{F}_t^s \cap \Gamma \neq \theta\} + \mathbf{P}_{s,\mu}\{\hat{F}_t^s \cap B \neq \theta\} - \\
&\quad - \mathbf{P}_{s,\mu}\{\hat{F}_t^s \cap \Gamma \neq \theta, \hat{F}_t^s \cap B \neq \theta\} = \varphi(\Gamma) + \varphi(B) - \\
&\quad - \mathbf{P}_{s,\mu}\{\hat{F}_t^s \cap \Gamma \neq \theta, \hat{F}_t^s \cap B \neq \theta\}.
\end{aligned} \tag{23}$$

Analog ist

$$\varphi(\tilde{\Gamma} \cup B) = \varphi(\tilde{\Gamma}) + \varphi(B) - \mathbf{P}_{s,\mu}\{\hat{F}_t^s \cap \tilde{\Gamma} \neq \theta, \hat{F}_t^s \cap B \neq \theta\}. \tag{24}$$

Aus (23) und (24) folgt

$$\begin{aligned}
&-\varphi(\Gamma \cup B) + \varphi(\tilde{\Gamma} \cup B) + \varphi(\Gamma) - \varphi(\tilde{\Gamma}) \\
&= \mathbf{P}_{s,\mu}\{\hat{F}_t^s \cap \Gamma = \theta, \hat{F}_t^s \cap \tilde{\Gamma} \neq \theta, \hat{F}_t^s \cap B \neq \theta\} \geqq 0.
\end{aligned}$$

Daraus ergibt sich 3. D.

Γ sei eine beliebige Borelsche Menge. Dann ist Γ ebenfalls eine Borelsche Menge, und nach Satz 1 läßt sich für jedes n eine kompakte Menge Γ^n und eine offene Menge U^n finden, so daß

$$\Gamma^n \subseteqq \Gamma \subseteqq U^n$$

und

$$0 \leqq \varphi(U^n) - \varphi(\Gamma^n) \leqq \frac{1}{n}.$$

---

* Diese Formel hat einen Sinn, da die in Klammern stehende Menge zu $\bar{\mathscr{N}}_t^s \subseteqq$ $\subseteqq \mathscr{N}^s$ gehört und übereinstimmend mit P. 2.3 die Maße $\mathbf{P}_{s,\mu}$ auf $\mathscr{N}^s$ fortgesetzt werden können.

Daraus folgt, daß

$$\Gamma^n \supseteq \Gamma \supseteq \overline{U}^n$$

und

$$0 \leqq \mathbf{P}_{s,\mu}\{\hat{F}_t^s \subseteq \Gamma^n\} - \mathbf{P}_{s,\mu}\{\hat{F}_t^s \subseteq \overline{U}^n\} \leqq \frac{1}{n}.$$

Die Mengen

$$\Gamma_n = \bigcup_{k=1}^{n} \overline{U}^k, \quad U_n = \bigcap_{k=1}^{n} \Gamma^k$$

genügen den Inklusionen

$$\Gamma_1 \subseteq \cdots \subseteq \Gamma_n \subseteq \cdots \subseteq \Gamma \subseteq \cdots \subseteq U_n \subseteq \cdots \subseteq U_1,$$

und für diese ist

$$0 \leqq \mathbf{P}_{s,\mu}\{\hat{F}_t^s \subseteq U_n\} - \mathbf{P}_{s,\mu}\{\hat{F}_t^s \subseteq \Gamma_n\} \leqq \frac{1}{n}. \tag{25}$$

Setzen wir

$$A_1 = \bigcup_{n=1}^{\infty} \{\hat{F}_t^s \subseteq \Gamma_n\}, \quad A_2 = \bigcap_{n=1}^{\infty} \{\hat{F}_t^s \subseteq U_n\}.$$

Natürlich ist

$$A_1 \subseteq \{\hat{F}_t^s \subseteq \Gamma\} \subseteq A_2. \tag{26}$$

Übereinstimmend mit Lemma 4 gehören A_1 und A_2 zu $\mathcal{N}_t^s$. Außerdem ist

$$\mathbf{P}_{s,\mu}(A_1) = \lim_{n \to \infty} \mathbf{P}_{s,\mu}\{\hat{F}_t^s \subseteq \Gamma_n\},$$

$$\mathbf{P}_{s,\mu}(A_2) = \lim_{n \to \infty} \mathbf{P}_{s,\mu}\{\hat{F}_t^s \subseteq U_n\}, \tag{27}$$

und wegen (25) ist

$$\mathbf{P}_{s,\mu}(A_1) = \mathbf{P}_{s,\mu}(A_2).$$

Folglich ist die Formel (20) richtig.

Aus (26) und (27) folgern wir, daß auch die Beziehung (21) erfüllt ist.

Bemerkung. Beim Studium der Beweisführung wird der Leser bemerken, daß die Behauptungen des Satzes auch in dem Fall gültig sind, daß Γ das Komplement einer beliebigen analytischen Menge ist.

7. Es sei $X = (x_t, \zeta, \mathcal{M}_t^s, \mathbf{P}_{s,x})$ ein Markoffscher Prozeß im Maßraum $(E, \mathcal{B})$. Der s-Augenblick bezüglich Γ ist durch die Formel

$$\xi_s(\Gamma) = \begin{cases} \sup \{t : F_t^s \subseteq \Gamma\}, & \text{wenn } \zeta(\omega) > s, \\ s, & \text{wenn } \zeta(\omega) \leqq s \text{ oder } x_s \bar{\in} \Gamma \end{cases} \tag{28}$$

gegeben. (Es ist leicht einzusehen, daß dies der in P. 3.8 gegebenen Definition gleichwertig ist.)

Wenn der Prozeß X in einem topologischen Maßraum gegeben ist, nennen wir die Funktion

$$\hat{\xi}_s\,(\Gamma) = \begin{cases} \sup\,\{t:\hat{F}^s_t \subseteq \Gamma\}, & \text{wenn } \zeta\,(\omega) > s\,, \\ s, & \text{wenn } \zeta\,(\omega) \le s \end{cases} \tag{29}$$

den s-Augenblick bezüglich Γ*.

Satz 3. *Es sei X ein rechtsseitig stetiger Markoffscher Prozeß im topologischen Maßraum $(E, \mathscr{C}, \mathscr{B})$.*

Wenn Γ eine abgeschlossene, meßbare Menge ist, so ist für beliebige $0 \le s \le t$

$$\{\hat{\xi}_s\,(\Gamma) > t\} = \{\xi_s\,(\Gamma) > t\} \in \mathscr{N}^s_{t+0}\,. \tag{30}$$

Wenn $\Gamma \in \mathscr{C} \cap \mathscr{B}$, und wenn eine der Bedingungen 6. A oder 6. B erfüllt ist, so gilt für beliebige $0 \le s \le t$

$$\{\hat{\xi}_s\,(\Gamma) > t\} \in \mathscr{N}^s_t\,. \tag{31}$$

*Wenn endlich $(E, \mathscr{C})$ ein Halbkompaktum ist und $\mathscr{B} \ge \mathscr{C}$, so gilt für eine beliebige Borelsche** Menge Γ und für beliebige $0 \le s \le t$*

$$\{\hat{\xi}_s\,(\Gamma) > t\} \in \bar{\mathscr{N}}^s_{t+0}***\,. \tag{32}$$

In diesem Fall kann man für beliebige $0 \le s$ und beliebige Maße μ auf $\mathscr{B}$ eine Folge in Γ enthaltener, abgeschlossener Mengen $\Gamma_1 \subseteq \cdots \subseteq \Gamma_n \subseteq \cdots$ und eine Folge Γ enthaltender offener Mengen $U_1 \ge \cdots \ge U_n \ge \cdots$ mit kompaktem Komplement konstruieren, so daß

$$\mathbf{P}_{s,\mu}\,\{\hat{\xi}_s\,(\Gamma_n) \uparrow \hat{\xi}_s\,(\Gamma)\} = \mathbf{P}_{s,\mu}\,\{\hat{\xi}_s\,(U_n) \downarrow \hat{\xi}_s\,(\Gamma)\} = 1\,. \tag{33}$$

Beweis. Es sei $\xi_s = \xi_s\,(\Gamma)$, $\hat{\xi}_s = \hat{\xi}_s\,(\Gamma)$. Für beliebige m ist

$$\{\hat{\xi}_s > t\} = \bigcup_{n=m}^{\infty}\left\{\hat{F}^s_{t+\frac{1}{n}} \subseteq \Gamma, \Omega_v\right\}. \tag{34}$$

---

* In P. 3.13 haben wir den s-Augenblick bezüglich der offenen Menge Γ so bestimmt wie den s-Augenblick bezüglich eines normalen Systems $\mathscr{F}$, für das $\bigcup_{\Gamma \in \mathscr{F}} \Gamma = G$. Es ist leicht nachzuprüfen, daß, wenn G eine kompakte abgeschlossene Hülle besitzt, die erste und die neue Definition zu ein und derselben Funktion führen (vgl. Beweis von Lemma 3.8).

** Und auch für eine beliebige Menge Γ, deren Komplement eine analytische Menge ist.

*** Wir setzen $A \in \bar{\mathscr{N}}^s_{t+0}$, wenn $A \subseteq \Omega_t$ und für jedes $v > t$ $A\Omega_v \in \mathscr{N}^s_v$ gilt. $\bar{\mathscr{N}}^s_{t+0}$ ist eine σ-Algebra im Raume Ω_t. Analog wird die σ-Algebra $\mathscr{N}^s_{t+0}$ definiert. Wir bemerken, daß $A \in \bar{\mathscr{N}}^s_{t+0}$ dann und nur dann, wenn sich für jedes Maß μ auf der σ-Algebra $\mathscr{B}$ Mengen $A', A'' \in \mathscr{N}^s_{t+0}$ finden lassen mit $A' \subseteq A \subseteq A''$ und $\mathbf{P}_{s,\mu}\,(A') = \mathbf{P}_{s,\mu}\,(A'')$. (Siehe Fußnote auf Seite 47.)

Wir setzen voraus, daß Γ abgeschlossen ist. Dann ist nach Lemma 4

$$\left\{\hat{F}^s_{t+\frac{1}{n}} \subseteq \Gamma\right\} \in \mathscr{N}^s_{t+\frac{1}{n}} \, .$$

Folglich gilt für beliebige m $\{\hat{\xi}_s > t, \, \Omega_v\}$ zu $\mathscr{N}^s_{t+\frac{1}{n}}$, also auch $\{\xi_s > t\}$ zu $\mathscr{N}^s_{t+0}$. Da für eine abgeschlossene Menge $\xi_s = \hat{\xi}_s$, ist die Beziehung (30) erfüllt.

Wir setzen nun voraus, daß Γ offen und eine der Bedingungen 6. A bzw. 6. B erfüllt ist. Aus der beim Beweis von Lemma 4 abgeleiteten Beziehung (19) folgt offensichtlich, daß

$$\{\hat{\xi}_s > t\} = \{\hat{F}^s_t \subseteq \Gamma\} \, .$$

Da nach Lemma 4 $\{\hat{F}^s_t \subseteq t\} \in \mathscr{N}^s_t$ gilt, ist die Formel (31) richtig.

Endlich sei $(E, \mathscr{C})$ ein Halbkompaktum, $\mathscr{B} \supseteq \mathscr{C}$ und Γ eine beliebige Borelsche Menge. Nach Satz 2 ist

$$\left\{\hat{F}^s_{t+\frac{1}{n}} \subseteq \Gamma\right\} \in \overline{\mathscr{N}}^s_{t+\frac{1}{n}} \, .$$

Aus Formel (34) kann man also folgern, daß

$$\{\hat{\xi}_s > t\} \in \overline{\mathscr{N}}^s_{t+0} \, .$$

Numerieren wir nun alle rationalen Zahlen $r_1, \ldots, r_n, \ldots$ Nach Satz 2 können wir für jedes k die Folgen

$$\Gamma^k_1 \subseteq \cdots \subseteq \Gamma^k_n \subseteq \cdots \subseteq \Gamma \subseteq \cdots \subseteq U^k_n \subseteq \cdots \subseteq U^k_1$$

(Γ^k_n ist abgeschlossen, U^k_n ist offen und hat ein kompaktes Komplement) so wählen, daß für $n \to \infty$

$$\mathbf{P}_{s,\mu}\{\hat{F}^s_{r_k} \subseteq \Gamma^k_n\} \uparrow \mathbf{P}_{s,\mu}\{\hat{F}^s_{r_k} \subseteq \Gamma\} \, ,$$
$$\mathbf{P}_{s,\mu}\{\hat{F}^s_{r_k} \subseteq U^k_n\} \downarrow \mathbf{P}_{s,\mu}\{\hat{F}^s_{r_k} \subseteq \Gamma\} \, .$$

Setzen wir

$$\Gamma_n = \bigcup_{k=1}^{n} \Gamma^k_n, \; U_n = \bigcap_{k=1}^{n} U^k_n \, .$$

Da

$$\Gamma_1 \subseteq \cdots \subseteq \Gamma_n \subseteq \cdots, \; U_1 \supseteq \cdots \supseteq U_n \supseteq \cdots$$

und für $n \geq k$

$$\Gamma^k_n \subseteq \Gamma_n \subseteq \Gamma \subseteq U_n \subseteq U^k_n \, ,$$

so erhalten wir für jedes k, wenn $n \to \infty$,

$$\mathbf{P}_{s,\mu}\{\hat{F}^s_{r_k} \subseteq \Gamma_n\} \uparrow \mathbf{P}_{s,\mu}\{\hat{F}^s_{r_k} \subseteq \Gamma\} \, , \tag{35}$$
$$\mathbf{P}_{s,\mu}\{\hat{F}^s_{r_k} \subseteq U_n\} \downarrow \mathbf{P}_{s,\mu}\{\hat{F}^s_{r_k} \subseteq \Gamma\} \, . \tag{36}$$

Natürlich ist

$$\xi_s(\Gamma_1) \leq \cdots \leq \xi_s(\Gamma_n) \leq \cdots \leq \xi_s(\Gamma) \leq \cdots \leq \xi_s(U_n) \leq \cdots \leq \xi_s(U_1) \, ,$$

und folglich

$$\{\hat{\xi}_s\,(\Gamma_n)\,\nmid\,\hat{\xi}_s\,(\Gamma)\} = \bigcup_{k=1}^{\infty}\,\bigcap_{n=1}^{\infty}\,\{\hat{\xi}_s\,(\Gamma_n) < r_k < \hat{\xi}_s\,(\Gamma)\} \subseteq$$
$$\subseteq \bigcup_{k=1}^{\infty}\,\bigcap_{n=1}^{\infty}\,\{[\hat{F}_{r_k}^s \subseteq \Gamma]\setminus[\hat{F}_{r_k}^s \subseteq \Gamma_n]\}\,. \tag{37}$$

Aus (35) und (37) folgt, daß $\mathbf{P}_{s,\mu}\,\{\hat{\xi}_s\,(\Gamma_n)\uparrow\hat{\xi}_s\,(\Gamma)\} = 1$ ist. Gestützt auf (36) überzeugen wir uns ebenso, daß $\mathbf{P}_{s,\mu}\,\{\hat{\xi}_s\,(U_n)\downarrow\hat{\xi}_s\,(\Gamma)\} = 1$ ist.

8. Die Funktionen $\xi_s\,(\Gamma)$ und $\hat{\xi}_s\,(\Gamma)$ wachsen nicht, wenn s kleiner wird, folglich existieren die Grenzwerte

$$\xi_{s+0}\,(\Gamma) = \lim_{t\downarrow s} \xi_t\,(\Gamma)\,,$$
$$\hat{\xi}_{s+0}\,(\Gamma) = \lim_{t\downarrow s} \hat{\xi}_t\,(\Gamma)\,.$$

Satz 3′. *Es sei X ein rechtsseitig stetiger Prozeß im topologischen Maßraum $(E,\mathscr{C},\mathscr{B})$.*

Wenn Γ eine abgeschlossene, meßbare Menge ist, dann ist für beliebige $0 \leqq s \leqq t$

$$\{\hat{\xi}_{s+0}\,(\Gamma) > t\} = \{\xi_{s+0}\,(\Gamma) > t\}\in\mathscr{N}_{t+0}^s\,. \tag{38}$$

Wenn $\Gamma\in\mathscr{C}\cap\mathscr{B}$, und wenn die Bedingung 5. A oder 5. B erfüllt ist, gilt für beliebige $0 \leqq s \leqq t$

$$\{\hat{\xi}_{s+0}\,(\Gamma) > t\}\in\mathscr{N}_t^s\,. \tag{39}$$

Wenn endlich $(E,\mathscr{C})$ ein Halbkompaktum ist und $\mathscr{B}\geqq\mathscr{C}$, so gilt für eine beliebige Borelsche Menge Γ und beliebige $0 \leqq s \leqq t$*

$$\{\hat{\xi}_{s+0}\,(\Gamma) > t\}\in\bar{\mathscr{N}}_{t+0}^s\,. \tag{40}$$

Man kann in diesem Fall für beliebige $s \geqq 0$ und für ein beliebiges Maß μ auf $\mathscr{B}$ eine Folge offener Mengen $U_1 \geqq \cdots \geqq U_n \geqq \cdots \geqq \Gamma$ konstruieren, so daß die Komplemente $\overline{U}_1,\ldots,\overline{U}_n,\ldots$ kompakt sind und

$$\mathbf{P}_{s,\mu}\,\{\hat{\xi}_{s+0}\,(U_n)\downarrow\hat{\xi}_{s+0}\,(\Gamma)\} = 1\,. \tag{41}$$

*Wenn $\mu\,(\bar{\Gamma}) = 0$**, kann man eine Folge abgeschlossener Mengen $\Gamma_1 \subseteq \cdots \subseteq \Gamma_n \subseteq \cdots \subseteq \Gamma$ konstruieren mit*

$$\mathbf{P}_{s,\mu}\,\{\hat{\xi}_{s+0}\,(\Gamma_n)\uparrow\hat{\xi}_{s+0}\,(\Gamma)\} = 1\,. \tag{42}$$

Beweis. Γ sei eine abgeschlossene, meßbare Menge.

---

* Und für eine beliebige Menge Γ, die das Komplement einer analytischen Menge ist.

** Das folgende Beispiel zeigt, daß diese Bedingung wesentlich ist. Es sei X eine gleichmäßige, gradlinige Bewegung mit der Geschwindigkeit 1, $\Gamma = (0,\infty)$. Für eine beliebige abgeschlossene Menge $\tilde{\Gamma}\subseteq\Gamma$ ist dann $\mathbf{P}_{0,0}\{\hat{\xi}_{0+0}(\tilde{\Gamma}) = 0,\ \hat{\xi}_{0+0}(\Gamma) = \infty\} = 1$.

Wenn $s < u < t$, so ist übereinstimmend mit (30)

$$\{\hat{\xi}_u\,(\Gamma) > t\} = \{\xi_u\,(\Gamma) > t\} \in \mathcal{N}^{\,u}_{\,t+0} \subseteqq \mathcal{N}^{\,s}_{\,t+0}.$$

Wenn man $u \downarrow s$ setzt, bemerkt man, daß die Beziehung (38) für $s < t$ erfüllt ist. Wenn man also t gegen s gehen läßt, kann man schließen, daß sie auch für $s = t$ erfüllt ist. Analog prüft man die Formeln (39) und (40) nach.

Die Beziehung (42) folgt aus (33), wenn man berücksichtigt, daß für eine beliebige Menge Γ gilt $\hat{\xi}_{s+0}(\Gamma) \geqq \hat{\xi}_s(\Gamma)$ und $\mathbf{P}_{s,\mu}\{\hat{\xi}_{s+0}(\Gamma) = \hat{\xi}_s(\Gamma)\}$ $= 1$, wenn $\mu\,(\Gamma) = 0$ ist.

Es bleibt noch Formel (41) zu beweisen. Wählen wir eine Folge $s_n \downarrow s$, und setzen wir

$$\mu_n\,(\Gamma) = \mathbf{P}_{s,\mu}\{x_{s_n} \in \Gamma\} \quad (\Gamma \in \mathscr{B})\,.$$

Gestützt auf Satz 3 werden wir für jedes n eine Folge offener Mengen

$$U_n^1 \geqq U_n^2 \geqq \cdots \geqq U_n^k \geqq \cdots \geqq \Gamma$$

mit kompakten Komplementen konstruieren, so daß

$$\mathbf{P}_{s_n,\mu_n}\{\xi_{s_n}\,(U_n^k) \downarrow \xi_{s_n}\,(\Gamma)\} = 1\,.$$

Auf Grund von (32) ist

$$A = \{\xi_{s_n}\,(U_n^k) \downarrow \xi_{s_n}\,(\Gamma)\} \in \overline{\mathcal{N}}^{\,s_n}\,.$$

Nach Satz 2.1' ist $\mathbf{P}_{s,x}\,(A) = \mathbf{M}_{s,x}\,\mathbf{P}_{s_n,x_{s_n}}\,(A)$ und folglich gilt $\mathbf{P}_{s,\mu}\,(A)$ $= \mathbf{M}_{s,\mu}\,\mathbf{P}_{s_n,x_{s_n}}\,(A) = \mathbf{P}_{s_n,x_n}\,(A) = 1$. Also ist für jedes n, wenn $k \to \infty$,

$$\xi_{s_n}\,(U_n^k) \downarrow \xi_{s_n}\,(\Gamma) \quad (\text{f. s. } \Omega,\, \mathbf{P}_{s,\mu})\,.$$

Wir setzen $U_k = U_1^k \cap \cdots \cap U_k^k$. Natürlich gilt $U_1 \geqq \cdots \geqq U_k \geqq \ldots \geqq \Gamma$ und $\xi_{s_n}(U_k) \leqq \xi_{s_n}(U_n^k)$, wenn $k \geqq n$. Also wird für beliebiges n, wenn $k \to \infty$,

$$\xi_{s_n}\,(U_k) \downarrow \xi_{s_n}\,(\Gamma) \quad (\text{f. s. } \Omega,\, \mathbf{P}_{s,\mu})\,. \tag{43}$$

Weiterhin ist für beliebiges n und k

$$\xi_{s_n}\,(U_k) \geqq \xi_{s+0}\,(U_k) \geqq \xi_{s+0}\,(\Gamma)$$

und nach (43)

$$\xi_{s_n}\,(\Gamma) \geqq \lim_{k \to \infty} \xi_{s+0}\,(U_k) \geqq \xi_{s+0}\,(\Gamma) \quad (\text{f. s. } \Omega,\, \mathbf{P}_{s,\mu})\,.$$

Da

$$\lim_{n \to \infty} \xi_{s_n}\,(\Gamma) = \xi_{s+0}\,(\Gamma)$$

ist, erhalten wir

$$\lim_{k \to \infty} \xi_{s+0}\,(U_k) = \xi_{s+0}\,(\Gamma) \quad (\text{f. s. } \Omega,\, \mathbf{P}_{s,\mu})\,.$$

9. Satz 4. *Es sei $(E, \mathscr{C})$ ein Halbkompaktum, $\mathscr{B}$ eine σ-Algebra in E, die $\mathscr{C}$ enthält, X ein rechtsseitig stetiger, linksseitig quasistetiger* Markoffscher Prozeß im Raum $(E, \mathscr{C}, \mathscr{B})$, so daß für alle $0 \leq s \leq t$*

$$\mathscr{N}^s_{t+0} \subseteq \mathscr{M}^s_t \, .$$

Dann ist für eine beliebige Borelsche Menge Γ^{**} und für beliebige $s \geq 0$, $x \in E$

$$\mathbf{P}_{s,x} \{\hat{\xi}_s (\Gamma) \neq \xi_s (\Gamma)\} = 0 \, . \tag{44}$$

Beweis. U sei eine beliebige offene Menge. Übereinstimmend mit Satz 3 kann man für beliebige $s \geq 0$, $x \in E$ eine Folge abgeschlossener Mengen $\Gamma_1 \subseteq \cdots \subseteq \Gamma_n \subseteq U$ konstruieren mit

$$\mathbf{P}_{s,x} \{\hat{\xi}_s (\Gamma_n) \uparrow \hat{\xi}_s (U)\} = 1 \, .$$

Laut 1. B kann man im Raum $(E, \mathscr{C})$ eine Metrik $\varrho\,(x, y)$ einführen. Wir setzen

$$\tilde{\Gamma}_n = \Gamma_n \cup \left\{x : p\,(x, \overline{U}) \geq \frac{1}{n}\right\} .$$

Natürlich ist $\tilde{\Gamma}_1 \subseteq \cdots \subseteq \tilde{\Gamma}_n \subseteq \cdots \subseteq U$ und $\Gamma_n \subseteq \tilde{\Gamma}_n$. Folglich

$$\{\hat{\xi}_s (\Gamma_n) \uparrow \hat{\xi}_s (U)\} \subseteq \{\hat{\xi}_s (\tilde{\Gamma}_n) \uparrow \hat{\xi}_s (U)\}$$

und

$$\mathbf{P}_{s,x} \{\hat{\xi}_s (\tilde{\Gamma}_n) \uparrow \hat{\xi}_s (U)\} = 1 \, . \tag{45}$$

Aus Satz 3 ist ersichtlich, daß $\xi_s (\tilde{\Gamma}_n)$ vom Zukünftigen und s-Vergangenen unabhängige Zufallsgrößen sind. Auf Grund der linksseitigen Quasistetigkeit von X folgt dann aus (45), daß

$$x_{\hat{\xi}_s(\tilde{\Gamma}_n)} \to x_{\hat{\xi}_s(U)} \quad (\text{f. s. } \varOmega_{\hat{\xi}_s(U)}, \mathbf{P}_{s,x}) \, . \tag{46}$$

Da die Menge $\tilde{\Gamma}_n$ abgeschlossen ist, so gilt $\xi_s (\tilde{\Gamma}_n) = \hat{\xi}_s (\tilde{\Gamma}_n)$ und da der Prozeß X rechtsseitig stetig ist, gilt

$$\varrho\,(x_{\xi_s(\tilde{\Gamma}_n)}, \overline{U}) \leq \frac{1}{n} \, .$$

Daraus folgt auf Grund von (46), daß

$$\varrho\,(x_{\hat{\xi}_s(U)}, \overline{U}) = 0 \quad (\text{f. s. } \varOmega_{\hat{\xi}_s(U)}, \mathbf{P}_{s,x}) \, . \tag{47}$$

Da

$$\{\xi_s (U) \neq \hat{\xi}_s (U)\} \subseteq \{x_{\hat{\xi}_s(U)} \in U\} = \{\varrho\,(x_{\hat{\xi}_s(U)}, \overline{U}) > 0\} \, ,$$

folgt aus (47), daß

$$\mathbf{P}_{s,x} \{\hat{\xi}_s (U) \neq \xi_s (U)\} = 0 \, .$$

Die Behauptung des Satzes ist also für offene Mengen bewiesen.

---

* Siehe P. 6.17.

** Siehe Fußnote auf S. 159.

Nun sei Γ eine beliebige Borelsche Menge. Übereinstimmend mit Satz 3 kann man für jedes $s \geq 0$, $x \in E$ eine Folge offener Mengen $U_1 \supseteq U_2 \supseteq \cdots \supseteq U_n \supseteq \cdots \supseteq \Gamma$ konstruieren, so daß

$$\mathbf{P}_{s,x}\{\hat{\xi}_s(U_n) \downarrow \hat{\xi}_s(\Gamma)\} = 1 \, .$$

Dem Bewiesenen zufolge ist

$$\mathbf{P}_{s,x}\{\hat{\xi}_s(U_n) = \xi_s(U_n) \quad \text{für } n = 1, 2, \ldots\} = 1 \, .$$

Folglich auch

$$\mathbf{P}_{s,x}\{\xi_s(U_n) \downarrow \hat{\xi}_s(\Gamma)\} = 1 \, . \tag{48}$$

Nun ist

$$\xi_s(U_n) \geq \xi_s(\Gamma) \geq \hat{\xi}_s(\Gamma) \, ,$$

also folgt (44) aus (48).

Bemerkung 1. Es sei $(E, \mathscr{C})$ ein Halbkompaktum, $P(s, x; t, \Gamma)$ eine beliebige Übergangsfunktion im Maßraum $(E, \varrho, \mathscr{C})$, die den Bedingungen des Satzes 6.6 genügt (P. 6.17). Aus den Sätzen 6.6 und 5.11 (P. 5.21) folgt dann, daß ein Markoffscher Prozeß mit der Übergangsfunktion $P(s, x; t, \Gamma)$ existiert, für den alle Bedingungen des Satzes 4 erfüllt sind, für den also die Beziehung (44) gilt.

Bemerkung 2. Es sei X ein Prozeß, der den Bedingungen von Satz 4 genügt. Aus Satz 3 und 4 folgt, daß, wenn man die σ-Algebra $\mathscr{R}_t^s$ so interpretiert, wie dies in der Fußnote auf S. 47 gezeigt wurde, der Prozeß X so verläuft, daß alle Borelschen Mengen zulässig (siehe P. 3.8) sind (sowie alle Mengen, die Komplemente analytischer Mengen darstellen).

Diese Behauptung ist auch ohne Forderung der linksseitigen Quasistetigkeit des Prozesses gültig, wenn man an Stelle der Funktion $\xi_s(\Gamma)$ die Funktion $\hat{\xi}_s(\Gamma)$ betrachtet.

Anhang

Historisch-bibliographische Noten

1. Kapitel

Die Reduktion der Grundbegriffe der Wahrscheinlichkeitstheorie auf die Maßtheorie ist das Verdienst von A. N. KOLMOGOROFF [19, 1933].

Im 1. Kapitel werden diejenigen Grundkenntnisse aus der Maßtheorie kurz dargestellt, die in diesem Buch benutzt werden. Eine ins Einzelne gehende Darstellung kann man in den Monographien von HALMOS [23] und LOÈVE [20] finden.

§ 1

Die Begriffe π-Systeme, λ-Systeme von Mengen und $\mathscr{L}$-Systeme von Funktionen werden hier erstmalig eingeführt. Das Lemma 1.5 stammt von DOOB ([7], Ergänzung, Satz 1.6).

§ 2

Den Beweis für die Sätze 1.4. A—1.4. C kann man in den Büchern von HALMOS [23] und LOÈVE [20] finden.

§ 3

Allgemeine Definitionen über bedingte Wahrscheinlichkeiten und bedingte mathematische Erwartungen wurden durch KOLMOGOROFF [19] angegeben. In der Darstellung dieser Fragen folgen wir DOOB [7] und LOÈVE [20]. Neu scheint nur das zu sein, daß wir Funktionen und σ-Algebren betrachten, die nicht im ganzen Raum Ω definiert sind, sondern nur auf irgendeiner seiner Untermengen. (Auf die Möglichkeit der Übertragung der allgemeinen Definitionen auf diesen Fall wurde von DOOB in [8] hingewiesen.)

§ 4

Definitionen über topologische und metrische Räume kann man z. B. in den Büchern von HAUSDORFF [25], LOÈVE [20] und HALMOS [23] finden. Der Begriff eines topologischen Maßraumes wurde hier in allgemeiner Form anscheinend erstmalig untersucht.

§ 5

Satz 1.1 nennt man oft den Maßerweiterungssatz. Gewöhnlich beweist man ihn in einer etwas anderen Form (siehe z. B. LOÈVE [20], 4.1, oder HALMOS [23], § 13), namentlich für den Fall, daß das System $\mathscr{C}$ eine Algebra ist, d. h., wenn es gemeinsam mit jeder Menge ihr Komplement und gemeinsam mit je zwei Mengen ihren Durchschnitt enthält. Auf diesen Fall kann man leicht den allgemeineren Fall zurückführen, der in Satz 1.1 betrachtet wurde (vgl. HALMOS [29], § 8, Aufgabe 5.)

Der Satz 1.2 stammt von DANIELL [3], [4] und KOLMOGOROFF ([19], Kap. III, § 4) (vgl. auch HALMOS [23], Kap. 9, § 49). KOLMOGOROFF formuliert diesen Satz nur für den Fall, daß $(E, \mathscr{B})$ eine Gerade mit ihrer gewöhnlichen Topologie ist und $\mathscr{B} = \sigma\,(\mathscr{C})$; seinen Beweis kann man aber ohne jegliche Änderung auf den von uns betrachteten allgemeineren Fall übertragen.

2. Kapitel

§ 1

Das Prinzip der Unabhängigkeit des „Zukünftigen" vom „Vergangenen" bei bekanntem Gegenwärtigen wurde erstmalig von A. A. MARKOFF ([21], 1906) formuliert (in einer Anwendung auf Folgen von Zufallsgrößen). Diese und die folgenden Arbeiten von MARKOFF eröffnen die Geschichte der Theorie Markoffscher Zufallsprozesse. Anfangs studierte man fast ausschließlich Prozesse mit diskreter Zeit (Markoffsche Ketten).

Der Grund für eine allgemeine Theorie Markoffscher Prozesse wurde in einer Arbeit von KOLMOGOROFF gelegt [18, 1931]. Das grundlegende Studienobjekt dieser wie auch vieler ihr folgenden Arbeiten waren die Übergangswahrscheinlichkeiten $P(s, x; t, \Gamma)$. Das systematische Studium Markoffscher Prozesse, als Zufallsgrößen betrachtet, begann erst etwas später (P. LEVY, W. DOEBLIN u. a.). Bei der Bildung einer logisch widerspruchslosen allgemeinen Konzeption des Markoffschen Prozesses (die dem Begriff der Zufallsfunktion untergeordnet ist) spielten die Arbeiten von J. L. DOOB eine wichtige Rolle. Die Resultate dieser Arbeiten sind in der Monographie [7, 1953] angeführt.

DOOB geht vom allgemeinen Begriff eines Wahrscheinlichkeitsprozesses aus. Diesen definiert man als eine Funktion $x_t(\omega)$ mit Werten innerhalb eines Maßraumes $(E, \mathscr{B})$, wobei das Argument t irgendein Zahlenintervall I und das Argument ω irgendeinen Wahrscheinlichkeitsraum $(\Omega, \mathscr{M}, \mathbf{P})$ durchläuft. (Man setzt voraus, daß für beliebige $t \in I$, $\Gamma \in \mathscr{B}$ gilt $\{\omega: x_t(\omega) \in \Gamma\} \in \mathscr{M}$.) Die Markoffsche Bedingung wird als die Forderung formuliert, daß für beliebige $\Gamma \in \mathscr{B}$, $t \leq u \in I$ gilt

$$\mathbf{P}\{x_u \in \Gamma \mid \mathscr{N}_t\} = \mathbf{P}\{x_u \in \Gamma \mid x_t\} \quad \text{(f. s. } \Omega, \mathbf{P}) \qquad (*)$$

(mit $\mathscr{N}_t$ wird die σ-Algebra in Ω bezeichnet, die durch die Mengen $\{\omega: x_s(\omega) \in \Gamma\}$ $(\Gamma \in \mathscr{B}, s \in I, s \leq t)$ erzeugt wird).

Die Entwicklung der Theorie Markoffscher Prozesse in den folgenden Jahren zeigte, daß es

a) nützlich ist, Ereignisse zu betrachten, die in der σ-Algebra $\mathscr{N}_t$ nicht enthalten sind und sich auf eine verschärfte Variante der Beziehung (*)

$$\mathbf{P}\{x_u \in \Gamma \mid \mathscr{M}_t\} = \mathbf{P}\{x_u \in \Gamma \mid x_t\} \quad \text{(f. s. } \Omega, \mathbf{P})$$

zu stützen, wobei $\mathscr{M}_t$ eine σ-Algebra ist, die den Inklusionen $\mathscr{M} \supseteq \mathscr{M}_t \supseteq \mathscr{N}_t$, $\mathscr{M}_t \supseteq \mathscr{M}_s$ für $t \geq s \in I$ genügt;

b) zweckmäßig ist, anzunehmen, daß der Prozeß in einem Zufallsmoment $\zeta(\omega)$ abbrechen kann.

Wenn wir dies berücksichtigen, gelangen wir zum allgemeinen Begriff einer Markoffschen Zufallsfunktion, wie er in P. 2.1 eingeführt wurde. (Dieser Begriff wurde zuerst von DOOB in [8, 1957] untersucht, siehe auch [2, 1957].)

In der Theorie Markoffscher Prozesse hat man es gewöhnlich nicht mit einer einzelnen Zufallsfunktion zu tun, sondern mit einer Familie solcher Funktionen, die allen möglichen Anfangsaugenblicken und allen möglichen Ausgangszuständen entsprechen. Deshalb sind naturgemäß Markoffsche Familien von Zufallsfunktionen Hauptobjekt dieser Theorie. Einige spezielle Klassen dieser Markoffschen Familien hat man schon in vielen anderen Arbeiten untersucht, jedoch in der allgemeinen Form wird dieser Begriff hier zum ersten Male eingeführt*. Die Bezeichnung „Markoffscher Prozeß" wenden wir auf ein Gebilde an, das etwas einfacher ist als eine Markoffsche Familie. Wenn wir dieses Gebilde als Grundobjekt wählen, verlieren wir nichts an Allgemeinheit (vgl. das Ende von P. 2.1). Zu gleicher Zeit gewinnen wir an einer gedrängten Formulierung und Einfachheit der Formeln.

§§ 2—3

Fast alle Resultate dieser Paragraphen sind neu. Der Grundgedanke zum Beweis von Satz 2.8 stammt von DooB. Bei der Untersuchung der Eigenschaften von Prozeßtrajektorien ersetzt der Satz 2.8 den Separabilitätssatz von DooB ([7], Kap. 2, Satz 2.4).

3. Kapitel

Die grundlegenden Begriffe und Resultate dieses Kapitels stammen vom Autor. Die Beweise dieser Resultate werden hier erstmalig publiziert. Die Integralgleichung (3.76) wurde zuerst auf eine andere Art und unter anderen Voraussetzungen in der Monographie von BLANC-LA-PIERRE und FORTET ([1], Kap. 6, § 14) abgeleitet. Wir reproduzieren eine Ableitung, die in [9] publiziert wurde.

4. Kapitel

Satz 4.1 kann man als allgemein bekannt betrachten (siehe z. B. [7] oder [20]). Der Grundgedanke des Satzes 4.2 wird z. B. in [8] angewandt.

5. Kapitel

Die streng Markoffsche Eigenschaft wurde bis zu den Jahren 1955 bis 1956 fast überhaupt keiner logischen Analyse unterzogen. Einige Autoren bedienten sich dieser Eigenschaft ohne jegliche Begründung und zählten sie offenbar zu den allgemeinen Eigenschaften aller Markoffschen Prozesse.

Die erste Arbeit, in der die streng Markoffsche Eigenschaft genau formuliert und bewiesen wurde, ist eine Arbeit von DooB [6, 1945]. In dieser Arbeit wurde bewiesen, daß alle rechtsseitig stetigen, homogenen Markoffschen Prozesse mit abzählbarer Zustandsanzahl streng Markoffsch sind**.

Später wurde das Doobsche Resultat auf weitere Klassen homogener Markoffscher Prozesse mit abzählbarer Zustandszahl erweitert (JUSCH-KEWITSCH [27, 1953] und [28, 1957], K. L. CHUNG [26, 1956]).

* Recht oft benutzt man als Ausgangspunkt den Begriff der Markoffschen Zufallsfunktion, die der Übergangsfunktion $P(s, x; t, \Gamma)$ entspricht. Dieser Begriff nimmt eine Mittellage zwischen den Begriffen einer Markoffschen Zufallsfunktion und einer Markoffschen Familie ein.

** Der „streng Markoffsche" Begriff wird in [16] etwas anders als von uns ausgelegt, die Klasse der dort betrachteten Prozesse ist in Wirklichkeit etwas weiter als die Klasse der rechtsseitig stetigen Prozesse.

Streng Markoffsche Prozesse als selbständige Prozeßklasse wurden in den Jahren 1955/56 in den Arbeiten von DYNKIN [11], [12]*, [13], DYNKIN und JUSCHKEWITSCH [16], sowie von RAY [22] zu studieren begonnen. DYNKIN zeigte, daß man, wenn man von der streng Markoffschen Eigenschaft ausgeht und an den Charakter der Trajektorien bestimmte Forderungen stellt, zu Infinitesimaloperatoren von Prozessen gelangt und dadurch eine vollständige Klassifikation einiger wichtiger Klassen von Prozessen erhält. In der Arbeit von DYNKIN und JUSCHKEWITSCH [16] wird eine allgemeine Definition streng Markoffscher Prozesse (für den homogenen Fall) gegeben, dann wird bewiesen, daß die Klasse der streng Markoffschen Prozesse wesentlich enger als die Klasse aller Markoffschen Prozesse ist, und es werden hinreichende Bedingungen hergeleitet dafür, daß ein Markoffscher Prozeß ein streng Markoffscher Prozeß ist. In der Arbeit von RAY [22] werden vor allem stetige, eindimensionale, homogene Markoffsche Prozesse untersucht. Für diese Prozesse wird die streng Markoffsche Bedingung (schwächer, als in [16])** formuliert, ferner werden in der Sprache der Übergangsfunktionen Bedingungen abgeleitet, die für den streng Markoffschen Charakter eines Prozesses notwendig und hinreichend sind***.

Unabhängig von den erwähnten Arbeiten scheint die Arbeit von HUNT [24, 1956] zu sein, in der eine Formulierung der streng Markoffschen Eigenschaft vorgeschlagen wird, die für homogene Markoffsche Prozesse mit unabhängigen Zuwächsen geeignet ist und in welcher nachgeprüft wird, daß ein Wienerscher Prozeß diese Eigenschaften besitzt.

Im Jahre 1957 wurden der Begriff eines streng Markoffschen Prozesses und die Kriterien der streng Markoffschen Eigenschaft auf homogene, abbrechende Prozesse (BLUMENTHAL [2]), sowie auch auf nicht homogene Prozesse (DYNKIN [14]; JUSCHKEWITSCH [28]) übertragen.

Die allgemeine Theorie, die im 5. Kapitel entwickelt wird, enthält in umgearbeiteter Gestalt die Resultate der Arbeiten [16], [14], [28] und [2]. Im einzelnen ist leicht ein Zusammenhang zwischen den Sätzen 5.9 und 5.10 und dem grundlegenden Satz der Arbeit [16] zu erblicken (eine Zwischenstellung unter diesen Resultaten nimmt Satz 5 der Arbeit [14] und Satz 1 der Arbeit [28] ein). Das „Null-Eins-Gesetz" (P. 5.21) wurde von BLUMENTHAL entdeckt [2]. Er hat auch zuerst das Beispiel aus P. 5.22 untersucht.

---

* Die vollen Beweise der Resultate, die in der Arbeit [12] formuliert wurden, sind in der Arbeit [15] veröffentlicht.

** In der Rayschen Formulierung sind nicht alle vom Zukünftigen unabhängige Zufallsgrößen enthalten, sondern nur die ersten Austrittsaugenblicke $\xi\,(a, b)$ der Trajektorien aus dem Intervall (a, b).

*** Das Problem der Auffindung derartiger notwendiger und hinreichender Bedingungen ist bis zur Gegenwart noch offen, wenn man die streng Markoffsche Eigenschaft im schärferen Sinne der Arbeit [16] und dieses Buches versteht.

6. Kapitel

Die eigentlichen Quellen der Sätze dieses Kapitels sind die Resultate von DOEBLIN [5, 1939], DYNKIN [9, 1952], KINNEY [17, 1953] und BLUMENTHAL [2, 1957]. Um diese Resultate auf die Definition eines Markoffschen Prozesses, wie sie in § 1, Kap. 2 eingeführt wurde, abzustimmen, mußten ihre Beweise wesentlich umgearbeitet werden.

Den Satz 6.2 kann man als eine Verallgemeinerung des Satzes 2.1 aus [2] betrachten. (BLUMENTHAL betrachtet nur den Fall, daß der Prozeß in einem lokal kompakten, separablen, Hausdorffschen Raum gegeben ist und $\mathscr{F} = \{E_n\}$ irgendeine Folge kompakter Mengen dieses Raumes ist.) Etwas andere Beschränktheitsbedingungen sind in [17] enthalten.

Satz 6.3 ist eine „Lokalisation" des Satzes V von KINNEY [17] (KINNEY betrachtet den Fall, daß $\Gamma = E$ ist)*.

Der Satz 6.4 stammt von DOEBLIN [5].

Der Satz 6.5 ist von SEREGIN. Er ist eine „Lokalisation" des von DYNKIN [9] und KINNEY [17] bewiesenen Satzes.

Endlich ist der Satz 6.7 eine Verallgemeinerung eines Satzes von BLUMENTHAL [2].

Das Beispiel eines Markoffschen, aber nicht streng Markoffschen Prozesses, das in P. 6.18.5 angegeben ist, wurde erstmalig von JUSCHKEWITSCH konstruiert und in [16] veröffentlicht.

Anhang

§ 1

In diesem Paragraphen werden Resultate von G. CHOQUET [29] benutzt.

§ 2

Die Meßbarkeitseigenschaften des s-Augenblicks bezüglich der Menge Γ für homogene, rechtsseitig stetige, linksseitig quasistetige streng Markoffsche Prozesse, die der Bedingung $\mathscr{N}_{t+0} \subseteq \mathscr{M}_t$ genügen, wurden der Arbeit von HUNT [30] entnommen.

Die Einführung der s-Augenblicke bezüglich Γ *von innen her* erlaubte es uns, größere Klassen Markoffscher Prozesse zu betrachten. Diese Resultate werden hier erstmalig veröffentlicht.

---

* Ein dem Satz von KINNEY analoges Resultat wurde auch in [9] erhalten, aber unter der mehr einschränkenden Bedingung $\alpha_\varepsilon(\delta) = 0\,(\sqrt{\delta})$.

Literatur

[1] BLANC-LAPIERRE, A., and R. FORTET: Théorie des fonctions aléatoires. Paris 1953.

[2] BLUMENTHAL, R.: An extended Markov property. Trans. Amer. Math. Soc. 85, 52—72 (1957).

[3] DANIELL, P. J.: Integrals in an infinite number of dimensions. Ann. Math. (2), 20, 281—288 (1918/19).

[4] — Functions of limited variation in an infinite number of dimensions. Ann. Math. (2), 21, 30—38 (1919/20).

[5] DOEBLIN, W.: Sur certains mouvements aléatoires discontinus. Scand. Aktuarietidskr. 22, 211—222 (1939).

[6] DOOB, J. L.: Markov chains-denumerable case. Trans. Amer. Math. Soc. 58, 455—473 (1945).

[7] — Stochastic processes. New York-London 1953.

[8] — Brownian motion on a Green space, Teor. Wer. i jeje prim. 2, 3—33 (1957).

[9] DYNKIN, E. B.: Kriterien für die Stetigkeit und das Fehlen von Unstetigkeiten zweiter Art für die Trajektorien eines Markoffschen Zufallsprozesses. Isw. Akad. Nauk SSSR (ser. matem.) 16, 563—572 (1952) (russisch).

[10] — Funktionale der Trajektorien gewöhnlicher Markoffscher Prozesse. Dokl. Akad. Nauk SSSR 104, 691—694 (1955) (russisch).

[11] — Unendlich kleine Operatoren gewöhnlicher Markoffscher Prozesse. Dokl. Akad. Nauk SSSR 105, 206—209 (1955) (russisch).

[12] — Stetige, homogene Markoffsche Prozesse. Dokl. Akad. Nauk SSSR 105, 405—408 (1955) (russisch).

[13] — Infinitesimaloperatoren Markoffscher Prozesse. Teor. wer. i jeje prim. 1, 38—60 (1956) (russisch).

[14] — Nicht homogene, streng Markoffsche Prozesse. Dokl. Akad. Nauk SSSR 113, 261—263 (1957) (russisch).

[15] — Homogene, stetige, streng Markoffsche Prozesse. Teor. wer. i jeje prim. 4, 3—54 (1959) (russisch).

[16] — und A. A. JUSCHKEWITSCH: Streng Markoffsche Prozesse. Teor. wer. i jeje prim. 1, 149—155 (1956) (russisch).

[17] KINNEY, J. R.: Continuity properties of sample functions of Markov processes. Trans. Amer. Math. Soc. 74, 280—302 (1953).

[18] KOLMOGOROFF, A. N.: Über die analytischen Methoden in der Wahrscheinlichkeitstheorie. Usp. Matem. Nauk 5, 5—41 (1938); Math. Ann. 104, 415—458 (1931).

[19] — Grundbegriffe der Wahrscheinlichkeitsrechnung. Erg. Math. 2, n. 3 (1933).

[20] LOÈVE, M.: Probability theory. New York-London-Toronto 1955.

[21] MARKOFF, A. A.: Die Erweiterung des Gesetzes großer Zahlen auf Größen, die voneinander abhängig sind. Isw. Fis.-Matem. obschtsch. pri Kasansk. uniw. (2) 15, 135—156 (1906) (russisch).

[22] RAY, D.: Stationary Markov processes with continuous paths. Trans. Amer. Math. Soc. 82, 452—493 (1956).

[23] HALMOS, P.: Measure theory. New York 1950.

[24] HUNT, G. A.: Some theorems concerning brownian motion. Trans. Amer. Math. Soc. 81, 294—319 (1956).

[25] HAUSDORFF, F.: Mengenlehre. Berlin 1927.

[26] CHUNG, K. L.: Foundations of the theory of continuous parameter Markov chains. Proc. Third Berkeley Symposium Math. Stat. and Prob. 30—40 (1956).

[27] JUSCHKEWITSCH, A. A.: Über die Differenzierbarkeit von Übergangswahrscheinlichkeiten eines homogenen Markoffschen Prozesses mit abzählbar vielen Zuständen. Diplomarbeit, Universität Moskau, 1953 (russisch).

[28] — Über streng Markoffsche Prozesse. Teor. wer. i jeje prim. 2, 187—213 (1957) (russisch).

[29] CHOQUET, G.: Theory of capacities. Ann. Inst. Fourier, Grenoble 5, 131—295 (1953/54).

[30] HUNT, G. A.: Markov processes and potentials. Illinois J. Math. 1, 44—93 (1957).

Sachverzeichnis

Verzeichnis der Lehrsätze und Lemmata

Verzeichnis der Zeichen

θ	1	$\mathbf{M}$	8
$\uparrow$	1	$\mathbf{M}_x$	101
$\downarrow$	1	$\mathbf{M}(\cdot \mid \mathscr{A})$	9
$\times$	4	$\mathscr{M}[\cdot]$	1
$\cdot\,n$	4	$\mathscr{M}_t^s$	21
$\cdot\,\infty$	4	$\mathscr{M}$	21
$\cdot\,-1$	37	$\mathscr{M}_t$	23, 34
$\int$	6	$\mathscr{M}^0$	35
$\rightarrow$	14	$\mathscr{M}_{t+0}^s$	116
$\leftrightarrow$	36	$\mathscr{M}_\tau^s$	88
$(\text{f. s. } \Omega, \mathbf{P})$	9	$\bar{\mathscr{M}}_t^s$	24
$A_k^\varepsilon(\Lambda, \Gamma)$	129	$\bar{\mathscr{M}}^s$	24
$\mathscr{B}$	17	$\bar{\mathscr{M}}_\tau^s$	111
$\mathscr{B}_t^s$	2, 89	$N(\Gamma)$	135
$\mathscr{B}_s$	89	$\mathscr{N}$	31
$\mathscr{B}^t$	89	$\mathscr{N}^0$	35
$\mathscr{B}_{(0,\infty]}$	72	$\mathscr{N}_t^s$	24
C	105	$\mathscr{N}^s$	24
$\mathscr{C}$	14, 17	$\mathscr{N}_t$	35
$D_\Gamma^\varepsilon(\Lambda)$	127	$\mathscr{N}_{t+0}^s$	157
E	14, 15, 16, 18	$\mathscr{N}^*$	31
E^T	20	$\bar{\mathscr{N}}$	31
$(E, \mathscr{B})$	16	$\bar{\mathscr{N}}_t^s$	49, 154
$(E, \mathscr{C})$	14	$\bar{\mathscr{N}}^s$	28
$(E, \mathscr{C}, \mathscr{B})$	16	$\bar{\mathscr{N}}_{t+0}$	76
(E, ϱ)	15, 18	$\bar{\mathscr{N}}_{t+0}^s$	47, 157
$(E, \varrho, \mathscr{B})$	18	$P(t, x, \Gamma)$	34, 86
F_t^s	153	$P(s, x; t, \Gamma)$	21, 23, 81
$\hat{F}_t^s$	153	$P(s, x; A; t, \Gamma)$	26
$G_\mathscr{F}$	62	$P(s, x; t_1, \Gamma_1, \ldots$	
I	41	$\ldots, t_n, \Gamma_n)$	26
I_t^s	2, 89, 109	$p_{ij}(s, t)$	82
I^s	89	$\mathbf{P}$	8
I_t	89	$\mathbf{P}_x$	34
$I_{+\infty}^{-\infty}$	2	$\mathbf{P}_{s,x}$	21
$I_t^{-\infty}$	2	$\mathbf{P}_{s,\mu}$	28
$I_{+\infty}^s$	2	$\mathbf{P}(\cdot \mid \mathscr{A})$	9
$\mathscr{K}_{P,\mathscr{L}}$	40	$\mathbf{P}(\cdot \mid x_t)$	23
$\mathscr{K}(E, \mathscr{C})$	147	$Q_\Gamma^{\delta,\varepsilon}(\Lambda)$	136
$\mathscr{K}_\sigma(E, \mathscr{C})$	147	$q(\lambda; t_1, x_1, \ldots$	
$\mathscr{K}_{\sigma\delta}(E, \mathscr{C})$	147	$\ldots, t_n, x_n, \ldots)$	120
$M(\Gamma)$	127	R^n	83
m_G	103	$\mathscr{R}_t^s$	47
		$\mathscr{R}_t$	76